安全工程高级人才培养教材〈套书〉
编辑委员会名单

安全工程高级人才培养教材

安 全 心 理 学

（第二版）

邵　辉　邵小晗　编

化学工业出版社

·北京·

安全心理学是在心理学与安全科学的基础上，结合相关学科的成果而形成的一门独立学科。本教材研究了劳动生产中各种与安全相关的心理现象，探讨了心理过程对安全生产的影响。全书共分 7 章，分别为概论、安全与心理特征、生产过程中的心理变化与安全、生产过程中人的不安全行为、生产环境因素与安全、激励与安全生产、安全心理学实验简介。

本书可以作为高等院校安全工程、消防工程、安全管理工程等专业的教学用书，也可作为企业的安全和技术管理人员参考用书及企业安全管理培训用书。

图书在版编目（CIP）数据

安全心理学 / 邵辉，邵小晗编 . —2 版 . — 北京：
化学工业出版社，2018.8（2025.1重印）
安全工程高级人才培养教材
ISBN 978-7-122-32610-2

Ⅰ. ①安… Ⅱ. ①邵…②邵… Ⅲ. ①安全心理学—
高等学校—教材 Ⅳ. ①X911

中国版本图书馆 CIP 数据核字（2018）第 149284 号

责任编辑：魏 巍 程树珍 　　　　　　　　装帧设计：关 飞
责任校对：王 静

出版发行：化学工业出版社（北京市东城区青年湖南街 13 号 邮政编码 100011）
印 　　装：三河市双峰印刷装订有限公司
787mm×1092mm 1/16 印张 13¾ 字数 280 千字 2025 年 1 月北京第 2 版第 8 次印刷

购书咨询：010-64518888 　　　　　　　售后服务：010-64518899
网 　　址：http://www.cip.com.cn
凡购买本书，如有缺损质量问题，本社销售中心负责调换。

定 　　价：49.00 元

序

安全工程高级人才培养教材〈套书〉就要正式出版了。〈套书〉全面收集和总结了几十年来的工业生产过程，特别是以化工、石油化工、冶金化工、制药工业、生物工程、建材工业等为代表的流体工业生产体系安全生产领域的经验和知识，吸取了国外的经验和教训。国内二十余位有较高学术理论水平和丰富经验的专家、教授、学者做出了极大的努力，他们以广博的知识了解历史，了解世界，分析过去，总结现在，为〈套书〉的编写克服种种困难，汇集几十年来积累的知识和经验，调用现代信息工具，查阅大量资料，结合教学、科研和社会实践，伏案整理写作，反复修改，最终使〈套书〉的编写工作基本完成，得以陆续出版。

〈套书〉的内容涵盖了安全工程与科学基础理论及概念、燃烧爆炸理论与技术、物质危险性原理及测控技术、化工工艺及安全、化工安全设计、工业系统安全评价及风险分析、安全工程鉴定技术与实验技术、灾害事故理论与分析技术、管道及压力容器安全技术、电气与静电安全技术、工业危害与控制技术等，在安全工程与科学领域，尤其是在化工安全生产领域，其内容之广泛，结构之系统都是新中国成立以来仅有的。〈套书〉是这些专家、教授、学者辛勤劳动的结晶，是他们共同合作的丰硕成果，是他们学识和智慧的总结。在〈套书〉出版之际向为〈套书〉做出贡献的作者以及为〈套书〉提供资料和方便的单位和同志表示衷心感谢。

〈套书〉的正式出版发行，一定会为我国经济建设中培养安全技术与工程高级人才，特别是为化工、石油化工等工业体系培养安全技术与工程高级人才做出贡献。

安全工程高级人才培养教材〈套书〉

编辑委员会

2004 年 3 月

前　言

　　《安全心理学》（第一版）自2004年出版以来，得到相关兄弟院校、企业单位的大力支持与认可，2005年获得常州市第九届哲学社会科学优秀成果二等奖，2007年获江苏省优秀精品教材。为了更好地发挥《安全心理学》教材在安全工程专业人才培养、安全生产教育培训中的积极作用，我们结合多年的教学实践和最新的研究成果，对教材进行了全面修订，形成《安全心理学》教材的第二版。

　　教材修订在保持原教材的基本结构、原有篇幅的基础上，对相似的、陈旧的、过于理论化的内容进行了适当的合并与删除，各章增加了复习思考题，并对虚拟现实技术在心理学研究实验方面的应用进行了介绍，力求使教材的内容更加易于理解、贴近工程实际。

　　第二版的修改主要由邵辉（第1、第2、第7章）、邵小晗（第3~6章）完成，赵庆贤、葛秀坤、毕海普、单雪影、研究生高崇阳和谢小龙等也做了大量工作，在此向他们的辛勤劳动表示感谢！

　　在本书编写与修改过程中，作者参阅和利用了大量文献资料，在此对原著作者表示感谢。由于编者水平有限，书中存在一些不当之处，敬请专家、读者批评指正。

　　教材修订第二版得到江苏省教育厅、常州大学的大力支持和帮助，得到江苏高校品牌专业建设工程一期项目（苏教高【2015】11号，PPZY2015B154）、江苏省高等教育教改研究重点项目（2017JSJG26）的资助，在此一并表示感谢！

编者
2018年3月
于常州大学

第一版前言

安全心理学是在心理学和安全科学的基础上，综合多种相关学科的成果而形成的一门独立学科。它是一门应用心理学，也是一门新兴的边缘学科。它研究劳动生产过程中人的心理特点，探讨心理过程、个体心理特征与安全的关系，人-机-环系统对劳动者的心理影响，心理-行为模式在安全工作中的作用，提出安全管理的对策和预防事故的措施。它是安全工程专业应该选修的专业课程，也可作为非安全工程专业安全素质教育的选学课程。

《安全心理学》教材力求做到：

1. 在内容上力求科学性、系统性、基础性和前沿性　教材从科学角度来讨论在劳动生产过程中的各种与安全相关的心理现象，应用心理学的原理和安全科学的理论，说明安全心理学的知识结构，论述安全心理学的基本概念、基本理论、基本规律和基本方法；

2. 在功用上力求广泛性和实用性　教材结合生产实际及国家和国际相关标准，系统介绍事故与心理、人的行为与安全对策、心理过程与安全、个性心理特征与安全、劳动过程的心理状态、心理测试与安全、安全措施与安全管理的心理学等，这些都有助于提高学生运用知识、解决问题的能力；

3. 在风格上力求简明性和趣味性　教材在编写上力求深入浅出，语言简练明了，案例生动有趣。

本教材在编写过程中，参考了大量的有关资料，特向这些资料的作者致谢！

在这里，还要特别感谢江苏工业学院对本教材编写给予的大力支持和关注。

编者
2004 年 3 月
于江苏工业学院

目　录

1 概　论

　　人类的活动过程总是在各种各样复杂的人-机-环（境）系统中进行，在这一系统中，人是主要因素，起着主导作用；但同时人也是最难控制和最薄弱的环节。本章将介绍安全心理学概述、安全生理与心理、安全心理学中的事故分析方法。

1.1　安全心理学概述

1.1.1　安全心理学与人的心理现象

1.1.1.1　安全心理学的定义

　　人的心理现象是宇宙间最复杂的现象之一，每个人都想更多地了解自己。人类在漫长的发展历史中，经历了无数次的事故，留下了惨痛的教训。这些事故为什么发生？它们与人自身有无关系？能否从人的因素角度来预测、预防和控制事故的发生？于是以解释、预测和调控人的行为为目的，通过研究、分析人的行为，揭示人的心理活动规律，最终达到减少或消除事故的科学诞生了，这就是安全心理学。安全心理学是应用心理学的原理和安全科学的理论讨论人在劳动生产过程中各种与安全相关的心理现象，研究人对安全的认识，人的情感以及与事故、职业病作斗争的意志。也就是研究人在对待和克服生产过程中不安全因素时的心理过程，旨在调动人对安全生产的积极性，发挥其防止事故的能力。

　　心理学的英文为"psychology"，它是由两个古希腊文字"psyche"和"logos"所组成。"psyche"的含义是"心灵"或"灵魂"；"logos"的含义是"讲述"或"解说"。"psyche"和"logos"合起来就是"对心灵或灵魂的解说"。这可以说是心理学的最早定义。但历史上心理学长期隶属于哲学，该定义只具有哲学意义，并没有对概念作出科学的解释。心理学成为一门独立科学以后，其研究内容和重点几经演变，直到20世纪中期以后才相对地统一为如下定义：心理学是研究人的行为和心理活动规律的科学。

心理学就是要研究人的心理。然而心理活动发生在大脑，不能直接观察或度量。那么怎样去了解呢？幸好，心理活动有外部的行为表现，并且其外显的行为表现是受内隐的心理活动支配的。比如说，你哭是因为你悲伤；你笑说明你高兴等等。在这里，"哭"的外显行为是由"悲伤"这一内隐心理活动支配产生的。所以，一方面通过对行为的观察，使我们具有了探讨内部心理活动的可能；另一方面，心理活动是在行为中产生，又在行为中得到表现的。上例中，你哭，是因为你受到打击或失去了所爱；你笑，是因为你在工作上取得了成功或得到了满足。心理和行为相互依存、相互影响，二者之间的转换关系是遵循一定规律的。

心理学研究的目的就是要探讨心理活动规律，对人的心理和行为都能做出科学的解释。

当然，社会条件、身体条件、年龄和性别不同的人，他们的心理活动有很大的不同，对同一件事情的行为反应也并不一样。但他们都受多种共同规律的制约。当掌握了各种心理活动与行为之间的规律时，便可以对人的行为加以解释、预测和调控。比如，教师很希望学生去参加一个活动，他就会说这个活动多么好，多么有意义，值得参加，在其大力鼓动下大多数人都会去了；但如果教师不想让学生去，他就会说这个活动意义不大，问题较多，去了会惹麻烦等，这样去的人数肯定就少。

总之，心理活动是内隐的，而行为是外显的。外显的行为受内隐的心理活动所支配，反过来，心理活动也只有通过行为才能得到发展与表现。要掌握人的心理规律，必须从研究人的行为入手；而要了解、预测、调节和控制人的行为，则更需要探讨人们复杂的心理活动规律。此外，心理活动不是虚无缥缈的，由于它在大脑中产生，必然受到生物学规律的支配；同时，人是物种发展中最高等的社会性生物，一切活动都无法摆脱社会、文化方面的影响，这就使得心理学兼有了自然科学和社会科学双重性质。

上述心理学的定义，现已被普遍接受。但它来之不易，是经历了数千年的不断争论，伴随着心理科学的发展而不断演变形成的，也是安全心理学的基础。

1.1.1.2 人的心理现象

人的心理现象是心理学研究的主要对象，它包括了既有区别而又紧密联系的心理过程和个性心理这两个方面，见图1-1。

心理过程是人的心理活动的基本形式，是人脑对客观现实的反映过程；最基本的心理过程是认识过程，它是人脑对客观事物的属性及其规律的反映，即人脑的信息加工活动过程。这一过程包括感觉、知觉、记忆、想像和思维等。人在认识客观事物时，决不会无动于衷，总会对它采取一定的态度，并产生某种主观体验，这种认识

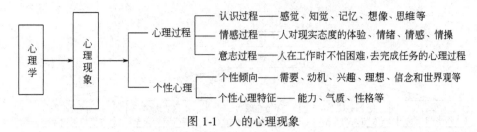

图 1-1 人的心理现象

客观事物时所产生的态度及体验，称为情绪和情感。情绪和情感在心理学中略有区别，前者与生理的需要满足有关，后者与社会性的需要满足有关。根据对客观事物的认识，自觉地确定目标，克服困难并力求加以实现的心理过程，称为意志。认识、情感、意志这三种心理过程，即有区别，又互相联系、互相促进，共同形成完整的心理过程。

心理过程是人们共有的心理活动。但是，由于每一个人的先天素质和后天环境不同，心理过程在产生时又总是带有个人的特征，从而形成了不同的个性。个性心理包括个性倾向性和个性心理特征两个方面。个性倾向性是指一个人所具有的意识倾向，也就是人对客观事物的稳定态度。它是人从事活动的基本动力，决定着人的行为方向。其中主要包括需要、动机、兴趣、理想、信念和世界观等。个性心理特征是一个人身上表现出来的本质的、稳定的心理特点。例如有的人有数学才能，有的人有音乐才能，这是能力方面的差异。在行为表现方面，有的人活泼好动，有的人沉默寡言，有的人热情友善，这些是气质和性格方面的差异。能力、气质和性格统称为个性心理特征。

个性心理特征和个性倾向性都要通过心理活动才能逐渐形成。个性心理一旦形成后又作为主观内因制约心理活动，并在心理活动中表现出来。因而，每个人的各种心理活动必然带有个人本身的特点。事实上，既没有不带个性心理的心理过程，也没有不表现在心理过程之中的个性心理，两者是同一现象的两个侧面。例如，以骄傲这种个性心理特征而言，在认识过程中常表现为漫不经心、不求甚解；在对待他人的情感上，常表现为孤芳自赏，夜郎自大；在意志上则表现为刚愎自用、独断专横；所以，人的心理活动与个性心理二者有密切关系，它们构成了人的心理现象。在劳动和生活中，人的行为无一不受心理现象的支配，客观事物的改变无一不与人的心理现象有关。所以，一切有关人类的科学都与心理学有着有机的联系，尤其是安全科学更是如此。

1.1.2 安全心理学的产生与发展

安全心理学的产生和发展经历了漫长的理论准备和实践应用的演化过程，这个过程可用图 1-2 表示。

由图 1-2 可见，安全心理学的产生与发展与工业心理学是不可分割的，讨论安全心理学的发生和发展，不能不涉及工业心理学的产生和发展。工业心理学是研究工业系统中人的心理活动规律及其具体应用的学科，它主要研究工作中人的行为规律及其心理学基础，其内容包括管理心理学、劳动心理学、工程心理学、人事心理学、

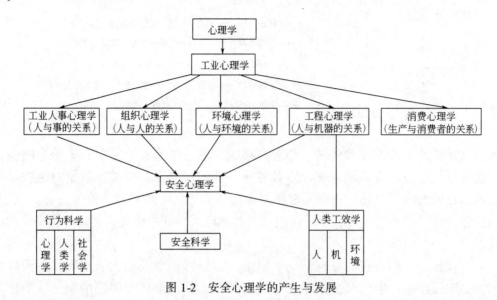

图 1-2　安全心理学的产生与发展

消费者心理学等等。工业心理学除了研究人际关系、人机关系、人与工作环境的关系外，还需要研究劳动作业的内容、方式、方法与人的工作效能的关系问题。工业心理学的产生和发展主要经历了下述几个阶段。

1.1.2.1　20 世纪初泰罗的贡献

20 世纪初，由于工业革命以后机械化普遍推广，市场逐渐扩大，为提高劳动生产率，美国工程师泰罗（Frederick Winslow Taylow）着重进行实践研究。泰罗出身于律师家庭，年轻时本打算继承父业，但受视力严重下降的影响，不得不放弃在哈佛大学法学院学习的机会，去工厂当了学徒。他的大部分时间是在宾夕法尼亚州的米德韦尔和伯利恒钢铁公司度过的——从一名普通工人到领班、工长，最后任总工程师。他对工人处境、劳动状况有着丰富的实践体验，并由此引发了他对通过提高低效工工人劳动效率来改变企业工作状况的思考。对此，泰罗提出了科学管理的基本思想，要求人们按正确的方法工作，不断学习一些新东西，以改变他们的工作。作为报偿，人们可以从高效率工作所带来的更多的物质利益和成就感而获得满足。关于这一思想的实践，泰罗指出，管理者必须遵守四条科学管理原则：

① 对工人操作的每个动作进行科学研究，用以替代老的单凭经验的办法；

② 科学地挑选工人，并进行培训和教育，使之成长；

③ 与工人亲密协作，以保证一切工作都按已发展起来的科学原则去办；

④ 均分资方和工人们之间在工作中的权力和职责，并最终形成双方的友好合作关系。

总体而言，泰罗所从事的企业管理研究的主题是十分鲜明的：一方面，科学研究作业方法，即对作业现场进行观察，对收集到的数据进行客观的分析，进而确定"一个最优的作业方法"，从而为企业管理提供有效的手段；另一方面，在工人和管理层之间掀起一场心理革命，以改善双方的关系。他的工作为心理学在工业上的应用奠定了基础。

1.1.2.2 冯特及闵斯特伯格的工作

1879 年，德国生理心理学家、哲学家冯特（Wilhelm Wundt，1832—1920）在莱比锡大学建立了世界上第一个心理实验室，用自然科学的方法研究心理现象，使心理学开始从哲学中脱离出来，成为一门独立的科学。这一行动标志着科学心理学的诞生，冯特为此被誉为心理学的始祖。19 世纪后期，生理学、物理学、化学等自然科学都已经相当发达，当时活跃的学术气氛对新学科的产生具有重要的影响。冯特认为心理学的对象是心理、意识，即人对直接经验的感知。如何研究呢？他考虑到化学把物质分解成各种元素，如水可以分解成氢和氧，那么心理学是否也可以同样地通过实验方法分解出心理的基本元素呢？根据这一思路，冯特建立了世界上第一个心理实验室，用实验的方法来分析人的心理结构，冯特的心理学为此被称为"构造主义心理学"。冯特的实验室里研究得最多的是感觉和意象。他认为感觉是心理的最基本元素，把心理分解成这样的一些基本元素，再逐一找出它们之间的关系和规律，就可以达到理解心理实质的目的。

他的学生闵斯特伯格（H. Munsterberg，1863—1916）感到对心理学的研究不能关在象牙塔内研究，而应该应用到实践中去。1892 年，闵斯特伯格受聘于哈佛大学，建立了心理学实验室并担任主任。在那里，他应用实验心理学的方法研究大量的问题，包括知觉和注意等方面的问题。闵斯特伯格对用传统的心理学研究方法研究实际的工业中的问题十分感兴趣，他的心理学实验室成为了工业心理学活动的基地，成为后来的工业心理学运动的奠基石，因此他被誉为"工业心理学之父"。

1.1.2.3 霍桑实验

随着生产的发展，心理学家认识到，要提高工作效率，不仅要解决好人与事的配合，人与机的配合，还要解决好人与人的配合关系。因此，工业心理学研究的主攻方向从工业个体心理学转向工业群体心理学，这一转变的里程碑就是梅奥（E. Mayo）主持的霍桑实验。在霍桑实验的基础上，梅奥分别于 1933 年和 1945 年出版了《工业文明的人类问题》和《工业文明的社会问题》两部著作。

霍桑是一个美国的工厂名，霍桑研究（Hawthone Study）自 1924 年起持续了 15年之久，研究发现，影响员工士气的不是物质条件，而是心理因素。美国明尼苏达州一家煤气公司曾对 3000 多名职工进行了工作满意因素的调查，结果发现，首要因素是心理因素。

表 1-1 中所示的结果，颇使一些企业家们感到意外！他们原以为，员工们会把工作报酬列为首要因素。但事实表明，无论男女，工作报酬均列在了工作安全、晋升机会、工作方式、公司地位之后。这表明，心理因素是影响员工士气的主要因素。在这项研究之后，工业管理的方式开始兼顾到心理因素了。霍桑研究使心理学走入了工业和组织管理学领域。

表 1-1 工作满意因素的等级

满意因素	男员工所列等级的平均数	女员工所列等级的平均数
工作安全	3.3	4.6
晋升机会	3.6	4.8
工作方式	3.7	2.8
公司地位	5.0	5.4
工作报酬	6.0	6.4
人事关系	6.0	5.4
监督管理	6.1	5.4
工作时间	6.9	6.1
工作环境	7.1	5.8
额外福利	7.4	8.2

1.1.2.4 第二次世界大战期间的发展

由于战争期间需要征集大量兵员，导致了人员选拔和培训措施发展；复杂的武器系统，需要更好地研究机器如何与操作者相配合，即需进一步研究人-机关系，从而为工程心理学（即人机工程学、人类工效学）的诞生奠定基础。

1.1.2.5 第二次世界大战后的发展

自 20 世纪 50 年代开始，工业群体理论代替了工业个体理论，1958 年开始使用管理心理学（managerial psychology）这个名称代替原来沿用的工业心理学名称，20世纪 70 年代组织心理学（organizational psychology）这个名称又取代了管理心理学名称，标志着工业心理学又迈向了新的领域。

随着现代科学技术的高速发展和工业生产规模的日益大型化，由此而带来的安全问题越来越引起人们的重视和普遍关注。因此，安全心理学在 20 世纪 80 年代得到迅速发展，成为安全科学的一门新学科，日益受到人们的重视，有人将它和人机工程学、安全系统工程并列，被誉为现代安全科学的三大理论支柱，也是工业心理学的一个重要独立分支。

第二次世界大战后，工业心理学著作大量出版，比较著名的有吉尔默的《工业心理学》，维泰里斯的《工业动机和精神》，布莱克的《工业安全》，海尔里奇的《工业事故的防止》等，美国心理学会成立了工业和管理心理学专业委员会。

1.1.3 安全心理学的研究任务、对象和研究方法

1.1.3.1 安全心理学的研究任务

安全心理学是用心理学的原理、规律和方法解决劳动生产过程中与人的心理活动有关的安全问题，其任务是减少生产中的伤亡事故；从心理学的角度研究事故的原因，研究人在劳动过程中心理活动的规律和心理状态，探讨人的行为特征、心理

过程、个性心理和安全的关系；发现和分析不安全因素，事故隐患与人的心理活动的关联以及导致不安全行为的各种主观和客观的因素；从心理学的角度提出有效的安全教育措施、组织措施和技术措施，预防事故的发生，以保证人员的安全和生产顺利进行。

1.1.3.2　安全心理学的研究对象

安全心理学要研究安全问题，而影响安全的因素很多，既有人本身的问题，也有技术的、社会的、环境的因素。安全心理学并不企图研究所有影响人的安全的因素，而只是从心理学的特定角度研究人的安全问题。安全心理学也要涉及其他因素，但着眼点是讨论分析其他各因素如何影响人的心理，进而影响人的安全。其基本模式可用图 1-3 表示。

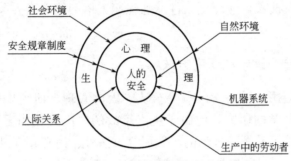

图 1-3　安全心理学研究对象的基本模式

安全心理学的研究对象具体有如下几个方面。

1）研究生产设备、设施、工具、附件如何适合人的生理、心理特点，如研究机器设备的显示器、控制器、安全装置如何适合人的生理、心理特点及其要求，以便于操作，减轻体力负荷，保持良好姿势，从而达到安全、舒适、高效的目的。

2）研究工作设计和环境设计如何适合人的心理特点。如研究改进劳动组织，合理分工协作，合理的工作制度（包括适宜的轮班工作制），丰富工作内容，减少单调乏味的劳动，制定最合适的工时定额，合适的工作空间，合适的工作场所的布置和色彩配置，播放背景音乐，建立良好的群体心理气氛等。

3）研究人如何适应机器设备和工作的要求，包括通过人员选拔和训练，使操作人员能与机器的要求相适应；研究人的作业能力及其限度，避免对人提出能力所不及的要求。根据现代心理学的学习理论，加速新工人的职业培训和提高工人的技术水平及对训练的绩效进行评价等。

4）研究人在劳动过程中如何相互适应，诸如研究与安全生产有关的人的动机、需要、激励、士气、参与、意见沟通、正式群体与非正式群体、领导心理与行为、建立高效的生产群体等。

5）研究如何用心理学的原理和方法分析事故的原因和规律，诸如研究人的行为，与行为有关的事故模式，人在劳动过程中的心理状态，与事故有关的各种主观和客观的因素（如人机界面、工作环境、社会环境、管理水平、个人因素），特别是个人因素（如智力、健康和身体条件、疲劳、工作经验；年龄、个人性格特征、情绪）以及事故的规律等。

6）研究如何实施有效的安全教育，如根据心理学的规律研究切实可行、不流于形式的安全教育方法，引人注目的能起到宣传效果的安全标语和宣传画，培养工人的安全习惯等。

总之，在研究这些问题时，首先要研究人的心理过程特点以及这些特点对劳动者个人的作用，其次还必须考虑个性心理以及某些个人生活因素。

必须指出的是，虽然安全心理学在探讨事故原因和防止工伤事故中具有重要作用，但在安全科学领域中它只属于"软件"范畴，不能越俎代庖，取代劳动安全"硬件"方面的工作，尤其是安全措施方面的工作（如防火、防爆的技术措施、设备的安全装置等）。做好安全工作，若不从落实组织措施、加强企业管理、改善设备情况、改进工艺流程、改善作业环境条件、加强职工培训等方面去考虑，空谈安全心理学是没有意义的。

1.1.3.3 安全心理学的研究方法

安全心理学是应用心理科学的一个分支，因此心理学研究中的一般通用方法都可以应用于安全心理学的研究。但由于生产事故的原因是相当复杂的，所以安全心理学的研究方法，除了遵循心理学的一般研究方法外，尚有其本身特点。

(1) 调查研究 包括"望""闻""问"三种手段，即观察法、访谈法、问卷法。

1）观察法 观察法是利用视觉器官观察操作者在一定时间内的行为，分析行为是否得当，是否存在不安全的因素，必要时也可采用摄像机、电影机等拍摄其动作，分析动作的准确性、协调性等。

观察法可分为自然观察法和控制观察法。

① 自然观察法是在不影响被观察对象的行为或活动情况下收集资料。在观察中，要使被观察者不备戒心，不掺杂私人感情及偏见，从客观立场出发进行深入观察。如观察司机驾驶车辆时的行为，分析行为和事故的关系等。国外一些研究表明，有些司机缺乏冷静，一见到步行穿越马路者，不加判断就贸然鸣笛，这种人虽然本身习惯用笛，但如果他们听到后面的车鸣笛时却非常厌烦，他们有和人吵架的倾向，常常因为好冲动而出事故。

② 控制观察法大多是在借用仪器的条件下，观察操作者操作的准确性、协调性或模拟出现非常事态时，借用仪器观察操作者的行为特征。如日本国营铁路劳动科学研究所模拟非常事态及出现异常的场面，用仪器测量此时受试者的心理状态，这对安全来说具有很大的意义。

2）访谈法 访谈法包括与有关人员进行交谈（可以是个别或集体交谈），听取他们的意见，观察其态度，表情等行为。谈话时务必使对方了解谈话的目的，减少不必要的顾虑，以求获得有关某一问题的较详细的信息。目前这种方法应用得相当广泛，如安技人员、劳保人员对肇事者及有关人员的访谈即属此类。其优点是深入、灵活、可随时考察回答内容的真实性和可靠性；缺点是不容易整理，访谈结果不易数量化，统计分析也比较麻烦。访谈法基本上可分为两大类：结构型访谈法和无结构型访谈法。前者是根据事先拟好的问题大纲，逐一向被访者提问；后者是就某些问题自由交谈。

3）问卷法　即书面调查表。是用明确的方式提出一个问题。要求被调查对象做出确切的回答或给予评议。问卷常要求被调查者对两种截然不同的态度、状态或事物做出明确的回答，这种问卷称为二极表。有些问卷要求被调查者在 3 ~ 7 个等级中做出选择性的回答，如表 1-2 所示。

表 1-2　评定安全态度的问卷项目的不同量表方式（举例）

1. 你觉得你单位的安全工作令人满意吗？　　满意□　　　　不满意□
2. 你觉得你单位重视安全生产工作吗？　　重视□　　　一般□　　　不重视□
3. 你常把安全生产挂在心上吗？

从来没有□　　　很少□　　　有时□　　　经常□　　　总是如此□

4. 你认为发生事故是不可避免的吗？

非常不同意□　　　不同意□　　　有点不同意□　　　说不准□

有点同意□　　　同意□　　　非常同意□

问卷分别采用标准化的打分，因此便于进行统计处理分析。但不足之处是，它不可能获得问卷以外的信息，还受被调查对象是否合作以及理解程度的影响，不如访谈法那样可以自由和确切地表达自己的意见。

(2) 心理测量　即采用标准化的心理测验或精密的测量仪器，测量受试者的个性心理和心理过程的差异，如能力倾向测验、人格测验、智力测验、感知-运动协调能力的测验等。对安全来说，心理测量在某些工种（如特种作业）特别重要，如美国心理学家闵斯特伯格对司机的心理测量表明，工作 20 年从未出过事故的人，测验的成绩最好，常出事故的司机成绩最差，"平平常常"的司机测验的结果也平常。可见心理测验在安全工作中的重要性。

心理测量应考虑两个基本要素：

1）信度　即指测验本身的可靠性或稳定性，测量结果反映所测对象特性的真实程度。如多次测验，结果都不变，则其信度高；如相距甚远，则表示该测验不可靠或不稳定，亦即信度很低。如测验的信度很低，则无法达到测量的目的。信度的种类很多，主要有下列四种。

① 重测信度。采用同一种测验，在间隔时间内，对同一受试者作两次测验，以确定信度。

② 复本信度。对受试者在同一时间或不同时间，作原本和复本测验。视两种测验结果，确定信度。所谓原本，是指原来准备用的测验，复本是指与原本性质内容、指导、型式、题数、难度、鉴别度相同，但试题不同的测验复本。

③ 折半信度。指将受试者对同一测验的结果，根据题目分成两半，并分别计分，再依分别计分的结果确定信度。

④ 评分者信度。对无法作客观记分的测验，由两位评分者分别评分，然后就此两种分数间的关系确定信度。

一般而言，相关系数在0.8以上，认为已有应用价值。

2）效度　指测量的真实性、准确性，测验结果能否真实地反映测量之目的。一种测验若效度不高，其他条件都是无意义的。所以首先要鉴定效度。一种测验的效度常与一种已被公认的测验或效标（衡量测验有效性的参照标准）求其相关系数（亦称效度系数），相关系数高，表示这种测验预料的正确性高，即效度高。效度按侧重面的不同，又可分为以下三种。

① 内容效度。指测验的内容或材料，能够代表所测特征的程度。估算的办法是让行家按一定标准评价某一测量项目是否具有代表性，其计算公式为：

$$CVR = \frac{n_e - \dfrac{N}{2}}{\dfrac{N}{2}}$$

式中　CVR——内容效度系数；

　　　n_e——判断某一测量项目具有代表性的人数；

　　　N——参加判断的总人数。

② 效标关联效度。可分同时效度和预测效度，这两种效度都是将某一因素的测量与不同效标（如当前与将来的工作绩效）相比较，求其相关系数，以表明二者之关联或预测符合的程度。

③ 构思效度。从某一构想理论出发，制定出与该构想有关的心理功能或行为假设，据此设计和编制测验项目，然后由结果求原因，以因子分析或聚类分析方法，求构思效度系数结果，是否符合心理学理论。

（3）实验法　实验法是在控制条件下观察对象的变化，获取事实材料的方法。由于实验法可以控制实验条件，它具有一些其他方法所不具备的优点。

1）安全心理实验中的干扰变量　实验不仅要控制自变量，同时要控制干扰变量。需要控制的干扰变量主要有：外部干扰变量（主要是环境因素）、被测试者因素、测量方法和仪器装置的因素、实验主持人的因素等。实验中对自变量和干扰变量的控制要遵守"最大最小控制原则"。

2）实验中对干扰变量控制的方法　一般常用的控制方法有，消除法（就是将干扰变量排除在实验之外）、限定法（将干扰因素控制在某种恒定状态）、纳入法（把某种或某些可能对实验结果发生影响的因素也当作自变量来处理，使之按预定要求发生变化并观察和分析这种变化与因变量变化的关系）、配对法（就是把条件相等或相近的被试对等的分配到控制组与实验组中）、随机法（将参与实验的被试随机地安排在实验组与控制组内）。

严格控制变量是实验室实验的优点，但同时也带来人为化和降低效度的缺点。因此，将实验室研究结果用于实际时要谨慎。为克服这一缺点，在安全心理学研究中常以现场实验相补充。

(4) 模拟仿真　模拟是以物质形式或观念形式对实际物体、过程和情境的仿真。模拟通常分为物理模拟和数学模拟。物理模拟要通过与实体相似的物理模型来进行；物理模拟实验逼真度高，实感性强，具有类似现场实验的基本特点，而且可消除现场实验所不可避免的干扰因素的影响，它兼有实验室实验和现场实验的优点，因此是安全心理学研究的重要方法。在信息技术和计算机技术高度发展的今天，使得非常复杂的心理模拟仿真已成为可能，并在安全心理学的研究中应用得越来越广泛。

虚拟现实技术为心理学实验提供了一种变革性的具有良好生态效度和内部效度的虚拟现实的实验方法，使得心理学实验可以在自然的条件下进行，从而更有效地开展有关人类视知觉、运动和认知等方面的研究。

1.1.4　行为科学与安全心理学

行为科学是研究人的行为的一门综合性科学。它研究人的行为产生的原因和影响行为的因素，目的在于激发人的积极性和创造性，从而达到组织目标。它的研究对象是探讨人的行为表现和发展的规律，以提高对人的行为预测以及激发、引导和控制能力。

"行为科学"正式定名于1949年美国芝加哥大学召开的有关组织中人类行为的理论研讨会上。随后行为科学才真正发展起来：福特基金会成立了"行为科学部门"（人类行为研究基金会）；1952年，建立了行为科学高级研究中心；1956年，在美国出版了第一期行为科学杂志。至此，行为科学在美国的管理学界风行起来，无论在理论方面或实践方面都有了长足的发展。

关于人的需要和人的行为规律的研究主要有以下几个方面。

1.1.4.1　马斯洛的需要层次理论

亚伯拉罕.H.马斯洛（Abrahan H. Maslow）在1943年发表的《人类激励的一种理论》一文中提出了需要层次理论。它把人类的各种各样的需要分成五种不同的需要，并按其优先次序，排成阶梯式的需要层次：自我实现的需要、尊重需要、归属需要、安全的需要和生理的需要。

1.1.4.2　赫茨伯格的双因素激励理论

赫茨伯格（F. Herzberg）在1959年与别人合著出版的《工作激励因素》和1966年出版的《工作和人性》两本著作中，提出了激励因素和保健因素，简称双因素理论。赫茨伯格在美国匹兹堡地区对200名工程师和会计人员进行访问谈话，了解他们在什么条件下感到工作满意，什么条件下感到不满意。他调查的结果发现，使职工感到满意的都是属于工作本身或工作内容方面的，称之为激励因素；使职工感到不满意的都是属于工作环境或工作关系方面，称之为保健因素或称维持因素；保健因素不能起激励职工的作用，但能预防职工的不满。

1.1.4.3　弗罗姆的期望理论

弗罗姆（Y. H. Vroom）在 1964 年发表的《工作和激励》一书中，提出了期望概率模式。以后又经过其他人的发展补充，成为当前行为科学家比较广泛接受的激励模式。

1.1.4.4　斯金纳的强化理论

斯金纳（B. F. Skinner）认为，人的一种行为都会有肯定或否定的后果（报酬或惩罚）；肯定的行为就有得到重复发生的可能性，否定的行为以后就会不再发生。强化理论有助于人们对行为的理解和引导，因为一种行为必然会有后果，而这些后果在一定程度上会决定这种行为是否重复发生。

1.1.4.5　斯坎伦和林肯的计划

斯坎伦和林肯都是企业家，也是行为科学理论的应用者。斯坎伦（J. N. Scanlon）提出的斯坎伦计划，强调协作和团结，采用集体鼓励的办法。他提出的计划规定，凡因工人就减少劳动成本提出建议而使劳动成本减少的，工人可以得到奖金。但这奖金不是发给提议者个人，而是在工厂或公司范围内由工人集体共享。

林肯（J. F. Lincoln）提出的林肯计划，强调满足职工要求别人承认其技能的需要。林肯认为，激励人们工作的动力，主要不是金钱或安全感，而是要求对其技能予以承认。所以他提出一个计划，要求职工最充分地发挥他们的技能，然后以"奖金形式"来酬谢职工对公司的贡献。

1.1.4.6　麦格雷戈的 X 理论-Y 理论

麦格雷戈（D. Mcgregor）的 X 理论-Y 理论是人性理论研究中最突出的成果。他在《企业的人性方面》一书中，提出了有名的"X 理论-Y 理论"的人性假定。在麦格雷戈看来，每一位管理人员对职工的管理都基于一种对人性看法的哲学，或者说有一套假定。

目前，行为科学的研究对象主要有以下几个方面：

① 研究人类行为产生的原因，目的在于激发动机，推动行为；

② 研究人类行为的控制与改造，目的在于保持正确的有效行为；

③ 研究人类行为的特点，如个人行为、领导行为、群体行为、组织行为、决策行为、消费行为，目的在于促进组织的发展；

④ 研究人与人的协调，目的在于创造一种良好的激励环境，使人们能够持久地处于激发状态，保持高昂的情绪、舒畅的心情，充分发挥潜能。

因为工业心理学是一门研究人类工作行为的科学，所以通常安全心理学亦被视为行为科学的一个分支。但是，安全心理学有其自己独立的科学体系，它偏重于研究在工业生产中人的安全行为。

1.1.5　人类工效学与安全心理学

人类工效学（ergonomics）又称人机工程学，它是近50年来发展起来的一门新兴的边缘学科。它综合心理学、生理学、人体测量学、工程技术科学、劳动保护科学等有关理论，研究人和机器、环境之间的关系，目的在于最大限度地提高工作效率和保证人在劳动过程中的安全、健康和舒适。

人类工效学的研究对象主要有以下三个方面。

1.1.5.1　人的方面

研究人体测量学（提供人体各部分尺寸的大小、活动范围等方面的数据），人体生物力学（包括肌力、耐力、运动的方式、速度和准确性等），劳动时人体生理功能的改变和适应，人的心理状态，工作能力及其限度，疲劳，劳动强度，工作姿势，劳动组织方式及工作时间（如轮班制、工作分析、动作时间研究），人的功能特性及人在人机系统的可靠性等。

1.1.5.2　机器设备方面

研究机器设备和工具（包括汽车、飞机、火车、轮船、宇宙飞船、家用电器、家具、工具、文具、图书、衣服鞋帽、成本设备、安全装置、城市设施、住宅设施等）的设计如何适合人的生理、心理特点及要求，以达到便于操作、减轻体力负荷、保持良好姿势、保证安全和舒适。研究各种显示器、控制器如何适应人的感官和操作。

1.1.5.3　环境方面

研究工作场所合理的设计，保证工作环境良好的气象条件，适宜的色彩，工作场所合理的照明条件，清除和控制环境中有害因素（如噪声、振动等）。

由以上所述的工效学研究对象可见，工效学所研究的内容大抵相当于工业心理学的工程心理和环境心理部分，工效学着力于实际应用，而工业心理学则比较偏重于从心理学角度进行研究，安全心理学更偏重于从心理学角度研究安全问题。一般认为，工效学不包括工业心理学的工业人事心理、组织心理及消费心理；而安全心理学则涉及工效学的人机系统中人的子系统及人机界面的安全问题。

1.1.6　安全心理学在安全工作中的作用

安全心理学是一门以探讨人在安全生产过程中的行为和心理活动规律为目标的科学，正确应用安全心理学，发挥其在安全生产中的作用，有效地推动社会的安全与进步。

1.1.6.1　安全心理学的意义

安全心理学的意义可分为对个人和对社会两个方面。

对个人讲，它通过描述和解释各种与安全有关的心理现象和心理活动历程，加深人们对自身在安全生产中的了解。目前人们对许多与安全相关的心理现象和行为的了解还停留在"知其然，但不知其所以然"的水平，通过学习安全心理学，人们可以了解自己的某些不安全行为为什么会出现，潜藏在这些行为背后的心理活动和活动规律是怎样的，还可以发现自己在生产劳动过程中受到了哪些因素的影响，自己如何形成现在的性格和气质特点等一系列与自身有关的安全问题。此外，安全心理学不仅提供了"是什么"、"为什么"的答案，更重要的是还告诉人们"怎么样"解决问题。当我们发现自己存在的一些不良的心理品质和习惯时，比如工作时精力容易分散、经常莫名其妙地急躁等，就可以寻求安全心理学的帮助。

对于社会来说，安全心理学在社会的生产、生活等方面都发挥着重要的作用。例如，安全心理学告诉人们该如何合理地设置生产环境，以最有效的方式安排作业流程，让人们在理想的工作氛围中发挥自己最大的潜力并保证安全。

1.1.6.2　安全心理学在安全生产中的应用

安全心理学的原理、规律和方法可以运用在预防工伤事故，进行安全教育以及分析处理事故等方面。

1）安全思想淡漠，自我保护意识不强，常常是造成工伤事故的重要原因，因此，研究和分析生产过程中人们对自身安全问题的心理现象，运用动机和激励的理论，激发职工安全意识，使安全生产成为职工自发的要求，这是做好安全工作的重要保证。

2）通过安全心理学对主观和客观心理现象的分析，可以帮助管理人员（包括企业领导、工会干部、劳保安全技术人员）认清安全生产中的有利因素和不安全因素，对各种不安全因素进行整改，从而调动广大职工安全生产的积极性。

3）运用安全心理学的学习理论，做好职工的安全技术培训和安全思想教育工作，特别是运用心理学的理论对从事电气、起重、运输、锅炉、压力容器、爆破、焊接、煤矿井下瓦斯检验、机动车辆驾驶、机动船舶驾驶等危险性大的特种作业人员进行专业的安全技术教育。

4）对影响整个系统运行或对安全生产是非常关键作用的岗位，可通过合适的职业选择，选拔合适的人选。

5）对职工的不安全行为及其心理状态进行研究分析，以便采取对策和措施。

6）对事故进行统计分析，根据大量原始资料，通过统计处理，找出事故产生原因及其变化规律。有时为了找出事故的隐患，防止以后不再发生同类原因的事故，以及采取最适宜的预防措施，常常需要对事故个案进行心理学分析。

7）对事故主要责任者、肇事者在发生事故前的心理状态、情绪以及个人的个性心理特征、行为、习惯等进行深入分析，以阐明发生事故的原因，进行安全教育和采取必要措施，杜绝以后再发生同样的事故。

8）从知觉、情感、意志、行为四个方面，对一些经常有不安全行为的工人，给予积极的心理疏导，并将其列为重点的安全教育对象；对他们的性格、气质、能力进行全面分析，根据他们的特点逐步引导他们改变对安全不利的心理素质，建立良好的安全心理素质。

9）运用安全心理学的知识，对生产设备、机具、安全保护装置、工作场所以及工作环境经常进行工程心理学（人机工程学、人类工效学）的研究，使设备、机具符合人的生理心理特点，工作场所适合人的操作，工作环境不影响人的安全和健康，从而达到操作方便、减轻劳动强度、节约劳动时间、提高工作效率、充分利用设备能力、降低能耗、减少工伤事故的目的。

10）运用心理学原理和有关知识，进行经常性的、行之有效的安全教育。

1.2 安全生理与心理

1.2.1 人-机-环系统模型

生产过程实质是一个复杂的人-机-环系统，在这个系统中人的生理与心理因素对过程的安全有着重要作用。人-机-环系统的模型是安全心理学的重要基础，如果把人作为系统中的一个"环节"研究，人体与安全相关的、和外界直接发生联系的主要有三个系统：即感觉系统、中枢神经系统和运动系统。而人体的其他系统是人体为完成各种功能活动的辅助系统。人-机-环系统模型如图1-4所示。人在操作过程中，机器通过显示器将信息传递给人的感觉器官（如眼睛、耳朵等），经中枢神经系统对信息进行处理后，再指挥运动系统（如手、脚等）操纵机器的控制器，改变机器所处的状态。由此可见，从机器传来的信息，通过人这个"环节"又返回到机器，从而形成一个闭环系统。人机所处的外部环境因素（如温度、照明、噪声、振动等）也将不断影响和干扰此系统的效率。显然，要使上述的闭环系统有效地运行，就要求人体结构中许多部位协同发挥作用。首先是感觉器官，它是操作者感受人-机-环系统信息的特殊区域，也是系统中最早可能产生误差的部位；其次，传入神经将信息由感觉器官传到大脑的理解和决策中心，决策指令再由大脑传出神经传到肌肉；最后一步是身体的运动器官执行各种操作动作，即所谓作用过程。对于人-机-环系统中人的这个"环节"，除了感知能力、决策能力对系统操作效率有很大影响之外，最终的作用过程可能是对操作者效率的最大限制。

1.2.2 安全生理

1.2.2.1 人体的感官系统

人体的感官系统又称感觉系统，是人体接受外界刺激，经传入神经和神经中枢产生感觉的机构。人的感觉按人的器官分类共有7种：通过眼、耳、鼻、舌、肤五个器官产生的感觉称为"五感"，此外还有运动感、平衡感等。在人-机-环系统安全中用得较多的几种感官系统的结构与功能特点如下。

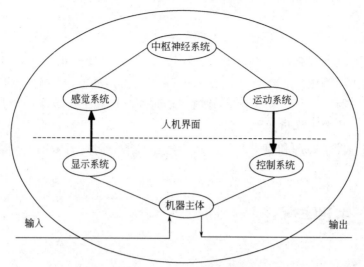

图 1-4　人-机-环系统模型

（1）人的视觉特征　人-机-环系统中安全信息的传递、加工与控制，是系统能够存在与安全运行的基础之一。人在感知过程中，大约有 80% 以上的信息是通过视觉获得的。视觉是最重要的感觉通道。

1）视觉刺激　视觉的适宜刺激是光，光是辐射的电磁波。人类所能接受的光波只占整个电磁波的一小部分，波长在 380～780nm 的范围内，它约占整个光波的 1/70，并可区别光的亮度和一定范围的颜色，在此波长范围之外的电磁波射线，人眼则无法看见。

2）视觉系统　包括眼、视觉传入神经和大脑皮层视区三部分。

眼，又称眼球，是视觉的外周感受器。它是一个直径约为 23mm 的球状体。眼睛的结构和照相机相似。眼睛的瞳孔、晶状体和视网膜分别相当于照相机的透镜孔、透镜和胶卷。

形成视觉的主要功能结构是眼球正中线上的折光部位和位于眼球后部的感光部位。折光部位由角膜和白色不透明的巩膜组成。角膜是透明的光滑结膜，约占眼球全面积的 1/6，凭借其弯曲的形状实现眼球的折光功能。虹膜主要起巩固和保护眼球的作用。虹膜位于角膜和晶状体之间，中间有一圆孔即瞳孔，瞳孔的直径大小可根据光的强弱而自行调节，其变化范围为 2～8mm。在瞳孔后面是一扁球形弹性透明体，叫晶状体，它起着透镜作用。视网膜是眼睛的感光部位，视网膜内的感光细胞将接受到的光刺激转化为神经冲动，从而把光能转换为神经电信号。这种电信号经三级神经元传至大脑。

3）视觉功能的主要特征

① 人眼的视觉。视觉是被看对象物的两点光线投入眼球时的相交角度，用来表示被看物体与眼睛的距离关系。视觉的大小既决定于物体的大小，也决定于物体与眼睛的距离。视角的大小与人眼到物体的距离成反比。

② 人的视敏度。视敏度又称视力，是辨认外界物体的敏锐程度，也是指在标准的视觉情景中感知最小的对象与分辨细微差别的能力。

影响视敏度的主要因素是亮度、对比度、背景反射与物体的运动等。亮度增加，视敏度可提高，但过强的亮度反而会使视敏度下降。在亮度好的情况下，随着对比度的增加，视敏度也会更好。视敏度在一昼夜里变化很大，清晨视敏度较差，夜晚更差，只有白天的 3%~5% 。

③ 人眼的适应性。人眼当外界光亮程度变化时，而产生适应性的变化。眼睛从黑暗的地方进入光亮的地方，或者从光亮的地方进入黑暗的地方的时候，眼睛不是一下子就能看清物体，而要经过一段时间才能看清，这被称为"明适应"和"暗适应"。

暗适应时，眼睛的瞳孔放大，进入眼睛的光通量增加；明适应时，由于是从暗处进入光亮处，所以瞳孔缩小，光通量减小。暗适应时间较长，一般要经过 4~5min 才能基本适应，在暗处停留 30min 左右，眼睛才能达到完全适应；明适应时间较短，一般经过 1min 左右就可达到完全适应。

④ 颜色视觉。光有能量大小与波长长短的不同。光的能量表现为人对光的亮度感觉；而波长的长短则表现为人对光的颜色感觉。人眼有很强的色辨能力，可以分辨出 180 多种颜色。波长大于 780nm 的光波是红外线和无线电波等；波长小于 380nm 的光波是紫外线、X 射线、α 射线等，它们都不能引起人眼的视觉形象。只有波长在 380~780nm 之间的光波才称为可见光。可见光谱中不同波长引起的不同颜色的感觉如表 1-3 所示。

表 1-3 各种颜色的波长与波长范围 /nm

颜 色	标 准 波 长	波 长 范 围
紫 色	420	380~450
蓝 色	470	450~480
绿 色	510	480~575
黄 色	580	575~595
橙 色	610	595~620
红 色	700	620~780

⑤ 人的视野范围。视野是指人的眼球不转动的情况下，观看正前方所能看见的空间范围，或称静视野。眼球自由转动时能看到的空间范围称为动视野。视野常以角度来表示。当人眼注视景物时，物视落在视网膜的黄斑中央，可以获得最清晰的图像，称为中央视觉；面对周围的景物产生模糊不清的图像，称为边缘视觉。在工业造型设计中，一般以静视野为依据进行设计，以减少人的疲劳。

在水平面内的视野是：两眼视区大约在 60° 以内的区域；人的最敏感的视力是在标准视线每侧 10° 的范围内；单眼视野界限为标准视线每侧 94°~104°。在垂直面内的视野是：最大视区为标准视线以上 50° 和标准视线以下 70°。颜色辨别界限在标准视线以上 30° 和标准视线以下 40°。实际上，人的自然视线是低于标准视线的。在一般状态下，站立时自然视线低于标准视线 10°；坐着时低于标准视线 15°；在很松弛的状态中，站着和坐着的自然视线偏离标准视线分别为30°和38°。

人眼的视网膜可以辨别波长不同的光波，在波长为380~780nm的可见光谱中，光波波长只要相差3nm，人眼就可分辨。由于可见光谱中各种颜色的波长不同，对人眼刺激不同，人眼的色觉视野也不同。白色视野范围最宽，水平方向达180°，垂直方向达130°；其次是黄色和蓝色；最窄是红色和绿色，其水平方向达60°，垂直方向红色为45°，绿色只有40°。色觉视野还受背景颜色的影响。

视距是人眼观察操作系统中指示器的正常距离。一般操作的视距在380~760mm之间，其中以560mm为最佳距离。

⑥ 视错觉。视错觉是指当注意只集中于某一因素时，由于主观因素的影响，感知的结果与事实不符的特殊视知觉。引起视错觉的图形多种多样，依据它们引起错觉的倾向性可分为两类：一类是数量上的视错觉，包括在大小、长短方面引起的错觉；另一类是方向上的错觉。

视错觉有害也有益。在人-机-环系统中，视错觉有可能造成观察、监测、判断和操作的失误。但在工业产品造型中利用视错觉，可以获得满意的心理效应。例如，在房间内装饰和控制室的内部装饰设计中，对四壁墙面常采用纵向线条划分所产生的视错觉，来增加室内空间的透视感，使空间显得长些；相反，也可利用横向线条划分所产生的视错觉，来改善室内空间的狭长感，使空间显得宽些。另外，在交通中利用圆形比同等面积的三角形或正方形显得要大1/10的视错觉，规定用圆形作为表示"禁止"或"强制"的标志。

⑦ 视觉特征

a. 眼睛沿水平方向运动比沿垂直方向运动快而且不易疲劳；一般先看到水平方向的物体，后看到垂直方向的物体。因此，很多仪表外形都设计成横向长方形。

b. 视线的变化习惯从左到右，从上到下和顺时针方向运动。所以仪表的刻度方向设计应遵循这一规律。

c. 人眼对水平方向尺寸和比例的估计比对垂直方向尺寸和比例的估计要准确得多，因而水平式仪表的误读率（28%）比垂直式仪表的误读率（35%）低。

d. 当眼睛偏离视中心时，在偏离距离相等的情况下，人眼对左上限的观察最优，依次为右上限，左下限，而右下限最差。视区内的仪表布置必须考虑这一特点。

e. 两眼的运动总是协调的、同步的，在正常情况不可能一只眼睛转动而另一只眼睛不动；在一般操作中，不可能一只眼睛视物；而另一只眼睛不视物。因而通常都以双眼视野为设计依据。

f. 人眼对直线轮廓比对曲线轮廓更易于接受。

g. 颜色对比与人眼辨色能力有一定关系。当人从远处辨认前方的多种不同颜色时，其易辨认的顺序是红、绿、黄、白，即红色最先被看到。所以，停车、危险等信号标志都采用红色。当两种颜色相配在一起时，则易辨认的顺序是黄底黑字、黑底白字、蓝底白字、白底黑字等。因而公路两旁的交通标志常用黄底黑字（或黑色图形）。

(2) 人的听觉特征 听觉系统是人获得外部信息的又一重要感官系统。在人-机-

环系统中，听觉显示仅次于视觉显示。由于听觉是除触觉以外最敏感的感觉通道，当传递信息量很大时，不像视觉那样容易疲劳。因此一般用作警告显示，通常和视觉信号联用，以提高显示装置的功能。

1）听觉刺激　听觉的刺激物是声波。声波是声源在介质中向周围传播的振动波；波的传播速度随传播介质的特性而变化。一定频率范围的声波作用于人耳就产生了声音的感觉。人耳所能听到的声音频率范围一般为 20～20000Hz；低于 20Hz 的次声和高于 20000Hz 的超声，人耳均听不到。

2）人耳　听觉系统主要包括耳、传导神经与大脑皮层听区等三个部分。耳在结构上分为外耳、中耳和内耳。外耳的自然谐振频率为 2.4kHz，人对 2.4kHz 左右的声音最为敏感。鼓膜将外耳和中耳隔开，在声波作用下自由振动，在共振条件下鼓膜达到振动匹配。中耳里有三根相互连接并形成杠杆作用的听骨，保证鼓膜的正常振动，起到阻抗匹配作用，并将压力与振幅传给内耳的淋巴液。内耳底膜上的柯蒂氏器是听觉系统的核心部分，其上布满起听觉感受器作用的毛细胞。毛细胞受到振动时，会引起神经末梢兴奋，产生电讯号，即将声能转换成神经冲动传至大脑皮层听觉区。

3）听觉的物理特性

① 频率响应。可听声主要取决于声音的频率，具有正常听力的青少年（年龄在 12～25 岁之间）能够觉察到的频率范围是 16～20000Hz。而一般人的最佳听觉频率范围是 20～20000Hz。人到 25 岁左右时，开始对 15000Hz 以上频率的灵敏度显著降低，当频率高于 15000Hz 时，听阈开始向下移动，而且随着年龄的增长，频率感受的上限逐年连续降低。但是对小于 1000Hz 的低频率范围，听觉灵敏度几乎不受年龄的影响，听觉的频率响应特性对听觉传示装置的设计是很重要的。

② 动态范围。可听声除取决于声音的频率外，还取决于声音的强度。听觉的声强动态范围可用下式表示：

$$听觉的声强动态范围 = \frac{正好可忍受的声强}{正好能听见的声强}$$

a. 听阈。在最佳的听阈频率范围内，一个听力正常的人刚好能听到给定各频率的正弦式纯音的最低声强，称为相应频率下的"听阈值"。可根据各个频率与最低声强绘出标准听阈曲线。

b. 痛阈。对于感受给定各频率的正弦式纯音，开始产生疼痛感的极限声强称为相应频率下的"痛阈值"，可根据各频率与极限声强绘出标准痛阈曲线。

c. 听觉区域。由听阈与痛阈两条曲线所包围的部分称"听觉区域"。

③ 方向敏感度。人耳的听觉效果，绝大部分都涉及所谓的"双耳效应"，或称"立体声效应"，这是正常的双耳听觉所具有的特性。当听觉声压级为 50～70dB 时，这种效应基本上取决于时差、头部的掩蔽效应等，人的听觉系统的这一特性对室内声学设计是极其重要的。

④ 掩蔽效应。一个声音被另一个声音所掩盖的现象，称为掩蔽。一个声音的听阈因另一个声音的掩蔽作用而提高的效应，称为掩蔽效应。应当注意，由于人的听

阈的复原需要经历一段时间，掩蔽声去掉以后，掩蔽效应并不立即消除，这个现象称为残余掩蔽或听觉残留。其量值可表示听觉疲劳。掩蔽声对人耳刺激的时间和强度直接影响人耳的疲劳持续时间和疲劳程度，刺激越长、越强，则疲劳越严重。

(3) 人体的其他感觉特征

1）人的嗅觉和味觉　嗅觉和味觉都属于化学觉，各有自己的特殊受纳器，但两者经常密切结合在一起协调工作。嗅觉是由化学气体刺激嗅觉器官引起的感受。人的嗅觉灵敏度用嗅觉阈值表示。嗅觉阈值是引起嗅觉的气味的最小浓度。一般以每升空气中含有某物质的毫克数表示。

味觉是溶解物质刺激口腔内味蕾而发生的感觉。味蕾分布于口腔黏膜内，特别在舌尖部和舌侧面分布更广。

2）人的肤觉

从人的感觉对人-机-环系统的重要性来看，肤觉是仅次于听觉的一种感觉。皮肤是人体上很重要的感觉器官，感受着外界环境中与它接触物体的刺激。人体皮肤上分布着三种感受器：触觉感受器、温度感受器和痛觉感受器。用不同性质的刺激检验人的皮肤感觉时发现，不同感觉的感受区在皮肤表面呈相互独立的点状分布。

① 触觉。触觉是微弱的机械刺激触及了皮肤浅层的触觉感受器而引起的；而压觉是较强的机械刺激引起皮肤深部组织变形而产生的感觉。由于两者性质上类似，通常称触压觉。

触觉感受器能引起的感觉是非常准确的，触觉的生理意义是能辨别物体的大小、形状、硬度、光滑程度以及表面机理等机械性质的触感。在人-机-环系统操纵装置的设计中就是利用人的触觉特性，设计出具有各种不同触感的操纵装置，以使操作者能够靠触觉准确地控制各种不同功能的操纵装置。

触觉阈限。对皮肤施以适当的机械刺激，在皮肤表面下的组织将引起位移，在理想的情况下，小到 0.001mm（1μm）的位移，就足够引起触的感觉；然而，皮肤的不同区域对触觉敏感性有相当大的差别，这种差别主要是由于皮肤的厚度、神经分布状况引起的。

与感知触觉的能力一样，准确地给触觉刺激点定位的能力，因受刺激的身体部位不同而异。如刺激指尖能非常准确地定位，其平均误差仅 1mm 左右。如果皮肤表面相邻两点同时受到刺激，人将感受到只有一个刺激；如果接着将两个刺激略为分开，并使人感受到有两个分开的刺激点，这种能被感知到的两个刺激点间最小的距离称为两点阈限。两点阈限因皮肤区域不同而异，其中以手指的两点阈限值最低。这是利用手指触觉操作的一种"天赋"。

② 温度感觉。温度感觉分为冷觉和热觉两种，这两种温度感觉是由两种不同范围的温度感受器引起的，冷感受器在皮肤温度低于 30℃时开始发放冲动；热感受器在皮肤温度高于 30℃时开始发放冲动，到 47℃时为最高。人体的温度觉对保持人机体内部温度的稳定与维持正常的生理过程是非常重要的。温度感受器分布在皮肤的不同部位，形成所谓冷点和热点。每 1cm² 皮肤内，冷点有 6 ~ 23 个，热点有 3 个。温度感觉的强度，取决于温度刺激强度和被刺激部位的大小。在冷刺激或热刺激不

断作用下，温度感觉就会产生适应。

③ 痛觉。凡是剧烈性的刺激，不论是冷、热接触，或是压力等，肤觉感受器都能接受这些不同的物理和化学的刺激而引起痛觉。组织学的检查证明，各个组织的器官内都有一些特殊的游离神经末梢，在一定刺激强度下，就会产生兴奋而出现痛觉。这种神经末梢在皮肤中分布的部位，就是所谓的痛点。每 $1cm^2$ 的皮肤表面约有 100 个痛点，在整个皮肤表面上，其数目可达一百万个。

痛觉具有很大的生物学意义，因为痛觉的产生，将导致机体产生一系列保护性反应来回避刺激物，动员人的机体进行防卫或改变本身的活动来适应新的情况。

3）人的本体感觉　人在进行各种操作活动的同时能给出身体及四肢所在位置的信息，这种感觉称为本体感觉。本体感觉系统主要包括两个方面：一方面是耳前庭系统，其作用主要是保持身体的姿势及平衡；另一方面是运动觉系统，通过该系统感受并指出四肢和身体不同部分的相对位置。

在身体组织中，可找出三种类型的运动觉感受器。第一类是肌肉内的纺锤体，它能给出肌肉拉伸程度及拉伸速度方面的信息；第二类是位于腰中各个不同位置的感受器，它能给出关节运动程度的信息，由此可以指示运动速度和方向；第三类是位于深部组织中的层板小体，埋藏在组织内部的这些小体对形变很敏感，从而能给出深部组织中压力的信息。在骨骼、肌腱和关节囊中的本体感受器分别感受肌肉被牵伸的程度、肌肉收缩的程度和关节伸屈的程度，综合起来就可以使人感觉到身体各部位所处的位置和运动，而无需用眼睛去观察。

运动觉系统在研究操作者行为时经常被忽视，原因可能是这种感觉器官用肉眼看不到，而作为视觉器官的眼睛，作为听觉器官的耳朵，则是明显可见的。然而，在操纵一个头部上方的控制件时，手的动作，都不需要眼睛看着脚和手的位置，并会自觉地对四肢不断发出指令。

在训练技巧性的工作中，运动觉系统有非常重要的地位。许多复杂技巧动作的熟练程度，都有赖于有效的反馈作用。例如在打字中，因为有来自手指、臂、肩等部肌肉及关节中的运动觉感受器的反馈，操作者的手指就会自然动作，而不需操作者本身有意识地指令手指往哪里去按。已完全熟练的操作者，能使其发现他的一个手指放错了位置，而且能够迅速纠正。例如，汽车司机已知右脚控制加速器和刹车，左脚换挡。如果有意识地让左脚去刹车，司机的下肢及脚踝都会有不舒服之感。由此可见，在技巧性工作中本体感觉的重要性。

1.2.2.2　人的神经系统

神经系统是人体最主要的机能调节系统，人体各器官、系统的活动，都是直接或间接地在神经系统的控制下进行的。人-机-环系统中人的操作活动，也是通过神经系统的调节作用，使人体对外界环境的变化产生相应的反应，从而与周围环境之间达到协调统一，保证人的操作活动得以正常进行。

神经系统可以分为中枢神经系统和周围神经系统两部分。中枢神经系统由脑与脊髓组成；由脑和脊髓发出的神经纤维则构成周围神经系统。人-机-环系统中的信息在人的神经系统中的循环过程是：感受器官从外界收集信息，经过传入通道输送到中枢神经系统的适当部位，信息在这里经过处理、评价并与储存信息相比较，必要时形成指令，并经过传出神经纤维送到效应器而作用于运动器官。运动器官的动作由反馈来监控，内反馈确定运动器官动作的强度；外反馈确定用以实现指令的最后效果。

人脑是一个复杂的机能系统，是高级神经活动的中枢，大脑皮层能综合身体各部位收集来的信息，通过识别、记忆、判断、并发出指令。人脑是一种结构上极其复杂、机能上特别灵敏的物质。成人脑的重量平均为1400g，由延脑、脑桥、中脑、间脑、小脑和大脑所组成。脑是人体整个神经系统的中枢，大脑皮层则是最高级的调节机构。大脑皮层各个部分在功能上有不同的分工，又相互形成一个整体。它既能对各个感受器官（眼、耳、鼻、舌、肤等）所接受的信息加以分析、综合，形成映像的认识中枢，又能控制调节人的机体，成为对外界刺激作出适宜反应的最高机构，是人的心理活动最重要的物质基础。它有三个基本的机能联合区。

第一区是保证调节紧张度或觉醒状态的联合区。它的机能是保持大脑皮层的清醒，使选择性活动能持久地进行。如果这一区域的器官（脑干网状结构、脑内测皮层或边缘皮层）受到损伤，人的整个大脑皮层的觉醒程度就下降，人的选择性活动就不能进行或难以进行，记忆也变得毫无组织。

第二区是接受、加工和储存信息的联合区。如果这一区域的器官（如视觉区的枕叶、听觉区的颞叶和一般感觉区的顶叶）受到损伤，就会严重破坏接受和加工信息的条件。

第三区是规划、调节和控制人复杂活动形式的联合区。它是负责编制人在进行中的活动程序，并加以调整和控制。如果这一区域的器官（脑的额叶）受到损伤，人的行为就会失去主动性，难以形成意向，不能规划自己的行为，对行为进行严格的调节和控制也会遇到障碍。

可见，人脑是一个多输入、多输出、综合性很强的复杂大系统。长期的进化发展，使人脑具有庞大无比的机能结构，极高的可靠性、多余度和容错能力。人脑所具有的功能特点，使人在人-机-环系统中成为最重要的、主导的环节。

1.2.2.3 人的运动系统机能与供能系统

(1) 人的运动系统 人运动系统是完成各种动作和从事生产劳动的器官系统。由骨、关节和肌肉三部分组成。全身的骨通过关节连接构成骨骼。肌肉附着于骨，且跨过关节。由于肌肉的收缩与舒张牵动骨，通过关节的活动而产生各种运动。所以，在运动过程中，骨是运动的杠杆；关节是运动的支点；肌肉是运动的动力。三者在神经系统的支配和调节下协调一致，随人的意志，共同准确地完成各种动作。

1) 骨的功能 骨是体内坚硬而有生命的器官，主要由骨组织组成。全身骨的总数约206块。按其结构形态和功能可分为颅骨、躯干骨和四肢骨三大部分。骨的复杂形态是由骨所担负功能的适应能力决定的，骨的主要功能有以下几项。

① 骨与骨通过关节连接成骨骼，构成人体支架，支持人体的软组织和支承全身

的重量，它与肌肉共同维持人体的外形。

② 附着于骨的肌肉收缩时，牵动着骨绕关节运动，使人体形成各种活动姿势和操作动作，因此骨是人体运动的杠杆。

③ 骨构成体腔的壁，如颅腔、胸腔、腹腔与盆腔等，以保护脑、肺、肠等人体重要内脏器官，并协助内脏器官进行活动，如呼吸、排泄等。

④ 在骨的髓腔和松质的腔隙中充填着骨髓，其中红骨髓具有造血功能；黄骨髓有贮藏脂肪的作用。骨盐中的钙和磷，参与体内钙、磷代谢而处于不断变化状态。所以，骨还是体内钙和磷的储备仓库，供人体需要。

2）关节　全身的骨与骨之间通过一定的结构相连接，称为骨连接。骨连接分为直接连接和间接连接。直接连接为骨与骨之间通过结缔组织、软骨或骨互相连接，其间不具腔隙，活动范围很小或完全不能活动，称不动关节。间接连接的特点是两骨之间借膜性囊互相连接，其间具有腔隙，有较大的活动性，这种骨连接称为关节，多见于四肢。

关节的作用主要在于它可使人的肢体有可能作曲伸、环绕和旋转等运动。如果肢体不能做出这几种运动，那么，即使最简单的运动如走步、握物等动作也是不可能实现的。

3）肌肉组织　肌肉是人体组织中数量最多的组织。肌肉依其形状构造、分布和功能特点，可分为平滑肌、心肌和横纹肌三种。其中横纹肌大都跨越关节，附着于骨，故又称骨骼肌。又因骨骼肌的运动均受意志支配，故又叫随意肌，参与人体运动的肌肉都是横纹肌。人体横纹肌相当发达，约有400余块。每块肌肉均跨越一个或数个关节。其两端附着在两块或两块以上的骨上。

肌肉运动的基本特征是收缩和放松。收缩时长度缩短，横断面增大，放松时则相反，两者都是由神经系统支配而产生的。此外，由于中枢神经系统持续兴奋，因此肌肉保持着持续性的轻微收缩状态，这种状态叫肌肉紧张。肌肉紧张可使身体维持一定的姿势。肌肉收缩引起的运动形式，是由肌肉在骨上的位置所决定的。关节周围的肌肉可单独收缩，也可联合收缩。各种各样的活动就是肌肉以各种方式联合收缩的结果。可见，没有肌肉的收缩，人体就不可能产生任何主动运动，也就没有力。因此，人们常把骨骼肌看成是运动器官的主动部分。

(2) 人的供能系统　人的能量供给通过体内能源物质的氧化或酶解来实现。人体每天以食物的形式吸收糖、脂肪和蛋白质等物质，同时，通过呼吸将外界的氧气经氧运输系统输入体内，在体内将能源物质氧化产生能量，供给人体活动使用。在氧气供应不足时，上述能源物质还会以无氧酶解产生能量。通常，将上述过程，即能源物质转化为热或机械能的过程称为能量代谢。能量代谢的强弱与人体活动水平密切相关。能量代谢是人体活动最基本的特征之一。

1）能量的产生　体力劳动时，供给骨骼的能量来自肌细胞中的贮能元，即称为三磷酸腺苷（ATP）的物质。肌肉活动时，肌细胞中的三磷酸腺苷与水结合，生成二磷酸腺苷（ADP）和磷酸根（Pi），同时释放出29.3kJ的能量，即

$$ATP + H_2O \longrightarrow ADP + Pi + 29.3kJ/mol$$

由于肌细胞中的 ATP 贮量有限，因此，必须及时补充 ATP。补充 ATP 的过程称为产能。产能一般通过 ATP-CP（CP 为磷酸肌酸）系列、需氧系列、乳酸系列三种途径来实现。

ATP-CP 系列、需氧系列、乳酸系列三种产能过程的一般特性见表 1-4。

表 1-4　ATP-CP 系列、需氧系列、乳酸系列产能过程的一般特性

项目	ATP-CP 系列	需氧系列	乳酸系列
氧	无氧	需氧	无氧
速度	非常迅速	较慢	迅速
能源	CP，贮量有限	糖源、脂肪及蛋白质，不产生致疲劳性副产品	糖源、产生的乳酸有致疲劳性
产生 ATP	很少	几乎不受限制	有限
劳动类型	任何劳动、包括短暂的极重劳动	长期及中等劳动	短期重及很重的劳动

2）能量代谢　人不仅在作业过程中需要消耗能量，为了维持自身的生命需要也要消耗能量。因此，把人体内能量的产生、转移和消耗称为能量代谢。能量代谢按机体及其所处的状态分为三种：维持生命所必需的基础代谢量，安静时维持某一自然姿势的安静代谢量和作业时所增加的代谢量。三种代谢量的关系如图 1-5 所示。以每小时每平方米体表面积表示的代谢量称代谢率。

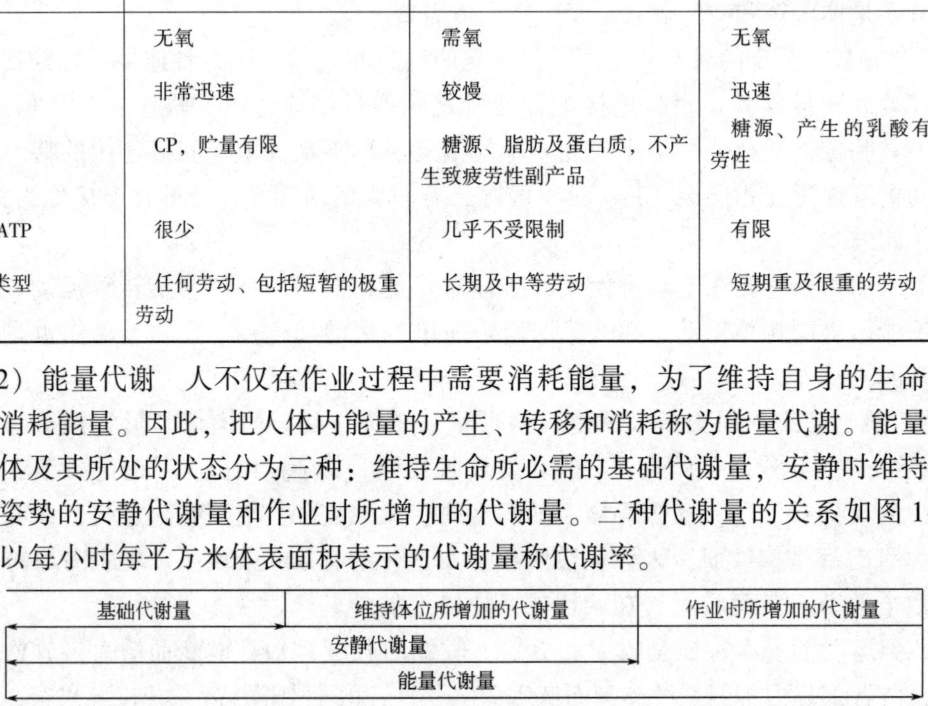

图 1-5　三种代谢量的关系

能量代谢的测定方法有直接法和间接法。直接法就是通过热量计测定在绝热室内渡过人体周围的冷却水温升，换算成代谢率；间接法是通过测定人体消耗的氧，再乘以氧热价（物质氧化时，每消耗 1L 氧所产生的热量称为物质的氧热价）求出能量代谢率。

3）劳动强度分级

① 劳动强度。劳动强度是指作业过程中体力消耗和紧张程度。它是用来计算单位时间内能量消耗的一个指标。单位时间内能量消耗多，劳动强度就大。劳动强度与作业性质有关，作业可分为静力作业和动力作业。

静力作业包括脑力劳动、计算机操作、仪器仪表监测与监控、把握工具和支持重物等作业。这种作业主要是依靠肌肉的等长收缩来维持一定的体位。静力作业的特征是能耗水平不高，即使最紧张的脑力劳动的能量消耗也不超过基础代谢量的10%，但却容易疲劳。

动力作业是靠肌肉的等张收缩来完成作业动作的，即常说的体力劳动，能量消

耗较大，有时可达基础代谢率的 10 ~ 25 倍。

② 劳动强度的分级。劳动强度分级是制定劳动保护科学管理的一项基础标准，是确定体力劳动强度大小的根据。应用这一标准，可以明确体力劳动强度的重点工种或工序，以便有重点、有计划地减轻体力劳动强度，提高劳动生产率。

劳动强度不同，单位时间内人体所消耗的能量也不同。从劳动生理学方面讲，以能量代谢为标准进行分级是比较合适的。这种分级可以把千差万别的作业，从能量代谢角度进行统一的定义。

目前，国内外对劳动强度分级的能量消耗指标主要有两种：一种是相对指标，即相对代谢率 RMR。

$$RMR = \frac{作业时消耗量 - 安静时氧消耗量}{基础代谢氧消耗量}$$

这种指标在国外应用比较普遍，目前在我国已开始使用。另一种是绝对指标，如 8 小时的能量消耗量、劳动强度指数等。

a. 以相对代谢率指标分级。依作业时的相对代谢率（RMR）指标评价劳动强度标准的典型代表是日本能率协会的划分标准，它将劳动强度划分为 5 个等级，见表 1-5。

表 1-5　劳动强度分级

劳动强度分级	RMR	作业的特点	工种举例
极轻劳动	0 ~ 1.0	1. 手指作业；2. 精神作业；3. 座位姿势多变，立位时身体重心不移动；4. 疲劳属于精神或姿势方面的疲劳	电话交换员；电报员；仪表修理工；制图员
轻劳动	1.0 ~ 2.0	1. 手指作业为主以及上肢作业；2. 以一定的速度可以长时间连续工作；3. 局部产生疲劳	司机；在桌上修理器具人员；打字员
中劳动	2.0 ~ 4.0	1. 几乎立位，身体水平移动为主，速度相当普通步行；2. 上肢作业用力；3. 可持续几小时	油漆工、车工；木工；电焊工
重劳动	4.0 ~ 7.0	1. 全身作业为主，全身用力；2. 全身疲劳，10 ~ 20min 想休息	炼钢、炼铁工；土建工
极重劳动	7.0 以上	1. 短时间内全身用强力快速作业；2. 呼吸困难，2 ~ 5min 就想休息	伐木工；大锤工

作业的 RMR 越高，规定的作业率应越低。一般来说，RMR 不超过 2.7 为适宜的作业；RMR 小于 4 的作业可以持续工作，但考虑精神疲劳也应安排适当休息；RMR 大于 4 的作业不能连续进行；RMR 大于 7 的作业应实行机械化。

为了使劳动持久，减少体力疲劳，人们从事的大部分作业都应低于氧上限。极轻作业氧需约为氧上限的 25%；轻作业为氧上限的 25% ~ 50%；中作业为 50% ~ 75%；重作业大于 75%；极重作业接近氧上限，RMR 大于 10 的作业，氧需超过了氧上限，作业最多只能维持 20min。完全在无氧状态下作业，一般不超过 2min。

b. 以能耗指标分级。不同劳动强度的能耗量与相对代谢率指标对照资料见表 1-6。

表 1-6 劳动强度与能耗量

性 别	等 级	主作业的 RMR	8h 劳动能耗/kJ	一天能耗量/kJ
男	A	0~1	2303~3852	7746~9211
	B	1~2	3852~5234	9211~10676
	C	2~4	5234~7327	10676~12770
	D	4~7	7327~9085	12770~14654
	E	7~(11)	9085~10844	14654~(16329)
女	A	0~1	1926~3014	6908~8039
	B	1~2	3014~4270	8039~9295
	C	2~4	4270~5945	9295~10970
	D	4~7	5945~7453	10970~12477
	E	7~(11)	7453~8918	12477~(13942)

c. 以劳动强度指数分级。以劳动强度指数分级参见我国体力劳动强度分级标准（GB 3869—1983），见表 1-7。

表 1-7 体力劳动强度分级

劳动强度级别	对应劳动	劳动强度指数
I	轻劳动	≤15
II	中劳动	~20
III	重劳动	~25
IV	极重劳动	>25

表 1-7 中体力劳动强度指数（I）计算公式：

$$I = 3T + 7M$$

式中　I——劳动强度指数；

　　　T——净作业时间比率，

$$T = \frac{\text{工作日总工时} - \text{休息时间} - \text{持续 1min 以上的暂停时间}}{\text{工作日总工时}} \times 100\%；$$

　　　M——8h 工作日能量代谢率，kJ/(min·m^2)；

　　　3——实际劳动率系数；

　　　7——能量代谢率系数。

d. 以氧耗、心率等指标分级。研究表明，以能量消耗为指标划分劳动强度时，耗氧量、心率、直肠温度、排汗率、乳酸浓度和相对代谢率等具有相同意义。典型代表是国际劳工局 1983 年的划分标准，它将工农业生产的劳动强度划分为 6 个等级，见表 1-8。

表 1-8 用于评价劳动强度的指标和分级标准

劳动强度等级	很轻	轻	中等	重	很重	极重
耗氧量/(L/min)	~0.5	0.5~1.0	1.0~1.5	1.5~2.0	2.0~2.5	2.5~
能量消耗/(kJ/min)	~10.5	10.5~20.9	20.9~31.4	31.4~41.9	41.9~52.3	52.3~
心率/(beats/min)		75~100	100~125	125~150	150~175	175~
直肠温度/℃			35.7~38	38~38.5	38.5~39	39~
排汗率/(mL/h)			200~400	400~600	600~800	800

注：排汗率为 8h 工作日平均数。

对每个作业的劳动强度进行评价时，应该从体力和精神两方面考虑，但是至今仍没有一种最有说服力的方法来反映脑力和精神方面的劳动强度。因此，能量消耗指标主要用来划分体力劳动强度的大小。今后有待于研究更为简便、实用的劳动强度分级方法，以及脑力、精神劳动的分级指标。

1.2.3 安全心理

人的心理是同物质相联系的，它起源于物质，是物质活动的结果。心理是人脑的机能，是客观现实的反映，是人脑的产物。人的各种心理现象都是对客观外界的"复写"、"摄影"、"映射"。但人的心理反映有主观的个性特征，所以同一客观事物，不同的人反映是可能大不相同的。例如，从事同一项工作的人，由于心理因素（精神状态）不同，工作效率有明显差异。人的精神状态好的时候，工作效率高；精神状态不好的时候，效率低，并且会出现差错和事故。人的心理因素可分为以下5个方面。

1.2.3.1 性格

性格是指一个人在生活过程中所形成的对现实比较稳定的态度和与之相适应的习惯行为方式。如认真、马虎、负责、敷衍、细心、粗心、热情、冷漠、诚实、虚伪、勇敢、胆怯等就是人性格的具体表现。性格是一个人个性中最重要、最显著的心理特征，是一个人区别于他人的主要差异标志。人的性格构成十分复杂，概括起来主要有两个方面，一是对现实的态度，二是活动方式及行为的自我调节。对现实的态度又分为对社会、集体和他人的态度；对自己的态度；对劳动、工作和学习的态度；对利益的态度；对新的事物的态度等。行为的自我调节属于性格的意志特征。

性格可分为先天性格和后天性格。先天性格由遗传基因决定，后天性格是在成长过程中通过个体与环境的相互作用形成的。我们必须重视性格的可塑性，以前人们认为性格是与生俱来的，是不可变的，现在则普遍认为性格是可变的。这个观点对安全心理学特别重要，如能通过各种途径注意培养人的优良品格，摒弃与要求不相适应的性格特征，将会为社会、为发挥人自身的潜能带来巨大的好处。

1.2.3.2 能力

能力是指那些直接影响活动效率，使活动顺利完成的个性心理特征。能力可分为一般能力和特殊能力。一般能力包括观察力、记忆力、注意力、思维能力、感觉能力和想像力等。它适用于广泛的活动范围，一般能力和认识活动密切联系就形成了通常所说的智力。特殊能力是指在特殊活动范围内发生作用的能力，如操作能力、节奏感、对空间比例的识别力、对颜色的鉴别力等。一般能力和特殊能力是有机联系的，一般能力越是发展，就越为特殊能力的发展创造有利条件；反之，特殊能力的发展，同样也促进一般能力的发展。美国心理学家瑟斯顿认为，人的智力由计算能力、词语理解能力、语音流畅程度、空间能力、记忆能力、知觉速度及推断能力组成。

作业者的能力是有差异的，其影响因素很多，主要有素质、知识、教育、环境和实践等因素。

（1）素质 它包括人的感觉系统、运动系统和神经系统的自然基础和特征。素质是能力形成和发展的自然前提，但是素质本身并不是能力，它仅关系到一个人能力发展的某种可能性。能力的发展还受其他因素的制约和影响。

（2）知识 是指人类活动实践经验的总结和概括。能力是在掌握知识的过程中形成和发展的，离开对知识的不断学习和掌握，就难以发展能力。能力与知识的发展也不是完全一致的，往往能力的形成和发展远较知识的获得要慢。

（3）教育 一般能力较强的作业者往往受过良好的教育，良好的教育使作业者知识和能力趋于同步增长。

（4）环境 是指自然环境和社会环境两方面。自然环境优越，有利于形成和发展作业者的能力，社会环境同样影响作业者能力的形成和发展。

（5）实践 实践活动是积累经验的过程，因此对能力的形成和发展起着决定性作用。教育和环境只是能力发展的外部条件，人的能力必须通过主体的实践活动才能得到发展。

1.2.3.3 动机

动机是一种由需要所推动的达到一定目的的动力，简单地说，它是人们为达到任何目标而付出的努力。它起着激发、调节、维持和停止行为的作用。动机是一种内部的心理过程，也是一种心理状态。这种心理状态称为激励，即指由于需要、愿望、兴趣和情感等内外刺激的作用，而引起的一种持续的兴奋状态，可以利用它作为促进行为的一种手段。人们对工作所持的动机是多种多样的，由于动机的不同，工作态度和效率是千差万别的，因此在因素分析中，要把动机看成是影响工作结果的重要因素之一。

随着行为科学的发展，所创立的激励动机的学说很多。经常被引用的主要有马斯洛的需要层次理论、赫茨伯格的双因素激励理论、弗鲁姆的期望理论、利克特的集体参与理论等。

1.2.3.4 情绪

情绪是人对客观现实的一种特殊反映形式，是人对于客观事物是否符合人的需要而产生的态度。任何情绪都是由客观现实引起的，当客观现实符合人的需要时就产生满意、愉快、热情等积极的情绪；相反，就产生不满意、郁闷、悲伤等消极的情绪。

按情绪的体验可分为心境、激情和应激三种。心境是一种比较持久的、微弱的影响人的整个精神活动的情绪状态；激情是一种强烈的、短暂的，然而是暴发式的情绪状态；应激是在出乎意料的紧急情况下所引起的情绪状态。紧急的情景惊动了整个机体，它能很快地改变有机体激活水平，使心率、血压、肌体紧张发生显著的变化，引起情绪的高度应激化和行动的积极化。

情绪对人们的工作效率、工作质量有重要的影响，关系到人的能力的发挥及身心健康。因此，应当特别关注影响情绪的因素（社会的、工作的、人际的以及家庭的和自身的）的研究并加以改进。

1.2.3.5 意志

意志是人自觉地确定目的，并支配和调节行为，克服困难以实现目的的心理过程。也可以说是一种规范自己的行为，抵制外部影响，战胜身体失调和精神紊乱的抵抗能力。意志在一个人的性格特征中具有十分重要的地位，性格的坚强和懦弱等常以意志特征为转移。良好的意志特征包括坚定的目的性、自觉性、果断性、坚韧性和自制性。意志品质的形成是与一个人的素质、教育、实践及社会影响分不开的。为了出色地完成各种工作，人们应当重视个人意志力的培养和锻炼。

人的行为内部交织着各种复杂的心理因素。因此，在分析某个行为的时候，应分别对各种心理因素进行分析，在分析集团的行为的时候，应尽可能收集各种因素所具备的条件。否则由于行为结果因人而异，最后可能作为个体差异处理。个体差异是指在因素条件相同的情况下，人与人之间的差别。

1.3 安全心理学对事故的分析方法

安全心理学对事故进行分析的目的在于从人的因素出发找出发生事故的原因及其规律，提出预防措施。对事故的分析方法除了按受伤部位、受伤性质、起因物、致害物、伤害方式、不安全状态、不安全行为等项内容进行常规分析，确定事故的直接原因和间接原因外，主要采取的分析方法有以下几种。

1.3.1 人机工程学分析

人机工程学分析主要是通过统计分析方法，根据大量的原始资料，从人-机-环三个方面去找出事故产生的原因及其演变规律，找出哪些是人的因素引起的，哪些是机器或环境因素引起的；哪些是人的因素与机器或环境因素相互作用引起的。如果是人的因素引起的，则进一步可以分析是否与知识不足、技术不熟练、不注意、疲劳、生理缺陷或疾病、智力、年龄、人格特征、情绪等原因有关，还可一步分析为什么会出现这种现象，从而突出某些因素与事故的关系。以求采取有效的预防事故的措施。

1.3.2 一般的事故统计分析

一般的事故统计分析可按事故发生地点（where 何处）、时间（when 何时）、工种、性别、工龄、年龄（who 何人）、事故类型、性质（what 何种）、事故原因（why 何因），分别进行统计分析，寻求事故的规律。

1.3.3　个案事故分析

个案事故分析常用在为了找出事故潜在的隐患，防止以后不再发生同类原因的事故，以及采取最适宜的预防措施，常常需要对个案事故进行心理学分析，以找出不安全的因素。

1.3.4　事故的流行病分析

事故的流行病学分析是采用流行病学的研究方法，研究特定的职业人群在特定的生产环境中受到特定的危害因素所造成的对安全的影响，并对这些危害因素进行分析研究，依分析方法的不同，又可分为：

（1）回顾性研究　对过去一段时间内，某系统、某单位或某工种既往因工作伤亡事故的资料进行分析、比较，从中找出事故的一般规律和关键因素，作为预防措施的依据。

（2）现况调查　在同一时间（或不同时间），对不同类型或单位的观察对象进行横断面的比较，如比较不同系统、单位、车间或工种的事故资料，并找出其差异原因；或对某一特定人群的现况进行研究，如研究某一单位目前的安全情况及其安全心理学方面的问题，并提出对策。

（3）前瞻性研究　依据过去所记录的有关安全问题的历史情况和资料，建立某种数学模型，据以预测将来可能发生的情况或变化。如根据以往因工伤伤亡事故资料和情况，通过建立数学模型，推测在采取某种安全措施后，将来发生工伤的情况，以判断所采取的安全措施的好坏。

思考题

1. 如何理解安全心理学？
2. 阐述心理现象的发展过程。
3. 霍桑实验对工业心理学的最大贡献是什么？
4. 闵斯特伯格为何被称为"工业心理学之父"？
5. 如何理解人-机-环系统模型？
6. 如何理解人的感官系统、神经系统、运动系统与安全的关系？
7. 如何认识人的性格、能力、动机、情绪、意志5大心理因素在安全生产中的作用？

2 安全与心理特征

安全是人类活动的前提保证，生活、生产中不安全和风险无处不在。如何预知风险、把控风险、保障安全，本章将对事故、不安全状态、不安全行为、工作环境等作必要的说明；论述人在安全中的作用；探讨人的心理过程与安全的关系。

2.1 事故及事故地发生

2.1.1 安全和事故

安全和事故是人类活动中经常用到的两个词语，它们是对一个事件不同侧面的描述。比如说，某些事件没有危险或没有公认的危险，那么就是安全，否则就是事故。这样的描述不科学、不严谨。但可以在非正式场合帮助理解安全和事故的概念。因为即使不存在一个客体真正没有危险的，也可能存在着潜在的（没有认识到的）危险。

2.1.1.1 安全

什么是安全？或者说在人们的活动中具备了什么条件才算没有危险或者说是安全的。有些事情在某种情况下是安全的，而在另外的情况下可能就不安全。

美国安全工程师学会（ASSE）编写的《安全专业术语辞典》以及《英汉安全专业术语辞典》中，将安全定义为：安全意味着可以容忍的风险程度。也就是说世界上没有绝对安全的事物，任何事物中都有不安全的因素，具有一定的危险性；安全是通过对系统的危险性和允许接受的限度相比较而确定的，安全是主观认识对客观存在的反应。

对于安全，在看法上的差别是从各个不同利益出发形成的。例如，雇主和雇员对安全的看法。在确定一个安全标准时，人们应该从实际出发，尊重科学，把思想统一到一个共同的认识上。安全标准是指在工作中所能容许的危险性，以此作为评价安全工作的情况和容许的操作标准。

人类的健康也应作为安全的判断标准。用这种方法来评价安全，是因为通常认为人的生命和幸福要比物质财富更有价值。但应该记住不安全的工作条件或不安全的操作，也会导致对有一定价值的财产造成意外损失。

2.1.1.2　事故

人在活动过程中（包括日常生活、工作和社会活动等）经常会遇到各种各样大大小小的意外事件，如火灾、交通事故，高空作业时人从脚手架上坠落，搬运重物不慎扭伤手脚，使用电器时触电，使用冲床、车床等机械时发生手指伤残等。此外，还有如洪涝、台风、地震、海啸等不可抗拒的自然灾害。这些对人类的安全构成严重的威胁，危险始终存在于人类之中，在人类活动的各个方面都有发生事故的可能性。

那么，怎样理解事故，给事故下定义呢？各国学者对此作过各种各样的定义，定义涉及法律、医学、科学、安全、经济各个方面。比较完整的定义通常包括性质和后果两个部分，性质包括事件的多因素关系和事件的进程；后果包括伤害、疾病、物资损失和经济损失等。

我国《辞海》对事故的定义是："意外的变故或灾祸。今用以称工程建设、生产活动与交通运输中发生的意外损害或破坏。"事故有的是由于自然灾害或其他原因，而当前人力所不能全部预防的；有的由于设计、管理、施工或操作时人的过失引起的，这称为"责任事故"，这些事故可造成物资上的损失或人身的伤害。

劳伦斯认为："事故可定义为'干扰一个有计划活动的意外或不希望有的事件'，事故可能或不一定导致人身伤害或财产损失，但往往有造成人身伤害或财产损失的潜在可能"。例如一个人在较高处操作时无意掉下一个扳手，如果扳手是掉在地上，它不会造成伤害、可能也不会造成财产损失；如果扳手先砸到工人的身上，再碰坏工作台上的精密仪器，这就造成了人身伤害和财产损失。

美国安全工程师学会（ASSE）把事故定义为："事故是人们在实现其目的的行动过程中，突然发生的，迫使其有目的的行动暂时或永远中断，并有时造成人身伤亡或设备损毁的一种意外事件。"这定义有三层意思：

① 事故是发生在人们有目的的行动之中；

② 事故是随机事件；

③ 事故的后果可能会造成人身伤亡或设备损毁。

苏赫曼（E. A. Suchman）认为，一个事件若要称为"事故"，必须至少具备三个条件，即：可预见的程度低；可避免的程度低；有意造成事故的程度低。这三个条件的程度越低，就越可能成为一场"事故"。也就是说，事故是人对环境缺乏预见性，难以避免和无意引起的灾害。

日本学者青岛贤司认为，事故主要是指工程建设、生产活动和交通运输中发生的意外损害和破坏，其后果可能造成物质上的损失或人身伤害。

综上所述，事故是使正常活动中断并可能伴有人身伤亡、物质损失的意外灾害事件。由于事故可能发生在各个方面，依据不同的分类标准，可以把事故分成不同的类型。如把事故分为：家庭事故、交通事故、生产事故及自然灾害事故等。安全心理学所讨论的事故，主要是指企业生产活动所涉及的区域内，由于生产过程中存在的危险因素的影响，突然使人体组织受到损伤或使某些器官失去正常机能，以致发生人员伤亡或失能伤害并使工作中断的一切意外事故，即因工伤亡事故。国标 GB 6441 对企业职工的伤亡事故定义为："企业职工在生产劳动过程中，发生的人身伤亡、急性中毒。"一般来说，只要职工由于为了生产和工作而发生的事故，或虽不在生产和工作岗位上，但由于企业设备或劳动条件不良而引起的职工伤亡，都应该算作因工伤亡事故。

讨论安全与事故的主要目的是为了减少事故，因为减少事故要远比减少伤害重要。常说"安全即无事故"就是这个意思。如果能消除事故和有害的暴露，就可以消除工伤和职业病。

2.1.2 对事故的影响因素

2.1.2.1 个体因素

对人的行为、特征、能力与事故之间的关系，心理学家进行过大量的研究，但由于许多因素的干扰以及某些变量之间相互错综复杂的关系，使这些研究遇到许多困难，收效甚微。例如，在某些易出事故的职业（如建筑行业、矿山、交通运输等），由于各种各样的原因，工人的流动性很大，这就给心理学家依据事故记录来比较"常出事故的人"和"无事故的人"带来很大困难，调查的结果常常不能反映出真实的情况。当然，只要周密合理地进行研究设计，慎重分析研究结果，还是能找出一定的规律。

(1) 智力 按照一般想像，似乎智力与事故发生率之间存在着负关系，即智力较高的人事故发生率较低。不过，研究结果并不十分支持这种想法。某些研究指出，仅在某些需要较高判断能力的工种（如机场塔台调度员、计算机监控工作），智力高低才影响事故发生率的差异（智力低者事故发生率较高）；而在一般工种，智力高低与事故发生率无明显关系。反之，某些简单的重复的单调乏味的手工劳动，智力高者由于漫不经心，反而存在着事故发生率较高的倾向。因此，国外有些学者建议，智商高于 140 的人不宜分派去做简单、单调、重复的工作。

(2) 健康和体力状况 除一般健康条件外，身高、力量、平衡、生理耐受能力等，有时会对某些工作有一定影响，尤其是体力劳动强度大的工作更是如此。例如让女同志当养路工，由于她们的体力状况与工种要求不相适应，所以很容易发生事故。许多研究表明，健康与事故有关，工人健康状况不良或经常生病者较易发生事故。因此，必须保证工人的健康，分配给他们的工作必须适合他们的健康和体力。否则，就容易发生事故。

身体残废的工人，通常有较明确的工作动机，只要把他们安置在适当的岗位，往往比四肢健全的工人能更好地完成任务和注意安全。但是在分配他们工作时，应考虑他们的生理特点。

与事故有关的身体缺陷最常见的是视力和听力不良，一般说来，视力和听力较好的人事故较少。有学者对一组机器操作工进行视力检查，并与他们前年的事故记录作了比较，结果发现，视力检查合格者仅37%有事故记录；而视力检查不合格者67%有事故记录。因此，对工人定期进行视力检查和矫正视力是非常必要的，同时应把视力不良的工人调出视力要求较高的工种（如司机、车工等），并安排到危险较少的岗位。

(3) 疲劳 许多研究表明，疲劳可以引起作业能力下降和事故增加。许多事故都是由于疲劳引起工人昏昏欲睡、心不在焉、精神恍惚、觉醒水平低下而发生的。如哈利斯（J. A. Harris）曾调查286名长途汽车的事故，发现长时间行车和睡眠不足，极易引起司机的疲劳，38%的事故是由于疲劳导致司机在开车时打瞌或注意力不集中而引起的。

(4) 工作经验 缺乏工作经验往往表现出有较高的事故发生率倾向。研究表明，人在从事新的工作一年或一年半以后，事故才显著减少。有学者指出，新工人在开始工作的第一天平均有77项细小的差错，而在工作的第六天，差错数将下降到3项左右。所以应在新工人走上工作岗位之前，对其进行就业培训，包括学习安全工作制度和规程，端正安全的态度。有一项研究发现，两组新工人，一组就业前接受了安全训练，另一组未经过这种训练，结果表明，在开始工作的早期阶段，前者事故发生率明显少于后者。

经过长时间工作后，积累的经验与事故之间的关系研究较少，目前还不很清楚是否存在相关性。塞尔斯特（R. H. Zelst）在一个新开工的钢厂对1237名工人每月的事故发生率及其经验进行比较，发现在头5个月内事故发生率从6次/1000h降至3.5次/1000h。在这以后5年内，事故率没有明显变化。他认为，只有在早期阶段，经验在事故中才是一个重要因素。但也有些心理学家认为，有经验的工人随着年龄增长，事故发生率也降低，其中也混杂了年龄的因素。

(5) 年龄 一般说来，年龄较大的工人，因工作时间较长，比年轻人更有经验，工作知识丰富，技能比较成熟，但随年龄增长，生理功能（视觉、听觉、反应时间、眼手协调能力）日趋减退，由于年龄较大的工人，多处于条件较好的工作岗位或指导地位，他们暴露于危险的机遇较年轻人为少，所以年纪较大的工人事故较少。

年龄较大的工人事故较少的另一个原因是，随着年龄增长，个性比较成熟，对自己家庭和孩子以及自己健康的责任感更强了，工作时就比较谨慎和清醒得多，即使一旦出现危险，也能更镇静地处理。

塞尔斯特比较了一组大约有三年经验的639名年轻工人（平均年龄28.7岁）和一组552名有相同经验的老工人（平均年龄41.1岁），在18个月内，老工人组的事故率是3.4次/1000h；而年轻工人组是40次/1000h。在整个研究期间，年轻工人事故率都高于老工人组。他认为，事故率的高低主要取决于年龄因素，而不是经验的因素。

据统计，人在 20～25 岁时事故率最高，30 岁以后事故率有所下降，35～45 岁事故率最低，45 岁以后其经验较丰富，但由于生理机能下降，如仍在生产第一线，事故率又有上升的趋势。

虽然总的来说，事故率随年龄增长而有所下降，但事故的严重性却有所增加。当老工人发生事故时，因其体质关系，事故可能更为严重，受伤后歇工时间可能更长。

(6) 性别　有资料表明，在男性与女性之间，事故率是不平衡的。匈牙利心理学家鲍利特（E. Bauniet）和摩拉尼（M. Mourarne）曾研究过男女工人的千人事故率，男工为 70.7%～71.9%，女工为 38.8%～41.9%，经统计学处理，二者有非常显著的差异。

如某市三年因工伤事故死亡资料进行性别比较，发现男工占死亡总人数的 92%，女工占 8%。这除了与男女工人所占的工人总数的百分比不同（男工占工人总数 51.8%，女工占工人总数 48.2%），所从事的工业类型不同，所从事的职业不安全因素不同有关外，性别的不同在事故率上的差异是存在的。这主要与男女工人之间的心理、生理差异有关，男性大多数有较强的攻击性行为，而女性则有明显的焦虑和神经过敏。攻击性行为常是引起工伤事故的一个重要原因，可能也是男性事故率明显高于女性的因素之一。

(7) 生活紧张　生活紧张影响人的健康和行为这一观念，已越来越被人们所认可。明显的生活紧张（如家中亲人死亡、离婚、住房抵押等），常会使人生一场重病，或者易于发生工伤。

一些研究结果表明，生活紧张和事故发生率明显相关。惠特洛克（F. A. Whitloketal）等曾调查了 71 名 17～65 岁因发生事故而做矫形手术的患者，并与普通外科病房年龄、性别、婚姻状况相匹配的 71 名患者进行对照，研究结果表明，工伤事故患者，在发生事故前的六个月，大多经历了重大的生活变化，他们中大部分需要服用治疗精神紧张、抑郁的药物，这些症状很可能都和生活紧张有关。总之，生活紧张对事故率有一定影响，在某些情况下，个人生活上的不幸常使其陷入一场事故。

2.1.2.2　工作环境、工作性质因素

工作环境条件、工作性质也是造成事故的重要原因，如何从安全心理学的角度来看待工作环境条件、工作性质对安全的影响，创造适合安全心理的良好工作环境条件。

(1) 物质环境　随着现代科学技术的发展，新的工作环境和新的机器、设备的涌现，给工人带来了许多新的问题。例如，以前只在实验室内用于研究目的的高功率激光束，现已广泛用于服装工业的裁剪工序。新的生产过程和复杂高速的机器设备大大增加了工作的复杂性和危险性。

(2) 工业类型　事故发生率及其严重性依工业类型不同，工种不同而有较大的差异。

例如，化工企业发生的事故比金融企业发生的事故要多；从事体力劳动的工人比从事脑力劳动的事故发生率较高，从事重体力劳动的工人比从事轻体力劳动的工人会发生更多的事故。一般来说，交通、建筑、采矿、化工、伐木、采石等行业事故发生率较高，也较严重；而汽车制造、纺织、橡胶、轻工等行业事故发生率相对较低。此外，水泥和钢铁工业、供电行业事故发生率虽然较低，而一旦发生事故，其后果往往较为严重。化工厂和农药厂一旦发生毒物外泄，往往可造成大量人群中毒的灾害，如1984年12月3日凌晨，印度博帕尔市美国联合碳化合物公司所属农药厂生产杀虫剂使用的甲基异氰酸毒气泄漏，蔓延到整个城市上空，造成1万多名居民死亡，近20万人中毒，数月后仍有人因此而死亡。再如，核工业的事故率虽然很低，但其事故后果的严重性是其他工业无法相比的。

（3）工作时间 一般认为，工作日时间越长，相对来说，发生事故的机会也越多，发生事故的可能性也就越大。研究表明，10小时工作日比8小时工作日的事故明显增多，特别是10小时工作日的最后两小时，是事故的多发高峰，显然这与疲劳有一定关系；但是，没有证据表明，工作日时间越短，或缩短工作时间会减少事故。

（4）照明 照明条件和事故发生率之间的关系，已被许多心理学家所证实。照明对人的心理因素将产生复杂的影响。

① 照明与疲劳。照明对工作的影响，尤其表现在照明不好的情况下，人会很快地疲劳，工作效率低、效果差。照明不好，由于反复努力辨认，造成视觉疲劳。例如不同照度下，看书后眼睛疲劳可通过眨眼次数变化来说明，参见图2-1和表2-1。

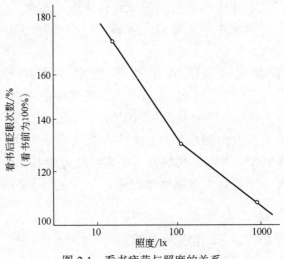

图 2-1 看书疲劳与照度的关系

表 2-1 照明与视觉疲劳的关系

照度/lx	10	100	1000
最初及最后5min阅读眨眼次数	35~60	35~46	36~39
最后5min阅读眨眼增加百分数	71.5	31.4	8.3

注：照度是被照面单位面积上所接受的光通量，单位是勒克斯（lx）。

② 照明与工作效率。改善照明条件不仅可以减少视觉疲劳，而且也会提高工作效率。因为提高照度值可以提高识别速度和主体视觉，从而提高工作效率和准确度，

达到增加产量、减少差错、提高产品质量的效果。图 2-2 为对精密加工车间的照度与工作效率、照度与视觉疲劳之间关系的研究结果。由图 2-2 可见，随着照度值由370lx 逐渐增加，劳动生产率随之增长，视觉疲劳逐渐下降，这种趋势在 1200lx 以下很明显。如日本某纺织公司，原来用白炽灯照明是 60lx，改为荧光灯后，在耗电相同的情况下获得 150lx 的照度，结果产量增加 10%。创造舒适的光线条件；不仅在从事手工劳动时，而且在从事要求紧张的记忆、逻辑思维的脑力劳动时，都有助于提高工作效率。

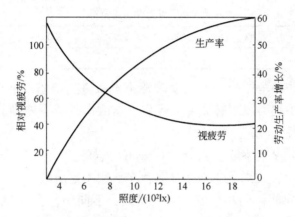

图 2-2　照度与劳动生产率、视疲劳的关系

关于照明对工作的影响有过许多研究，一般认为在临界照度以下，随着照度值增加，工作效率迅速提高，效果十分明显；在临界照度值以上，增加照度对工作效率的提高影响很小，或根本无所改善。

③ 照明与事故。事故的数量与工作环境的照明条件有关。在适当的照度下，可以增加眼睛的辨色能力，从而减少识别物体色彩的错误率；可以增强物体的轮廓立体视觉，有利于辨认物体的高低、深浅、前后、远近及相对位置，使工作失误率降低，还可以扩大视野，防止错误和工伤事故的发生。虽然事故产生的原因是多方面的，但照度不足则是主要原因之一。图 2-3 所示为室内照度与事故数量和季节的关系。由于 11 月、12 月、1 月的白天很短，工作场所人工照明时间增加，和天然光相比，人工照明的照度值较低，故在冬季事故次数最高。据英国调查，在机械、造船、铸造、建筑、纺织工业部门，人工照明的事故比天然采光情况下增加 25%，其中由于跌倒引起的事故增加 74%。据美国统计，照明很差是大约 5% 的企业发生人身事故的原因，而且是 20% 人身事故的间接原因。

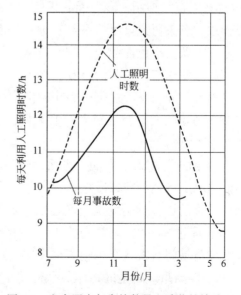

图 2-3　室内照度与事故数量和季节的关系

④ 照明与情绪。据生理和心理方面的研究表明，照明会影响人的情绪，影响人的一般兴奋性和积极性，从而也影响工作效率。例如，昼夜光线条件的变化，在很大程度上决定着24h内的生物周期。一般认为，明亮的房间是令人愉快的，如果让被试者在不同照度的房间中选择工作场所的话，一般都选择比较明亮的地方。在做无须很大视觉努力的工作时，改善照明也可以提高劳动生产率。炫目的光线使人感到不愉快；被试者都尽量避免眩光和反射光。许多人还喜欢光从左侧投射。表2-2是人们选择阅读照明环境的一个例子。

表 2-2　对阅读照度选择

照度/lx	100	200	500	1000	2000	5000	100000
人数/%	11	18	32	20	17	1	1

总之，改善工作环境的照明，可以改善视觉条件，节省工作时间；提高工作质量，减少废品；保护视力，减轻疲劳，提高工作效率；减少差错，避免或减少事故，有助于提高工作兴趣，改进工作环境。

研究表明，事故发生率随照明效果令人不满意的程度而增加。美国一家著名的保险公司曾估计，约有25%的工业事故是由于照明不足所致。

(5) 颜色　人对颜色的积极反应是天生的，不同颜色会改变人的心理、生理状态。反之，人的不同心态亦将支配不同的颜色。

1) 颜色对心理的影响　颜色作用于人类的感觉，引起心理活动，改变情绪，影响行为。

① 冷与暖。颜色能引起人对温度的错觉。红、橙、黄等称为暖色系列；蓝、青、绿等称为冷色系列；黄绿与紫称为中间色，冷暖的界定还要视背景而异。冷暖感觉均随彩度（彩度也叫饱和度、纯洁度，是指颜色的鲜明程度）变化趋于同向变化。彩度高的暖色或冷色给人以暖感强或冷感强。

② 兴奋与抑制。暖色能起积极的、兴奋的心理作用，也往往引起不安或神经紧张作用。有关研究显示：在红色照明下从事手工作业的人要比其他人动作快捷，但效率却很低。冷色能起消极的、镇静的心理作用，尤其青色，有镇静、肃穆之感。过量使用会使人产生荒凉的感觉。冷色系中的绿色，对心理、生理反应近于中性，给人以平静感。如北京的过街桥，涂的都是天蓝或豆绿色，增加了清静、凉爽的感觉，若在车水马龙的大街上架起大红的天桥，会使人感到烦躁不安，只有十万火急的消防车才用大红。

③ 前进与后退。在同一平面上暖色能使人感到距离近；冷色能使人感到距离远。房间里涂上冷色调或以冷色作为主色调进行布置会使人感到宽敞。暖色调称前进色，冷色调称后退色。明度是指颜色的明暗程度，是物体颜色在量方面的特征。明度分11级，理想黑为0，理想白为10。明度高感到近；明度低感到远。如黄昏时分，汽车驾驶员易将行人与车的距离视为比实际远，于是易引发交通事故。

④ 轻与重。暖色的物体似乎密度小，重量轻；冷色的物体似乎重一些。基于相同色调的明色给人以轻快感；暗色加大沉重感。比如机械或车的把手涂以明色，使

人觉得轻松。又如码头上的装卸箱由原来的黑色改为草绿色，装卸工人认为负荷减轻了。

⑤ 轻松与压抑。颜色明度高会使人轻松、自如、舒畅；明度低会使人压抑与不安。

⑥ 大与小。明度高时物体显得大；明度低时物体显得小。

⑦ 柔软、光滑。暖色调的明色有柔软感；冷色调的明色有光滑感。

⑧ 和谐、协调。视觉对颜色与光线都有和谐、协调的要求，必然产生相应的心理效应。如蓝天、白云、红日、碧海、红花、绿草。

⑨ 产生美感。美感源于人眼的色视觉。在生活中人们感受到秋高气爽，看到天空蔚蓝、旭日东升、夕阳西下，就产生了自然美的感觉，丰富了人类的精神生活。

⑩ 诱发情感。如幸福感、自豪感、愉悦感，使人精神振奋、开拓进取、向往未来。如一张大红的奖状、一块金碧辉煌的奖牌或纪念牌，都会产生莫大的激励。

⑪ 增强记忆。色彩鲜明、标识明快会引起人们的注意，增强记忆，比如"IBM"蓝色巨人的形象。

⑫ 制造假象。人置身于环境之中，通过色彩的视觉反映，可以人为地制造假象，以假乱真。如穿着军队中的"迷彩服"，隐身于草丛之中，可以同化为一片绿草，迷惑敌人。

上述颜色产生的种种感觉，有些交互作用，很难清楚地鉴别开来。在人的全部情感之中，无论是喜怒哀乐还是忧愁、思虑、恐惧，都深深地浸透着颜色。

2）颜色对生理的影响

① 对视觉工作能力和视觉疲劳的影响。在颜色视觉中，根据颜色的三特性中的一种或几种差别来辨识物体。当物体具有很好的颜色对比时，即使物体的亮度和亮度对比并不很大，也会产生较好的视觉辨识条件，使眼睛不易疲劳。如汽车驾驶员在操纵杆的头部系一方红手帕；在手工作业中，零件槽分别涂以不同的标识色，以利于择取。

由于人眼对明度和饱和度的分辨力较差，因而在色彩对比时，一般以色调对比为主。各种色调中，蓝、紫色最易引起视觉疲劳；其次是红、橙色。黄绿、绿、蓝绿、淡青等色引起眼睛视觉疲劳最小，因而在工厂里主要视力范围内的基本色调宜采用黄绿或蓝绿。

由于视觉存在游移性，在视线转移过程中，明度差异过大，则要进行明暗适应与调节，这无疑会加大视觉疲劳。因此，要使工作环境中的色彩明度保持均匀一致。彩度高的颜色给人眼以强烈的刺激感，因此在作业场所的各危险部位、危险障碍的色彩应具有较高的彩度。

眼睛对不同颜色光具有不同的敏感性。对黄色较为敏感，因此用作警戒色。在工厂车间里危险部位涂黄色或黄黑、黄蓝相间的颜色最适宜。据研究认为，黑底黄色最易辨认。

② 对人体机能和生理过程的影响。颜色除对视觉生理有很大影响外，对人体其他生理过程也有影响。如内分泌系统、血液循环系统和血压的变化。红色会使人各

种器官的机能兴奋与不稳定，血压增高、脉搏加快；蓝色使人各种器官的机能稳定，降低血压及减缓脉搏；黄红系列颜色增进食欲；绿黄色起中性作用。眼睛最忌紫色系列，工作场所宜多采用绿黄色系列。

(6) 噪声 噪声通常是指一切对人们生活与工作有妨碍的声音。或者说凡是使人烦恼的、讨厌的、不愉快的、不需要的声音都叫噪声。噪声与人的心理状态有关，其影响主要有以下几方面。

1）对听力的影响 噪声对听力的影响主要包括以下三类。

① 听觉疲劳。在噪声作用下，人的听觉敏感性降低，而变得迟钝，表现为听阈提高，当离开噪声环境几分钟后又可恢复，这种现象称为听觉适应。听觉适应有一定的限度，在强噪声长期作用下，听力减弱，听觉敏感性进一步降低，听阈提高15dB以上，离开噪声后需要较长时间才能恢复，这种现象叫做听觉疲劳，属于病理前期状态。

② 噪声性耳聋。长期在噪声环境中工作产生的听觉疲劳不能及时恢复，出现永久性听阈位移，当听阈位移超过一定限度时，将导致噪声性耳聋。国际标准化组织（ISO）规定，500Hz、1kHz、2kHz三个频率的平均听力损失超过25dB称为噪声性耳聋。通常，当听阈位移达到25～40dB为轻度耳聋；当听阈位移提高到40～60dB称为中度耳聋，此时，一般讲话已不能听清。当听阈位移超过60～80dB，低、中、高频都严重下降，称为重度耳聋。

③ 爆发性耳聋。当听觉器官遭受巨大声压且伴有强烈的冲击波作用时，使鼓膜内外产生较大压差，导致鼓膜破裂，双耳完全失聪。

噪声对听力的影响直接与噪声的强度、作用时间和作用频率特性有关。

2）对其他生理机能的影响

① 对神经系统的影响。在噪声作用下，中枢神经功能障碍表现为自主神经衰弱症候群（如头痛、头晕、失眠、多汗、乏力、恶心、心悸、注意力不集中、记忆力减退、神经过敏、惊慌，以及反应速度迟缓等）。

② 对内分泌系统的影响。在噪声刺激下，会导致甲状腺功能亢进，肾上腺皮质功能增强等症状。两耳长时间受到不平衡的噪声刺激时，会引起前庭反应、嗳气、呕吐等现象发生。

③ 对心血管系统的影响。噪声对心血管系统功能的影响表现为心跳过速、心律不齐、心电图改变、高血压以及末梢血管收缩，供血减少等。噪声对心血管系统的慢性损伤作用，一般发生在80～90dB情况下。据调查，在高噪声下工作的钢铁工人和机械工人比在安静条件下工作的工人心血管系统发病率要高。

④ 对消化系统的影响。噪声对消化系统的影响表现为经常性胃肠功能紊乱，引起代谢过程的变化，食欲不振，甚至闻声呕吐，导致溃疡病和胃肠炎发病率增高。据研究，噪声大的行业里溃疡症发病率比安静环境下的发病率高5倍。

3）对心理的影响 噪声对心理的影响主要是使人产生烦恼、焦急、讨厌、生气等不愉快的情绪。烦恼是一种情绪表现，它是由客观现实引起的。噪声引起的烦恼与声强、频率及噪声的稳定性都有直接关系。

4）对信息传递和工效的影响

① 对信息传递的影响。噪声对人的语言信息传递危害很大，在一些工作场所，由于噪声过强，不能充分地进行语言交流，甚至根本不可能进行语言交流。在这种情况下，声音信号只传递非常有限的信息，往往要用手势等信息作补充。500～2000Hz 的噪声对语言干扰最大。

噪声对信号的掩蔽作用，常给生产带来不良后果。有些危险信号常常采用声信号，由于噪声的掩蔽作用，使作业者对信号分辨不清，因此，很容易造成事故和工伤。据美国某铁路局对造成 25 名职工死亡的 19 起事故分析认为，其主要原因是高噪声掩蔽了听觉信号的分辨能力。

② 对工作效率的影响。噪声直接或间接地影响工作效率。在嘈杂的环境里，人们心情烦躁，工作容易疲劳，反应迟钝，注意力不易集中等都直接影响工作效率、质量和安全，尤其是对一些非重复性的劳动影响更为明显。实验得知，在高噪声下工作，心算速度降低，遗漏和错误增加，反应时间延长，总的效率降低。

例如对打字员做过的实验表明，把噪声从 60dB 降低到 40dB，工作效率提高 30%。对速记、校对等工种进行的调查发现，随着噪声级增高，错字率迅速上升。对电话交换台调查的结果是，噪声级从 50dB 降至 30dB，差错率可减少 12%。

噪声干扰对人的脑力劳动会有消极影响，使人的精力分散，工作效率下降。在从事长时间内保持紧张注意的工作，如检查作业、监视控制作业等，噪声干扰会大大降低工作能力。

噪声造成经济上的损失也是十分巨大的。据世界卫生组织估计，仅工业噪声，每年由于低效率、缺勤、工伤事故和听力损失赔偿等，就使美国损失近 40 亿美元。

(7) 温度　工作环境的温度也会影响事故发生率。有的研究指出，工作环境的温度在 20℃ 左右时，事故发生率最低，温度高于或低了 20℃，事故发生率就会增高。在高温和低温情况下，事故的发生特别频繁。有学者在煤矿进行的一项研究表明，井下温度接近 30℃ 时，事故发生率比 17℃ 时增加 3 倍。这可能是由于在温度较高的环境下，工人感觉不舒服而变得粗心大意所致。另外，还有研究表明，年纪较大的工人比青年工人更易受高温和低温的不良影响，从而事故也较多。

(8) 其他因素　工作环境是千差万别的，其因素也是各种各样，在具体的生产过程中对事故发生率将会产生一定的影响。舍曼（P. Sherman）在 147 个工厂对 25 万名工人作过调查后认为：

1）下列因素与事故频率及其严重程度有高度的相关

① 工厂的临时工或季节工事故发生率较高，这是因为临时雇员工作不安定，缺乏训练，工作经常变动，难于积累经验。

② 见异思迁、经常调动工作的男性工人，事故发生率较高。其原因尚待研究，但确实是一个不安全因素。

③ 边远地区的工厂事故发生率较高。可能是生活条件比较艰苦，且缺乏与同行交流的便利，信息不灵。

④ 装卸重物的工作事故发生率较高。

⑤ 工厂大部分工人居住条件恶劣，生活福利待遇差，事故发生率也有较高的倾向。

2）以下两个变量因素与事故严重程度有高度相关

① 工厂管理者能与工人共享工厂的生活设施和福利的工厂（如管理人员和工人在同一食堂吃饭，享受同样的福利待遇等），事故的严重程度较低。这说明由于管理者能与工人经常交往，工人士气较高，因而安全情况较好。

② 工人能分享公司利润的工厂，事故严重程度也较低。研究表明，分享公司红利的工人普遍有较强的工作动机，所以严重事故率较少。

所以，在工作环境中有许多因素都会直接或间接引起事故，或影响工人的士气和工作动机。必须对这些因素给予高度重视，尤其是工人的士气和工作动机在事故预防中的作用。

2.1.2.3 机器、设备的设计因素

机器、设备设计是人机系统设计的重要环节，是保证安全的重要前提。机器、设备设计重点要解决人的效能、安全、身心健康及人机匹配优化等问题。

在生产中许多操作错误的事故，表面上看起来是操作人员缺乏训练或不注意所引起的，但若进一步分析就会发现，许多操作错误的发生，其实是由于机器、设备的设计没有充分考虑人的因素所致。设计人员在设计机器、设备时，往往只着重机械构造或机械造型美学方面的要求，而没有考虑工人在使用这些机器、设备时身体与能力等方面的限制，更没有考虑机器、设备应如何适应于人。例如，机器的"停车"按钮布置在人手难以接触到的地方，致使紧急情况下不能立即停车而产生严重后果。如某厂有一台镗铣床，工人在该机床加工工件时，镗杆上的外露刹铁缠住工作服，由于工人伸手够不着"停车"按钮，致使卷入镗杆上摔打，造成多处骨折及内脏破裂而死亡。

达维斯（B. T. Davies）曾报道了一个工效学设计错误的例子。在伊朗广泛使用前苏联制造的机床（IA616, stankoimport-moscow），该机床的设计没有考虑人体测量参数的要求，绝大部分控制器都在工人的小腿和臀部位置，工人必须弯腰操作，导致有68%的工人主诉腰部疼痛，12%的工人主诉背部疼痛，主诉腰背痛的工人共占80%，其他不适应的工人占13%，而无任何不适的工人仅占7%，从而引起缺勤、对工作无兴趣以及发生许多起事故。此外，如控制器的配置不当或操作力超过工人的操作能力，报警装置或安全防护装置设计不当，显示器或仪表的形状和刻度影响人的观察和认读精度等，都容易导致事故的发生。因此，机器和设备必须考虑人的因素，考虑人的生理、心理特点以及人的能力。机器、设备的设计对防止事故具有重要的意义。

研究和改进机器内部固有的各种保障人身安全的安全装置和其他预防事故的辅助设施也是机器、设备设计中的重要任务。安全装置必须不干扰、不妨碍机器正常运转和工作操作，在危急情况下（如工人的手触及高速旋转的部件时）应能自动切

断电源和停车。

虽然，人的因素是事故的主要原因，但机器和工作环境良好的设计将大大有助于降低事故的发生率，减少事故的严重程度。但是必须认识到，没有一种机器或设备能够制造得十分安全，尤其是运行一段时间后，若不加以维护或维护不善，其安全的可靠性则会更小。

2.2 人的生活特征与事故关系

2.2.1 生物节律与事故

生物节律又称生物钟现象，它是一种普遍存在于一切生物体内的自然规律。在自然界中，植物的开花，昆虫的孵化，候鸟的迁徙，都有一定的时间和规律。许多动植物的生理机能和生活习性都存在着随时间变化而出现周期性变化的现象，它们似乎是受着某种内在时间的控制，这种现象称为"生物钟"。它反映着生物为适应昼夜、季节的变化而进行自我调节的规律，因而也称为生物节律。

20世纪初，德国的一个内科医生威尔赫姆·弗里斯和一位奥地利心理学家赫尔曼·斯瓦波达通过长期临床观察发现病人的症状、情感和行为的起伏变化，存在着以23天为周期的体力变化和以28天为周期的情绪波动规律。大约20年后，奥地利的一个大学教授，研究了几百名高中生和大学生的考试成绩以后，发现人的智力也存在着一个以33天为周期的波动规律。后来的一些学者经过反复试验，认为每个人从他出生那天起，直至生命终止，都存在着周期分别为23天，28天，33天的体力、情绪和智力的变化规律，并用正弦曲线绘制出每人的变化周期曲线，如图2-4所示。

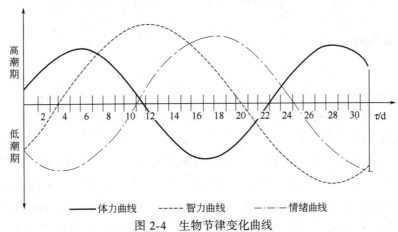

图 2-4　生物节律变化曲线

在每一个周期中，上半周期对人的活动起到一个积极、良好的作用，称为高潮期。体力表现为体力充沛，情绪表现为有创造力，心情愉快、乐观，智力表现为思维敏捷，更具有逻辑性和解决复杂问题的能力。下半周期对人活动有一个消极、抑制

的作用，称为低潮期。体力表现为容易疲劳、做事拖拉，情绪喜怒无常、烦躁、意念
沮丧，智力表现为注意力不集中、健忘、判断准确性下降。在所有三个周期中，由高
潮期向低潮期或由低潮期转向高潮期的那一天称为临界日。在体力周期和情绪周期
临界日发生事故的可能性很大；而智力周期临界日在安全方面则认为是不重要的，
但如果和其他临界日相重，则产生的综合效果增大。在情绪周期与体力周期的临界
日相重时，发生事故的概率更大，双重临界日1年中大约有6次。三重临界日1年中
有1次，按生物节律的理论，发生危险的概率将增长到最高程度。

乌克兰学者列申科在一家运输机械厂，用计算机对1972～1973年发生的事故进
行了分析，结果表明，70%的事故是在临界日或在下半周期消极影响最大的日子发
生的。

特别是临界期的事故发生更为频繁，据美国一家保险公司对涉及偶然事故所引
起的死亡事故统计，事故的肇事者约有60%处于生物节律的临界期。表2-3是部分国
家及部门对临界期与非临界期事故发生状况的对比。

表2-3 临界期与非临界期事故发生状况的对比

部分国家及部门	事故次数/人次	临界期所占百分比/%	非临界期所占百分比/%	备 注
美国金属加工厂、化工厂、纺织厂	300	70	30	
美国工业部门	1200	70	30	
美国密苏里州	100	57	43	交通事故
日本治安部	1163	59	41	交通事故
东京警视厅		82	18	交通事故
大阪警察局		70	30	交通事故
日本沃米公司	331	59	41	1963—1968年交通事故
瑞士	700	57	43	
苏黎世城	300	65.7	34.3	
联邦德国农业机械部门	497	97.8	2.2	
联邦德国环卫部门		83	17	
澳大利亚	100	79	21	交通事故

科学研究证明，生物节律是一种客观存在的自然现象，它和事故发生有着密切
的关系。应用生物节律理论可以提示人们，在某一时间人的体力、情绪和智力所处
的状态是高潮期、低潮期或临界日，这样就可以充分利用生物节律理论来更有效地
指导安全生产，提醒操作者的注意，合理安排工作。例如俄国莫斯科市、瑞士苏黎世
市和德国汉诺威市交通部门，为所有的司机绘制了生物节律曲线图表，当司机处于
低潮期，就发给红色行车证，提醒他们加倍小心；当司机处于体力或情绪临界期，就
尽量不让他出车。莫斯科市公交公司某车场运用生物节律来安排轮休，减少了事故
42.9%。表2-4列出了美国和日本某些企业应用生物节律的情况。从表中可见，应用
生物节律理论对于事故的预防效果是显著的。

表 2-4 应用生物节律理论的结果统计

美、日有关企业	时间	事故下降率/%	备注
美国联合航空公司维修部门	1973.11—	50	2800 人运用 1 年
美国铝制品公司	1974.11	18	运用第 1 年
美国铝制品公司	1965	80	运用第 2 年
日本沃米公司	1966	50	运用第 1 年
日本小草井汽车公司	1969	19	运用第 1 年
日本小草井汽车公司	1969	30	运用第 2 年
日本小草井汽车公司	1970	46	运用第 3 年
日本明朗公司	1971	减少损失 45	运用第 1 年
日本清野公司		减少差错 35	运用 6 个月

生物节律可以自我测定，其测定方法如下。

计算给定日期的节律周期相位（这里的周期指体力、情绪和智力周期）：

第一，按公历核准自己的出生年、月、日；

第二，计算从出生之日起到测定日的总天数，可按下述公式进行计算

$$S = 365A \pm B + C$$

式中　S——从出生日到测定日的总天数；

　　　A——为测定年份与出生年份的差；

　　　B——为测定年生日到测定日的总天数，如未到生日为负，已过生日为正；

　　　C——从出生年到测定年的总闰年数（$C = \dfrac{A}{4}$，取整数）。

第三，将总天数分别除以 23 天、28 天、33 天，所得余数即分别为测定者的体力、情绪和智力周期相位（即处于相应周期的第几天）。

生物节律在安全上的应用主要是两个方面：一是事故的回顾分析；二是避开临界日预防事故。运用生物节律理论之所以能起到减少和避免事故发生的作用，从心理学的角度看，主要是因为人们掌握了自己的节律后，可以不断提醒自己，强化自己的安全意识，注意加强自我保护，起到改善心理状态的作用。作为领导、管理人员，掌握了员工的生物节律后，可以适当调度和安排员工的生产岗位，加强安全巡查，作好安全防范工作，从而达到减少或杜绝事故隐患的目的。

对于生物节律理论，特别是体力、情绪和智力节律，在学术界的认识并非一致。例如英国人类工效学家戴维．J. 奥博尼（David. J. Obeme）就认为，是否有生物节律并不那么有把握。即使存在，生物节律为什么要从出生日算起，而不是从胚胎之日算起，也还没有充分的生理学、心理学上的根据。还有卡维、尼伯勒、瓦尔考特等人通过研究认为，事故产生与生物节律没有系统的关系或相关不大。对生物节律的研究还有待于进一步深入。

尽管生物节律理论在学术界存在争议，但至少可以作为关于事故原因的一种假说看待，并且获得了不少统计资料的支持。因此，在实践中应该看到生物节律的积极意义。但是，在运用生物节律指导安全生产时需要注意以下几个问题：首先，生物节律，尤其是体力、情绪和智力节律，虽然有统计学意义上的依据，但对具体的个体来说，其差异性不容忽视；其次，事故的发生并不仅受生物节律单因素的影响，而是多种因素的综合效应，并且带有一定偶然性，因而不能认为只要注意生物节律就能保证生产安全，而忽略对环境条件的完备、劳动条件的改善以及对机器设备进行符合工效学原理的设计与经常性检查和维护；第三，从心理学角度看，运用生物节律理论，无论是管理者提醒作业者注意安全，还是作业者自我提醒，对于加强安全意识，都有积极意义，但同时也可能会产生副作用，即对有些人来说，因受到提醒"今天要特别注意"，或因受到暗示而诱发产生过分紧张的心理。结果出现"越担心出事，反而真的就出事"、"怕什么，来什么"的情形。总之，单纯地依靠生物节律理论，想要完全避免事故是不可能的，必须强调综合治理，对安全工作一定要常抓不懈。对作业者来说，要做到即使在高潮期也不麻痹大意；而在低潮期或临界期，更要加倍注意。

2.2.2　事故倾向性理论

2.2.2.1　事故倾向性理论简介及评价

科学家通过对大量事故案例研究，发现在现实生活中有少部分的人，在相同的客观条件下，出事故次数比其他人多得多。因此，有的心理学家提出一种称为事故倾向性（accident proneness）的理论。这种理论认为，事故与人的个性有关。某些人由于具有某些个性特征（personality trait），因而比其他人更易发生事故。换句话说，即这些人具有"事故倾向性"。有事故倾向性的人，无论从事什么工作都容易出事故。由于有事故倾向性的人是少数人，所以事故通常主要发生在少数人身上。因此，只要通过合适的心理测量，就可以发现具有这种个性特征的人，把他们调离有危险的工种，安排在事故发生概率极小的岗位，就可以大大降低事故率。

然而，根据这种理论，有些学者曾尝试用心理测量的方法，去区分"易出事故者"和"不易出事故者"的个性差异，但到目前还没有找到很好的办法。虽然通过研究认为易出事者具有下列特征：如反抗和攻击性、轻率、敌对、不守时间等，但却未能找到足以说明与易出事故有关的单一的个性维度。例如铁尔曼（W. A. Tillman）等通过调查得出易出事故者的精神面貌，指出易出事故者是有明显的攻击性，有厌恶社交的倾向，多是青年等。但未能找出"易出事故者"与其他人有什么明显差异的个性的特征。因此不能将事故倾向性作为重要的个体差异因素，因而得出暴露于危险环境中，事故必然增加的结论。

显然，把事故原因完全归咎于作业者，而忽视工作环境是不正确的。事故倾向性理论假设，在研究期间，在同一工作条件工人中，每个人都有相同的事故概率。若有少数人比其他人有更多的事故次数，那么说明这少部分人有事故倾向性。如果假设一个有 100 名工人的工厂，一年共发生了 50 件事故，那么发生事故的工人肯定不会超过总人数的 50%。若假设是 50 人发生事故，那么每人每年有一次事故，恐怕未必有事故倾向性。若发生在 25 名工人身上，那么每人每年二次事故。按照事故倾向性理论，发生事故的 50 人或 25 人，必然是有事故倾向性了。其实，一年发生一两次事故，完全不能排除偶然因素或机器设备缺陷或环境的不良影响。从而说明，这种统计方法的本身隐藏着潜在的错误。

美国心理学家进行的一项研究更进一步说明这点。他们分析了大约 30 万人的驾驶事故记录，发现其中不到 4% 的人，在六年中，事故记录却达事故总数的 36%。这似乎支持事故集中在少数人身上的理论。按照这种理论，如能设法使这 4% 的人驾驶不出事故，那么事故率将减少三分之一。但是，若把同样的统计进行再分析，把这六年分为前三年和后三年，并对前后三年的事故记录进行比较，则令人惊讶地发现，在后三年中，95% 的事故发生在前三年被认为是安全的驾驶员身上。若依据事故倾向性理论，前三年的事故多发者由于某些更容易造成事故的个性特征，那么在后三年，他们应该占有大部分事故百分率。然而，事实并非如此，从而说明过去的事故记录并不能推断一个人将来也容易发生事故。

还有研究表明，某些人在某些环境可能更容易发生事故，若换个环境则不一定容易出事故，在某一工种容易发生事故，在另一工种则不一定是这样，因此事故倾向性可能是指特定的环境而言，而非所有环境一般的倾向。

有些心理学家，如里森（J. T. Reason）认为，与其承认事故倾向性存在，不如归因于个性影响与环境因素的相互影响。年龄、经验、暴露的危险以及其他多元因素，对一个个体在某一段时间比其他人更容易发生事故的影响，可能更大于事故倾向性。里森认为，事故倾向性是比原先想像的复杂得多的表象，在很大程度上决定于人所暴露的危险的类型。所以事故倾向性如果存在的话，可能不单单是人的失误，而主要是人-机-环系统的失误。

2.2.2.2 性格测试

在西方发达国家，几乎所有的企业都使用性格测试作为管理者甄选、录用、安置的依据。人格特性在一定程度上决定了个体适合什么样的工作及可能取得的绩效。同理可以应用心理测验的方法研究"易出事故者"的心理素质，是事故倾向理论的重要研究内容，国内外学者都做了大量的研究工作。对性格测试，最常用的方法有卡雷努思的"四气质说"，荣格的两种性格倾向理论，血型－性格理论，菲尔性格测试，通过颜色喜好来判断性格，学习兴趣调查表，技能测试（现实型能力、艺术型能力、调研型能力、社会型能力、企业型能力、常规型能力），九型人格测试、卡特尔 16 项人格因素问卷和 Y-G 性格测试。下面将简要介绍卡特尔 16 项人格因素问卷和 Y-G 性格测试。

（1）卡特尔 16 项人格因素问卷测试法　卡特尔 16 项人格因素测验（the sixteen personality factor questionnaire，16PF）是根据心理学的基本研究而设计的一种客观评分测验，编制者是美国伊利诺州立大学人格研究所的卡特尔教授。

16PF 所测量的 16 种人格因素为：

因素 A　乐群性

低分数特征（以下简称"低"）：缄默、孤独、冷漠。

高分数特征（以下简称"高"）：外向、热情、乐群。

因素 B　聪慧性

低：思想迟钝，学识浅薄，抽象思考能力弱。

高：聪明，富有才识，善于抽象思想。

因素 C　稳定性

低：情绪激动，易生烦恼。

高：情绪稳定而成熟，能面对现实。

因素 E　持强性

低：谦逊、顺从、通融、恭顺。

高：好强、固执、独立、积极。

因素 F　兴奋性

低：严肃、审慎、冷静、寡言。

高：轻松兴奋，随遇而安。

因素 G　有恒性

低：苟且敷衍，缺乏奉公守法精神。

高：有恒负责，做事尽职。

因素 H　敢为性

低：畏怯退缩，缺乏自信。

高：冒险敢为，少有顾虑。

因素 I　敏感性

低：理智，着重现实，自持其力。

高：敏感，感情用事。

因素 L　怀疑性

低：信赖随和，易与人相处。

高：怀疑，刚愎自用，固执己见。

因素 M　幻想性

低：现实，合乎成规，力求妥善合理。

高：幻想，狂放不羁。

因素 N　世故性

低：坦白、直率、天真。

高：世故，精明能干。

因素 O　忧虑性

低：安详沉着，有自信心。

高：烦恼自扰，沮丧悲观。

因素 Q_1　实验性

低：保守，尊重传统观念与行为标准。

高：自由的，批评激进，不拘泥于现实。

因素 Q_2　独立性

低：依赖，随群附和。

高：自立自强，当机立断。

因素 Q_3　自律性

低：矛盾冲突，不能克制自己。

高：知己知彼，自律严谨。

因素 Q_4　紧张性

低：闲散宁静、心平气和。

高：紧张困扰，激动挣扎。

相关研究表明，"易出事故者"具有四高三低的特征，即：高敏感性、高幻想性、高忧虑性、高度紧张性；低稳定性、低有恒性、低自律性。其心理行为表现为：紧张困扰、缺乏耐心、心神不定、感情用事、富于狂想、狂放不羁、易于冲动、情绪稳定性差、易为环境左右、易生烦恼、缺乏认真负责精神、苟且敷衍、不能克制自己。

具有这类性格因素的人，由于对自己的工作苟且敷衍，缺乏负责尽职的精神，忽视安全生产规章制度，常是造成违章作业的心理原因。此外，由于情绪不稳定、喜怒无常、感情易冲动、易生烦恼，在工作中注意力不集中，常常容易造成事故。

通过卡特尔16项人格因素的测验，可以推证出一个人的性格特征，包括对安全生产不利的性格特征。

（2）Y-G性格测试法　Y-G性格测验是日本心理学家矢田部以美国心理学家吉尔福特的性格特征论为基础，结合日本人特点修订而成的一种个性测验，用以测量人的五类12种个性特征，并根据这12种特征可将人的性格区分为五种典型的性格类型，即：A型（一般型）、B型（不稳定积极型）、C型（稳定消极型）、D型（稳定积极型）、E型（不稳定消极型）；此外，还有一些非典型的混合型性格类型。

国外用Y-G性格测试法，对各种人员进行大量测量后发现，一般来说，情绪不稳定和社会适应性不良的人更易发生事故（如B型和E型的人）。B型与E型相比较，E型的人发生事故的危险性更大，可以说是安全生产中最不利的一种性格类型，不适宜从事危险性较大，尤其是关系到大量人员生命和财产安全的工作。对安全工作而言，C型是最好的一种性格类型。

在使用Y-G性格测试法测量一些工人的性格，发现易出或频繁发生事故者，他们的心理素质一般具有以下几个特点：

① 感情冲动、容易兴奋；

② 烦恼、焦躁；

③ 安于现状、不图上进；

④ 处理事情不沉着、不冷静；

⑤ 对工作马虎敷衍、经常心不在焉；

⑥ 终日忙碌但工作效率不高；

⑦ 心境与感情易受外界影响；

⑧ 理解力低，判断和思考能力差；

⑨ 喜怒无常，易极度喜悦和悲哀；

⑩ 不能以理智控制自己的行为；

⑪ 处理问题轻率、冒失；

⑫ 反应迟钝、不爱活动。

如果把具有这些心理素质的人安排到易出事故的工作岗位，毫无疑问，他们发生事故的可能性必然大于其他一般人。

2.2.3 生活事件与事故

在人的生活过程中，那些对本人产生显著影响或关键性变化的事件叫做生活事件。生活事件的实质是人与人之间关系的一种表现。人从一生下来，就同他人发生各种关系，首先是和父母，其次是兄弟、姐妹和家庭其他成员打交道，在情绪、情感、语言、信息的沟通与交流中逐渐形成一定的关系。进入幼儿园，则要和其他小朋友、老师交往。上学以后，与同学、老师之间也会形成同学、师生关系。在工作中，则有同事关系、与工作单位的领导者的关系。如果担任一定的领导职务，还有上下级关系。参加某一团体，则有与其他团体成员之间的关系。此外，在家庭住址周围，还有和邻里之间的关系等等。人和人之间的关系是人在生活、工作、劳动活动中的基本关系；也是一个人所处社会环境的重要内容之一。人际关系如何，是融洽、和谐，还是关系紧张，不仅影响一个人的身心健康和生活质量，而且还会直接或间接影响着工作效率和生产的安全。

研究表明，有75%以上的癌症患者，在患癌症的前两年内，都有遭遇亲人或好友死亡的不幸。有人观察了515例精神分裂症患者，发现224例（43.5%）有生活事件刺激。不同的生活事件关系其后果的程度是不一样的，有的较高，有的较低。为了表征其影响大小，1967年美国心理学家霍尔姆斯（T. Holmes）等通过大量研究设计出一种生活事件转化为应激（或紧张）水平的量表，称为"社会生活再适应评定量表"（SRRS），量表中列举了43件引起某些生活变化的事件，并依其影响大小给予不同分值，用"生活改变单位"（0～100LCU）的数值表示。如家庭密切成员死亡，尤其是配偶死亡，影响最大，需要最大的再适应，因此定为100LCU，其他事件给予0～100LCU之间的分值（表2-5），根据量表总得分值预计危险程度。

必须指出，霍尔姆斯等人的量表是根据美国社会和美国人的生活、道德、伦理和价值观念制定的，与中国国情有一定有差距。因此有必要根据中国国情、文化背景和社会生活情况制定本国自己的量表。国内于20世纪80年代初引进SRRS，根据本国的实际情况对生活事件的某些条目进行了修订或增删。如上海市精神卫生中心等编制的"正常中国人生活事件评定量表"、湖南医科大学精神卫生研究所杨德森、张德森编制的"生活事件量表"。

表 2-5　社会生活再适应评定量表

生活事件	LCU 平均值	生活事件	LCU 平均值
配偶死亡	100	坐牢	63
离婚	73	家庭密切成员死亡	63
夫妻分居	65	个人受伤或患病	53
结婚	50	妻子开始工作或退职	26
被解雇	47	入学或毕业	26
复婚	45	生活环境条件改变	25
退休	45	个人习惯改变	24
家庭成员健康状况改变	44	与领导有矛盾	23
怀孕（夫妻都加分）	40	工作时数或条件改变	20
性功能障碍	39	迁居	20
增加新家庭成员	39	转入新的集体	19
工作遭遇困难	39	娱乐方式改变	19
经济状况改变	38	宗教活动改变	19
密友死亡	37	社交活动改变	18
工作变动	36	借贷少于万元	17
与配偶争执增多	35	睡眠习惯改变	16
抵押借贷逾万元	31	家庭中共同生活人数改变	15
被取消抵押品的赎回权	29	饮食习惯改变	15
子女离家出走	29	度假	13
法律纠纷	29	圣诞节	12
个人取得显著成绩	28	轻微的违法行为	11

杨德森、张德森编制的"生活事件名称表"所列举的生活事件名称见表2-6。

随着国内改革开放和与世界接轨，社会生活及人们价值取向在不断改变，量表所列举的生活事件及生活事件刺激量的计算方法，都需要根据现实生活情况，在调查、研究和实践中不断补充和修改。

中国心理学家宁维真、张瑶等人根据本国特点，进一步修订了SRRS，并命名为生活经历调查表（LEES）。

心理学家认为，单位时间内生活改变单位的累计值可以作为度量人的应激强度的指标，得分越高，表明要求人重新调节的程度越大，人的应激水平越高。当生活改变单位的累计值超过一定限度时，强烈的情绪应激足以损害一个人的身心健康和适应环境的能力，使他得病或卷入一场事故。两年内 LCU 累计值导致患病或受伤的概率见表2-7。

表2-6 生活事件名称表

序号	生活事件名称	序号	生活事件名称	序号	生活事件名称
1	恋爱或订婚	19	子女管教困难	36	工作学习中压力大（如成绩不好）
2	恋爱失败、破裂	20	子女长期离家	37	与上级关系紧张
3	结婚	21	父母不和	38	与同事邻居不和
4	自己（爱人）怀孕	22	家庭经济困难	39	第一次远走他乡异国
5	自己（爱人）流产	23	欠债500元以上	40	生活规律重大改变（饮食和睡眠规律改变）
6	家庭增添新成员	24	经济情况显著改善	41	本人退休离休或未安排具体工作
7	与爱人父母不和	25	家庭成员重病、重伤	42	好友重病或重伤
8	夫妻感情不好	26	家庭成员死亡	43	好友死亡
9	夫妻分居（因不和）	27	本人重病、重伤	44	被人误会、错怪、诬告、议论
10	夫妻两地分居（工作需要）	28	住房紧张	45	介入民事法律纠纷
11	性生活不满意或独身	29	待业、无业	46	被拘留、受审
12	配偶一方有外遇	30	开始就业	47	失窃、财产损失
13	夫妻重归于好	31	高考失败	48	意外惊吓、发生事故、自然灾害
14	超指标生育	32	扣发奖金或罚款		
15	本人（爱人）做绝育手术	33	突出的个人成就		
16	配偶死亡	34	晋升、提级		
17	离婚	35	对现职工作不满意		
18	子女失学（就业）失败				

表2-7 两年内LCU累计值导致患病或受伤的概率

LCU累计值	患病或受伤的概率/%	身体抵抗力和适应环境的能力
50 ~	9 ~ 33	强
200 ~	30 ~ 52	有限
300 ~	50 ~ 86	差 ~ 极差

有的学者通过研究指出，当某人在过去18个月的生活变化单位累计值达150时，即表明他很有可能患病或发生事故。因此从安全的角度来说，对在过去一年半中其LCU累计值达150的人，必须密切加以注意。

一项调查结果表明，死于车祸的驾驶员与其他条件相当的一般驾驶员的生活事件与事故的关系参见表2-8。

表2-8 车祸组与对照组的生活事件比较/%

对比	人际关系问题	失去亲人	工作问题	经济问题	其他问题
车祸组	36	10	31	16	58
对照组	6	6	5	7	16

美国学者还统计了离婚与当事人驾驶行为的关系。美国法院在接到离婚申请后，一般要过3个月才作出裁决，学者们发现若以正式提出离婚日为基准，在基准日前

3~6个月里，违章和事故率迅速升高，基准日后第 3 个月，违章和事故率达到高峰。从而说明生活事件引起的情绪应激状态，使事故危险成倍增加，因而事故率大大上升。

2.3　心理特征与安全

2.3.1　心理过程与安全

在第 1 章已经概要讲述了人的心理过程，是由认识过程、情感过程和意志过程组成。在安全生产中研究人的心理过程是因为生产活动的实践为人的心理过程提供了动力源泉，为人的心理活动的发展创造了必要的条件。首先，人在生产活动中，从认识其各种表面现象，发展到认识其内在规律性，从而伴随着一定的情感体验，表现出为实现目标而克服困难的意志行动；其次，人在生产的实践中，又通过心理活动，反作用于所进行的生产活动，体现人的主观能动性，力求企业高效、安全地进行生产；第三，人们在安全生产活动中的心理过程往往受着社会历史条件的制约，在不同的社会历史发展阶段，以及企业自身的条件不同，人们对安全生产认识的广度和深度也有所不同，从而制约着人们对安全生产的心理过程的发展。这些均说明人的心理过程与企业安全生产活动密切相关，这就是研究人在企业安全生产活动中的心理过程的现实意义。

2.3.1.1　感知觉与安全

人类对复杂纷繁、变化万千的外部世界和人类自身的认识，都是从感觉和知觉开始的。感觉是客观刺激作用于感觉器官所产生的对事物个别属性的反映，是最简单、最普遍的心理现象，是其他一切心理现象的基础，没有感觉就没有其他一切心理现象。为了研究劳动者的安全心理和行为，必须系统地掌握感觉知觉心理现象的普遍规律。

人通过感觉器官对客观事物的个别属性反映，如光亮、颜色、气味、硬度等；在感觉的基础上，对客观事物的各种属性、各个部分及其相互关系的整体反映称为知觉。如物体的外观大小等。但是，感觉和知觉（统称为感知觉）仅能使人们认识客观事物的表面现象和外部联系，人们还需要利用感知觉所获得的信息进行分析、综合等加工过程，以求认识客观事物的本质和内在规律，这就是思维。例如，人们为了安全生产、预防事故的发生，首先要对劳动生产过程中的危险因素予以感知，也就是要察觉危险的存在，在此基础上，通过人的大脑进行信息处理，识别危险，并判断其可能的后果，才能对危险的预兆作出反应。因此，预防事故的水平首先取决于人们对危险的认识水平，人对危险的认识越深刻，发生事故的可能性就越小。

感觉不是万能的。人的感觉只能对一定限度内的刺激产生感觉。此外，由于各人的心理特征差异，各人的感受性和感觉阈限也不相同。同时外界环境条件也会对人的感觉产生干扰。例如，在作业过程中，往往由于某些职业性危害（噪声、振动、不良照明等）的影响，使人的感知觉机能下降。从而出现误识别、并导致判断错误，引起事故。

有效地利用人的感知觉特性，与安全人机工程设计密切相关。例如，利用红色光波在空气中传播距离较远易被人识别的特点，将红色作为安全色中的禁止、危险等信号。利用人能在背景条件下易于分辨知觉对象的特点，有意加大对象与背景的差别，以引起人对安全作业的注意。如在铁路与公路交叉处或城市马路的护栏上涂上一环白一环黑的颜色，就是加大对比以利于察觉。在现代化生产中的人机系统中，显示控制系统越来越复杂，如何适应人的感知觉的基本特点和要求，已受到普遍的重视，已注意到应用编码手段利于作业人员及时迅速正确地感知。例如，控制台上的旋钮，按其形状、大小、功能进行编码，以利于作业人员应用触觉进行感知。显示仪表也按其逻辑关系、功能以及人的视觉特点进行合理布置，这些对于安全生产均是重要的。

探测技术的发展有效地扩展了人类的感觉范围，提升了人的感官对外界信息的感知。如热成像仪技术、无损探伤技术、火灾传感探测技术等。

2.3.1.2 情感与安全

情感在《心理学大辞典》中被定义为"是人对客观事物是否满足自己的需要而产生的态度体验"。情感过程是心理过程的重要组成部分，也是人对客观事物的一种反映形式，它是通过态度体验来反映客观事物与人的需要之间的关系。人们在安全生产活动中总会产生不同的情感反应，如喜、怒、哀、乐等。而"情绪"与"情感"相关联，情绪和情感都是人对客观事物所持的态度体验，只是情绪更倾向于个体基本需求欲望上的态度体验，而情感则更倾向于社会需求欲望上的态度体验。

人的认识活动总是于人的愿望、态度相结合，人对外界事物的情感或情绪正是对这些外界刺激（人、事、物）评估或认知的过程中产生的。现代实验心理学的研究结果表明，制约情绪或情感的因素与生理状态、环境条件、认识过程有关，而其中认识过程起决定性的作用。例如，企业职工对发放安全奖金的认识差异，由其"折射"所伴随的情绪会明显不同，有的人很高兴，有的人则认为没多大的价值，甚至认为是对自己工作奖酬的不公平，引起气愤。

人对客观事物的态度取决于人当时的需要，人的需要及其满足的程度，决定了情感或情绪能否产生及其性质。例如，安全是人的一种基本需要，当一位载重汽车司机执行一天的生产任务后，平安归来，会给他带来一种喜悦和兴奋的感觉；如果在运行途中出现一些紧急情况，发生未遂事故，就会令人不安带来紧张情绪；如果发生人身伤亡事故，自然就会充满忧伤和恐惧。可以认为，这位驾驶员的情绪体验是以其能否满足其安全需要为基础的。因此，情绪和情感的动力是人的需要。

人的情绪和情感在概念上虽有所区别，但总是紧密地联系在一起。情感是在情绪的基础上形成和发展的，而情绪则是情感的外在表现形式。情绪常由当时的情境所引起，且具有较多的冲动性，一旦时过境迁也就很快消失。而情感虽具有一定的情境性，但很少有冲动性，且较稳定、持久。一般来说，情绪和情感的差别只是相对的，在现实生活中很难对两者有严格的区别。

如上所述，人在安全生产活动中，一帆风顺时可产生一种愉快的情绪反应，遇到挫折时可能产生一种沮丧的情绪反应。这说明企业职工在安全生产中的情绪反应不是自发的，而是由对个人需要满足的认知水平所决定的。这种反应表现有两面性，如喜怒哀乐、积极的和消极的情绪、紧张的和轻松的情绪。

人的情绪反应既依赖于认知，又能反过来作用于认知，这种反作用的影响，既可以是积极的，也可能是消极的。在企业安全生产活动中，积极的或消极的情绪对人们的安全态度和安全行为有着明显的影响。这是因为情绪具有动机作用。积极的情绪可以加深人们对安全生产重要性的认识，具有"增力作用"，能促发人的安全动机，采取积极的态度，投入到企业的安全生产活动中去。而消极的情绪会使人带着厌恶的情感体验去看待企业的安全生产活动，具有"减力作用"，采取消极的态度，易于导致不安全行为。

根据人的情感及其外在的情绪反应的特性和作用，企业安全管理人员应因人而异，采取措施，尽力满足职工的合理需要，以调动职工的积极情绪，避免和防止消极情绪。在职工已出现消极情绪时，应加强正面教育，"晓之以理，动之以情"，这不仅要求企业安全管理人员有针对性地讲明安全生产的重要性，启发诱导，以提高职工对安全生产活动的认知水平，而且还应以丰富的感情关心职工，触动职工的情感体验，使消极情绪转化为积极的情绪，从而调动职工在安全生产活动中的积极性。

2.3.1.3　意志与安全

意识是人自觉地确定目的，并支配行动去克服困难以实现预定目的的心理过程。意志是人类特有的心理现象，也是人的意识能动性的表现。例如，人对企业安全生产活动中的困难问题，有的人迎着困难，百折不挠，表现出意志坚强；反之，缺乏信心，优柔寡断，表现出意志薄弱。

（1）意志过程的特点

① 有着明确的预定目的，并根据目的支配和调节行动，以达到预定的目的。因此，人的意志总是在有目的行动中表现出来的。离开自觉目的，就没有意志可言。

② 以随意动作为基础。所谓随意动作是指由人的意识控制的活动。人只有掌握了随意动作，才能根据一定的目的去调节和控制一系列动作，构成复杂的行动，从而实现预定的目的。

③ 与克服困难紧密相连。人的许多意志行动是与克服困难相关的，意志行动可表现为克服主观上的障碍（如情绪的冲动、信心不足、信仰动摇），又可表现为克服外界的阻力（如工作条件、人际冲突）。

（2）意志的调节作用　在企业安全生产活动中，意志对职工的行为起着重要的调节作用。其一，推进人们为达到既定的安全生产目标而行动；其二，阻止和改变人们与企业目标相矛盾的行动。

企业在确定了安全生产目标之后，就应凭借人的意志力量，克服一切困难，努力争取完成目标任务。企业是否能充分发挥人的意志的调节作用，至少应考虑下列两方面。

① 人的意志的调节作用与既定目标的认识水平相联系。企业领导和职工对安全生产目标的认识水平及其评估的正确程度决定了其意志行动。如果对安全生产目标持怀疑态度，意志行动就会削弱甚至消失。企业职工只有真正理解企业安全生产目标的社会价值才会激发克服困难的自觉性，以坚强的意志行动为实现全生产目标而努力。由此，正确的认识是意志行动的前提。

② 人的意志的调节作用与人的情绪体验相联系。企业职工在安全生产中的意志行动体现其自制力，而人的自制力是与其情绪的稳定性密切相关的。有的人情绪较稳定，有的人则多变化，情绪的不稳定性对人的意志行动有着不利的影响。在安全生产中，有的人遇到某些困难或挫折时，由于情绪的波动，表现为不能自我约束，甚至发生冲动性行为，从本质上讲，这是意志薄弱的表现。人的意志的调节作用在于善于控制自己的情绪，并使之趋向稳定。克服不利于安全生产的心理障碍，并调动一切有利于安全生产的心理因素，坚持不懈地去努力完成既定的安全生产目标。

人的意志行动是后天获得的复杂的自觉行动。人的意志的调节作用总是在复杂困难的情况下才充分表现出来。因此，企业各级领导和职工在安全生产的活动中，应注重培养和锻炼自身良好的意志品质。

(3) 良好的意志品质

① 自觉性。指人在行动中具有明确的目的性，并能充分认识行动的社会意义，主动地支配自己的行动，以达到预定的目的。自觉性既体现出认识水平，又表现了行动支配。例如，在安全生产中，人的自觉性表现在能认识到安全生产的重要性，主动地服从企业安全生产的需要和安排，认真遵守安全技术操作规程，出色地完成安全生产任务，力求达到企业的安全生产目标的目的。与自觉性相反的是盲目性、动摇性等。

② 果断性。指人能善于明辨是非，当机立断地采取决策。果断性常与人不怕困难的精神、思维周密性和敏捷性相联系。例如，安全生产活动中，在从事危险作业时，严格按安全技术规程操作，一丝不苟，决不鲁莽行动，一旦出现意外危急情况，能果断排除故障和危险。

③ 坚持性。指人在执行决定过程中，为了实现既定的目标，不屈不挠、坚持不懈克服困难的意志力。坚持性包含着充沛的精力和坚强的毅力。坚持性是人们去实现既定目标心理上的维持力量。例如企业在治理生产性粉尘污染的工作中，问题很多，难度也很大，安全技管人员如何排除主观和客观因素的干扰，善于长期坚持应用各种有效的安全技术，控制和消除粉尘的污染，做到锲而不舍、有始有终，就需要意志上的坚持性作为心理上的保证。与坚持性相反的是见异思迁、虎头蛇尾。

④ 自制力。指人在意志行动中善于控制自己的情绪，约束自己的言行。一方面

能促进自己去执行已有的决定，并努力克服一切干扰因素，如犹豫恐惧；另一方面，善于在行动中抑制消极情绪和冲动行为。例如，在企业安全生产活动中，具有自制力的职工能调动自己的积极心理因素，情绪饱满，注意力集中，严格遵守安全生产制度和规定，遇到挫折或困难时，能调控自己的情绪使之稳定，在成绩面前不骄不躁。与自制力相反的是情绪易波动、注意力分散、组织纪律性差等。

意志品质的4个方面并非孤立存在，而是有一定的内在联系。为了加强安全生产活动中的意志品质的培养，应从各个方面提高职工的思想素质、文化素质、技术素质。这些都是做好安全工作的基础性工作。

人对安全生产的认识经历是从感性认识到理性认识的过程，并且循环不已，不断深化。而人的认识过程、情感过程和意志过程又相互关联，相互制约。首先因为人的情感、意志总是在认识的基础上发展起来的。例如，生产作业环境的整洁优美使人的心情舒畅。人的情绪首先是与感知觉相联系的，而且人在安全生产活动中的情绪体验的程度和意志又与其对安全生产的认识水平的高低密切有关。因此，人的情感和意志可作为人们认识水平的标志，并在认识过程中起到某种"过滤作用"。再者，人的意志又是与情感紧密相连的，在意志行动中，无论是克服障碍或是目标实现与否，都会引起人的情绪反应，而且在人的意志的支配下，人的情感又可以产生动力作用，促使人们去克服困难以实现既定的目标。从某种意义来讲，情感能加强意志，意志又可控制情感。

在企业安全生产活动中，由于企业职工的个体因素的差异，生活条件不同，文化程度不同，既往经历和肩负的责任不同，人们在安全生产活动中的心理过程也有着明显的差异。

2.3.2　与安全密切相关的心理状态

在安全生产中，常常存在一些与安全密切相关的心理状态，这些心理状态如果调整不当，往往是诱导事故的重要因素。常见的与安全密切相关的心理状态有以下几种。

2.3.2.1　省能心理

人类在同大自然的长期斗争和生活中养成了一种心理习惯，总是希望以最小能量（或者说付出）获得最大效果。当然这有其积极的方面，鼓励人们在生产、生活各方面如何以最小的投入获取最大的收获，与经济学中的"投资-效益最大化原理"相对应。关键是如何把握"最小"这个尺度，如果在社会、经济、环境等条件许可的范围内，选择"最小"又能获得目标的"较好"，当然这是被期望的。但是这个"最小"如果超出了可能范围，目标将发生偏离和变化，就会产生从量变到质变的飞跃。它在安全生产上常是造成事故的心理因素。有了这种心理，就会产生简化作业的行为。如某铁厂在维修高炉时，发现蒸汽管道上结成一个巨大的冰块，重约0.4t，妨碍管道的维修。工人企图用撬棍撬掉冰块，但未撬动，如采取其他措施则费时、费力，于是在省能心理支配下，在悬冻的冰块下面进行维修。由于振动和散热影响，冰块突然落下打在工人身上，发生人身事故。

省能心理还表现为嫌麻烦、怕费劲、图方便、得过且过的惰性心理。例如，一运输工在运输中已发现轨道内一松动铁桩碰了他的车子，但懒于处理；只向别人交代了一下，在他第二次运输作业中因此桩造成翻车事故，恰好伤害了自己。

2.3.2.2 侥幸心理

侥幸心理，就是无视事物本身的性质，违背事物发展的本质规律，违反那些为了维护事物发展而制定的规则，想根据自己的需要或者好恶来行事就能使事物按着自己的愿望发展，直至取得自己希望的结果。

在安全事故方面尤其如此，侥幸心理就是妄图通过偶然的原因去取得成功或避免灾害，成了许许多多失败、丑陋、悲惨生活的罪魁祸首。生产中虽有某种危险因素存在，但只要人们充分发挥自己的自卫能力，切断事故链，就不会发生事故。在现实中可能存在多数人违章操作也没发生事故，所以就产生了侥幸心理。在研究分析事故案例中可以发现，明知故犯的违章操作占有相当大的比例。例如，某滑石矿运输工人不懂爆破知识，为了紧急出矿，抱着侥幸心理冒险进行爆破作业，结果发生事故，当场被炸死。

2.3.2.3 逆反心理

社会心理现象之一，指客观环境要求与主体需要不相符合时所产生的一种强烈的反抗心态。

某些条件下，某些个别人在好胜心、好奇心、求知欲、偏见、对抗、情绪等心理状态下，产生与常态心理相对抗的心理状态，偏偏去做不该做的事情。如某厂一工人出于好奇和无知，用火柴点燃乙炔发生器浮筒上的出气口，试试能否点火，结果发生爆炸，自身死亡。

2.3.2.4 凑兴心理

凑兴心理是人在社会群体生活中产生的一种人际关系的反映，从凑兴中获得满足和温暖，从凑兴中给予同伴友爱和力量，通过凑兴行为发泄剩余精力，它虽有增进人们团结的积极作用，但也常导致一些无节制的不理智行为，影响安全生产。例如，某风钻工休息时开玩笑，拿一根有6个大气压的风管往另一个人的屁股里塞，造成悲惨的人身事故。又诸如乱动设备信号、工作时间嬉笑等，都是发生事故的隐患。

一般凑兴而违章的情况多发生在青年工人身上，他们精力旺盛、生性好动，加之缺乏安全知识和经验，常有些意想不到的违章行为。如争开飞车、争相超车，以致酿成事故的为数不少。因此应当加强对青年工人的安全规章制度教育，以控制无节制的凑兴行为。

2.3.2.5 群体心理

社会群体生活是人们的基本生活方式，对群体心理的研究是心理学的重要内容。1895 年，G. 勒邦发表了《群众心理学》。他认为，群众是冲动的、无理性的、缺乏责任感的、愚蠢的，个体一旦参加到群众之中，由于匿名、感染、暗示等因素的作用，就会丧失理性和责任感，表现出冲动的、凶残的反社会行为。1908 年，W. 麦独孤发表《社会心理学导论》，提出社会行为本能理论，以人天生有结群本能来解释人们结成群体的问题。

要成为群体，必须具备 5 个条件：有一定数量的成员；有一定的为成员所接受的目标；有一定的组织结构；有一定的行为规范；成员心理之间有依存关系和共同感。

社会一是个大群体，工厂、车间也是群体，工人所在班组则是更小的群体。群体内无论大小，都有群体自己的标准，也叫规范。这个规范有正式规定，如小组安全检查制度等；也有不成文的没有明确规定的标准，人们通过模仿、暗示、服从等心理因素互相制约。有人违反这个标准，就受到群体的压力和"制裁"。群体中往往有非正式的"领袖"，他的言行常被别人效仿，因而有号召力和影响力。如果群体规范和"领袖"是符合目标期望的，就产生积极的效果，反之则产生消极效果。若使安全作业规程真正成为群体规范，且有"领袖"的积极履行，就会使规程得到贯彻。许多情况下，违反规程的行为无人反对，或有人带头违反规程，这个群体的安全状况就不会好。应该利用群体心理，形成良好的规范，使少数人产生从众行为，养成安全生产的习惯。

对于安全规程和安全教育，不同的工人表现出不同的个体差异，教育效果差别显著。如果能对"领袖"做好工作使之产生积极的行为，就会影响其他人也积极遵守规程。这就是抓典型的作用。群体中总有一种内聚力，这种内聚力给予成员的影响常常大于家庭、教师和父母。例如，青少年有问题不愿找父母谈，而愿找群体内同辈成员谈。工人不愿找领导谈，而在同辈中无所顾忌。利用这种心理状态，在群体中培养安全骨干，使其精心诱导，便可以产生积极效果。

2.3.2.6 注意与不注意

注意与不注意是人的一种心理因素，当人的心理活动指向或集中于某一事物时，这就是注意，它属于认知过程的一部分，是一种导致局部刺激的意识水平提高的知觉选择性的集中，因此具有明确的意识状态和选择特征。人在对客观事物注意时，在大脑中集中反映该事物并形成清晰的影像和判断，而对其他事物的影响加以抑制。不注意存在于注意状态之中，他们具有同时性。也就是说，你对某事物注意，同时将对其他事物不注意。必须明确，注意是伴随心理过程的心理现象，不属于心理过程。

(1) 注意的生理机制 注意和不注意总是十分频繁地反复交替出现。人失误发生的内在条件是意识水平（警觉度）的降低。大脑的信息处理系统（由 140 亿个脑细胞组成的脑计算机）的失误依意识水平而有显著的差异。大脑在睡眠时全无意识，可靠性为 0；意识活泼明快时，大脑充分运转，处理过量的信息往往也不会发生错误，可靠性为 0.999999。大脑的意识水平如表 2-9 所示可分为 5 个等级。

表 2-9　大脑的意识水平

状态等级	意识状态	注意的作用	生理状态	可靠性
0	无意识、失神	0	睡眠、脑病发作	0
Ⅰ	正常以下、恍惚	迟钝	疲劳、单调、困意、醉酒	<0.9
Ⅱ	正常、轻松	被动	安静起居、休息、常规作业	2~5 个 9
Ⅲ	正常、明快	主动、前方注意范围广阔	积极活动	6 个 9 以上
Ⅳ	超正常、激动	判断停顿、凝集一点	紧急防卫反应、慌张、恐惧	<0.9

0 状态时，脑计算机不工作，失去意识。状态Ⅰ是醉酒、困倦时的状态，脑计算机只是硬件的结合，软件几乎不工作，是不注意状态，容易出错误。状态Ⅱ和Ⅲ是正常意识状态，状态Ⅱ是家庭生活中的轻松状态，心不在焉、不能预测和创造；状态Ⅲ是明快意识，前脑叶的软件可做高效率的工作，几乎不出错。状态Ⅳ时是过分紧张和激动状态，大脑活动力虽强，但注意力凝结在一点上，信息处理系统不工作，容易出错。过分喜悦也属于这一状态。

（2）注意的功能

① 选择功能。注意的基本功能是对信息的选择，使心理活动选择有意义的、符合需要的和与当前活动任务相一致的各种刺激；避开或抑制其他无意义的、附加的、干扰当前活动的各种刺激。

② 保持功能。外界信息输入后，每种信息单元必须通过注意才能得以保持，如果不加以注意，就会很快消失。因此，需要将注意对象的映像或内容保持在意识中，一直到完成任务，达到目的为止。

③ 调节功能。有意注意可以控制活动向着一定的目标和方向进行，使注意适当分配和适当转移。

④ 监督功能。注意在调节过程中需要进行监督，使得注意向规定方向集中。

（3）注意、不注意与安全　在事故分析中常把原因归结为操作者马虎，不注意等。所以，在防止事故的方法上常常采用提醒作业人员注意安全、小心谨慎，或召开班前会、班后会、事故分析会提醒工人注意安全。这些无疑都是必要的，但远远不够。在生产中也可见到这种情况，领导者在一次事故发生后，唯恐再发生事故，于是亲自下生产岗位检查督促，大会讲，小会提，兢兢业业，小心谨慎，但是事故偏偏接连发生，真所谓祸不单行，令人无法捉摸。例如某矿 1 月至 4 月初连续发生四起死亡事故。领导机关召集所属各矿安全事故分析会，查找事故原因，改进安全状况；就在会议结束那一天，偏偏又发生一起死亡事故。又如某矿务局的一个矿井发生瓦斯爆炸，造成死亡 50 多人的特大事故。事故发生后，矿务局领导千方百计抓安全工作，但过了几天另一矿井又发生一起瓦斯爆炸事故，并且在事故的处理过程中，该矿井又连续多次爆炸。这些事故都不能归结为不注意。

上述事例说明事故的发生有其客观的必然性，是不以人良好的主观愿望为转移的。人若总是聚精会神地工作，当然可以防止由于不注意而产生的失误。但试验研究证明，不可能用注意去防止事故。谁都不能自始至终地集中注意力。除玩忽职守者外，不注意不是故意的。不注意是人的意识活动的一种状态，是意识状态的一种结果，不是原因。因此，提倡注意安全虽然是必要的，但是不够。单纯依靠提醒工作人员注意安全作为抓好安全工作的主要杠杆是不科学的。对于"不注意"这种自然生理现象，应从生理学和心理学角度加以解释。综上所述：①人从生理上、心理上不可能始终集中注意力于一点；②不注意的发生是必然的生理和心理现象，不可避免，不注意就存在于注意之中；③自动化程度越高，监视仪表等工作人员越容易发生不注意。

预防不注意产生差错的措施如下：

a. 建立冗余系统，为确保操作安全，在重要岗位上，多设 1～2 个人平行监视仪表的工作；

b. 为防止下意识状态下失误，在重要操作之前，如电路接通或断开、阀门开放等采用"指示唱呼"，对操作内容确认后再动作；

c. 改进仪器、仪表的设计，使其对人产生非单调刺激或悦耳、多样的信号，避免误解。

（4）注意的分配与转移

① 注意的分配。注意的分配是指在同时进行两种或两种以上活动时，把注意力指向不同对象的特性。严格地说，在同一时刻，注意不能分配，即"一心不能二用"。但在实际生活中，注意分配不仅是可能的，而且是必要的。例如司机开车，不仅要注意前面的路面，而且还要不时用眼睛的余光扫视后视镜或周围的景物，同时耳朵还得听着机器转动是否常等。这时，注意就不仅只专注一种事物，而是多种事物。

能否合理分配注意是有条件的，在同时进行几种活动中，每一种活动都是熟悉的，且其中的一种活动在某种程度上已达到了自动化的水平时，才能做到注意的分配。一个初学开车的司机、一个初上车床的工人，往往是眼睛死盯在对象上，不敢懈怠，因而很难做到有余力将注意分配在其他事物上。

能否做到注意分配，还依赖于活动的复杂性程度。一般在进行两种智力活动时较困难；在同时进行智力和运动活动时，智力活动的效率会降低得多些。

注意的分配能力因人而异。其关键是能否通过刻苦练习，形成大脑皮层上各种牢固的暂时神经联系，使活动程式化、习惯化、系统（列）化。对活动越熟练，越能灵活自如。有些职业，如司机、警察、教师、演员等，应通过练习，学会善于分配自己的注意力，时刻关注周围的情况变化，以使自己工作起来游刃有余。

② 注意的转移。指根据新的任务，主动地把注意由一个对象转移到另一个对象上去的现象。这里强调"主动"转移，如果是被动的转移，则属于注意的分散。

注意有完全转移和不完全转移之分。完全转移是注意的时序变化，即起始注意现象 A，而后注意现象 B；不完全转移其实也就是注意的分配。

注意转移的快慢难易程度，主要取决于以下因素：

a. 前后两种活动的性质，如果从易到难，则转移指标下降；

b. 目的性，如果工作要求转移，则注意的转换相对较快，也较容易；

c. 人的态度，例如对后继工作没兴趣，则注意的转移就困难；

d. 训练，经过训练的人，在使注意转移时，可以做到当行则行，当止则止。

注意还有其他一些品质，如选择特性、集中特性等。注意的品质是相互联系、相互制约的，而且其中的每一项品质也都有一个"度"（即适度）的问题。只有将注意放在一个合理的"度"上；才能发挥它对完成工作的积极作用，也才能使人的活动或动作等既有效率，而又不致出错，从而保证工作中的安全。

发生失误及违章操作的种种心理状态远比上述的更多更复杂。详细分析这些心理因素和不安全行为，其根源往往在于社会因素、环境因素、劳动管理以及本人的先天性心理素质。因此，应针对上述几个方面进行综合性的管理，消除不安全心理状态产生是安全工作的基础。

2.3.3 个性心理与安全

2.3.3.1 个性心理特征

一个人身上经常地、稳定地表现出来的个人整体精神面貌就是个性心理特征。个性心理特征表明了一个人稳定的类型特征，它主要包括性格、气质和能力。个性心理特征虽然是相对稳定的，但当人和环境积极地相互作用时，他又是可以改变的。由于每个人的先天因素和后天条件不完全相同，因此，个性心理特征在不同人身上是有差异的。严格来说，每个人的个性心理特征在世上都是独一无二的。所以它是人与人之间差异的表现，代表着一个人区别于另一个人。

个性心理特征在个性结构中并非孤立存在，它受到个性倾向性的制约。例如，能力和性格是在动机、理想等推动作用下形成、稳定或者再变化，也需要依赖于动机和理想等动力机制才表现出来。二者相互制约、相互作用，使个体表现出时间上和情景中的一贯性，体现个体行为。

在生产过程中可以看到，对待劳动和安全的态度，不同的人表现出不同的个性心理特征。有的认真负责，有的马虎敷衍；有的谨慎细心，有的粗心大意；对安全生产中的工作指导，有的不予盲从，实事求是；有的不敢抵制，违心屈从。在紧急情况或困难条件下，有的人镇定、果断、勇敢、顽强；有的人则惊慌失措、优柔寡断或轻率决定、畏难和垂头丧气。人在安全生产过程中表现出来的个性心理特征与安全关系很大，尤其是一些不良的个性心理特征，常是酿成事故与伤害的直接原因。有关统计资料表明，86%的事故与操作者个人麻痹或违章有关，98%的交通事故都与驾驶员直接相关。例如，某建筑公司在工地施工中由于违章指挥，用一台只能吊 1t 重量的塔吊去吊一台 2.5t 重的混凝土搅拌机，当将搅拌机起吊到 12m 高，越过三层建筑物，运转 270° 后，下降时由于超重和惯性作用，造成塔吊倾覆，致使操作女工摔伤而死。这起事故的主要原因是现场违章指导。但从事故的直接原因看，也取决于这个操作女工的性格特征，因为这样冒险蛮干明显违反安全操作规程。如果这个女工有高度责任感及自我保护意识，据理力争，对违章指挥加以抵制，那么，这次事故完全可以避免。又如，辽宁某矿曾发生一起严重的火灾事故，事故发生 18h 后，在同一地点，发现因一氧化碳中毒和烟雾窒息的遇难者中还有 40% 的人员幸存。为什么在同样情况下，会有不同的结果呢？经调查表明，生存者沉着冷静、不喊不叫，并采取适当的自救措施。死难者，特别是其中的新工人，惊慌失措、到处乱跳、不进行自救，因而心率增高，耗氧量增大，呼吸次数增多，吸入的一氧化碳和有毒的烟雾量也大，从而导致死亡。从这次事故的心理分析中可明显看到，在生死关头，镇定、坚毅、果断、勇敢、顽强的良好个性心理特征给人带来生机；而慌乱、惊怕、胆怯、懦弱、绝望却促进了人员的伤亡。由此可见，个性心理特征与安全工作有着内在的紧密联系，如能通过各种途径培养职工良好的个性心理特征，对企业的安全工作将是极大的促进。

2.3.3.2　性格与安全

性格是人对现实的稳定的态度和习惯化了的行为方式，它贯穿于一个人的全部活动中，是构成个性的核心。应当注意，不是人对现实的任何一种态度都代表他的性格，在有些情况下，对待事物的态度是属于一时情境性的、偶然的，那么此时表现出来的态度就不能算是他的性格特征。同样，也不是任何一种行为方式都表明一个人的性格，只有习惯化了的，在不同的场合都会表现出来的行为方式，才能表明其性格特征。

(1) 性格的结构　性格是十分复杂的心理现象，具有各种不同的特征。这些特征在不同的个体身上组成了不同的结构模式，使每个人都能在个性上独具特色。

① 性格结构的静态特征

a. 性格的理智特征。是指在感知、记忆、想像和思维等认识过程中所体现出来的个体差异。如观察是否精确，是否能独立提出问题和解决问题等。

b. 性格的情绪特征。是人的情绪活动在强度、稳定性、持续性及稳定心境等方面表现出来的个别差异。

c. 性格的意志特征。表现在人对自己行为的自觉调节水平方面的个人特点。性格的意志特征集中体现了个体心理活动的能动性。人的行动目的是否明确、人是否能使其行为受社会规范约束、在紧急情况下是否勇敢和果断、在工作中是否有恒心、是否勇于克服困难等，都属于意志特征的内容。

d. 性格的态度特征。主要指在处理各种社会关系方面所表现出来的性格特征。如对待个人、社会和集体的关系，对待劳动、工作的态度，对待他人和自己的态度等。

② 性格结构的动态特征

每个人的性格并不是各种特征的简单结合。各种性格特征在每个人身上总是相互联系、相互制约，并且还会以不同的组合表现于人的各种活动中。因此，人的性格结构还具有动态性。

a. 人的各种性格特征之间彼此密切联系、相互制约，使人的性格在结构上有一个相对的完整性。例如，一个情绪总是乐观开朗的人，与人交往时往往表现得大方直爽。一个虚怀若谷的人，常常伴随有平易近人的性格特点。一个利欲熏心者，常表现出对他人、对工作不负责任、刻薄、吝啬等特点。

b. 人的性格具有相对完整性。但在相对完整的性格中，也有矛盾性。例如《三国演义》中的曹操，既有勇猛、果断、坚强的特点，又有多疑、敏感、优柔寡断的特点。张飞性情粗暴，但粗中有细。性格矛盾性的存在说明人的性格是非常复杂的。

c. 人的性格的可塑性。人的性格具有相对稳定性，但又不是一成不变的。环境的变化、经历及自身的努力，都可以改变一个人的性格特征。当然，一个人已有的性格越是深刻、稳定，改变他的性格就越不容易。

人的性格主要受人的生理素质、经历、环境和教育等因素的制约。

(2) 性格与安全　人在社会实践活动中，通过与自然环境和社会环境的相互作用，客观事物的影响，将会在个体经验中保存和固定下来，形成个体对待事物和认识事物独有的风格。尽管人的性格是很复杂的，但一旦形成后，便会以比较定型的态度和行为方式去对待和认识周围的事物。譬如，对待个人、集体和社会的关系，对待劳动、工作和学习的关系，对待自己和他人的关系等。

不良的性格特征常常是造成事故的隐患。譬如，吊儿郎当、马马虎虎、放荡不羁、不负责任是一些不良的性格特征。有这些性格特征的人，在工作中经常表现出责任心不强，甚至擅自离开工作岗位，并常常因这种擅离岗位而发生事故。

如某化肥厂发生的一起锅炉爆炸事件就是十分沉痛而令人深思的教训。某天晚上该化肥厂正在放电影，当班的锅炉工悄悄离开工作岗位去看电影。由于他擅离工作岗位时间太长，造成锅炉严重缺水，当他返回岗位发现险情后，又怕受处分、扣奖金，在惊慌恐乱中，采取了向锅炉进水的错误操作，以期达到掩盖事故目的，不料弄巧成拙，引起锅炉爆炸，几十斤重的碎片飞出现场数百米，造成厂房倒塌，一人死亡，七人重伤，全厂停产一个多月，造成巨大经济损失。从事故发生原因来看，是司炉工擅离工作岗位所致，其实这正是他不良性格特征的暴露，表明他是一个工作不负责任的人，再加上发现险情后的恐惧心理和侥幸心理的驱使，终于造成不可挽回的错误。

由此可见，人的性格与安全生产有着极为密切的关系。国外有资料表明，对公共汽车驾驶员来说，事故率最低的并不是技术最好的司机。因为交通环境非常紧张，除要求司机有高超娴熟的驾驶技术外，还要求司机有良好的性格，尤其是良好性格的情绪特征（情绪稳定性、持久性、主导心境等方面的特征）。

良好的性格并不完全是天生的，教育和社会实践对性格的形成具有更重要的意义。例如，在生产劳动过程中，如果不注意安全生产、失职或其他原因发生了事故，轻则受批评或扣发奖金，重则受处分甚至法律制裁，而安全生产会受到表扬和奖励。这就在客观上激发人们以不同方式进行自我教育、自我控制、自我监督，从而形成工作认真负责和重视安全生产的性格特征。因此通过各种途径注意培养职工认真负责、重视安全的性格，对安全生产将带来巨大的好处。

具有如下性格特征的人容易发生事故。

① 攻击型性格。具有这类性格的人，常妄自尊大，骄傲自满，工作中喜欢冒险，喜欢挑衅，喜欢与同事闹无原则纠纷，争强好胜，不接纳别人意见。这类人虽然一般技术都比较好，但也很容易出大事故。

② 性情孤僻、固执、心胸狭窄、对人冷漠。这类人性格多属内向，人际关系不好。

③ 性情不稳定者，易受情绪感染支配，易于冲动，情绪起伏波动很大，受情绪

影响长时间，不易平静，因而工作中易受情绪影响忽略安全工作。

④ 主导心境抑郁、浮躁不安者。这类人由于长期心境闷闷不乐、精神不振，导致大脑皮层不能建立良好的兴奋灶，干什么事情都引不起兴趣，因此很容易出事故。

⑤ 马虎、敷衍、粗心。这种性格常是引起事故的直接原因。

⑥ 在紧急或困难条件下表现出惊慌失措、优柔寡断或轻率决定、胆怯或鲁莽者。这类人在发生异常情况时，常不知所措或鲁莽行事，坐失排除故障、消除事故良机，使一些本来可以避免的事故发生。

⑦ 感知、思维、运动迟钝、不爱活动、懒惰者。具有这种性格的人，由于在工作中反应迟钝、无所用心，也常会导致事故。

⑧ 懦弱、胆怯、没有主见者。这类人由于遇事退缩，不敢坚持原则，人云亦云，不辨是非，不负责任，因此，在某些特定情况下很容易发生事故。

2.3.3.3　气质与安全

气质就是人们常说的性情、脾气，它是一个人生来就具有的心理活动的动力特征。所说的心理活动的动力是指心理活动的程度（如情绪体验的强度、意志努力的程度）、心理过程的速度和稳定性（如知觉的速度、思维的灵活程度、注意力集中与转移），以及心理活动指向性（如有人倾向于外部事物、从外界获得新的印象；有的人倾向于内心世界，经常体验自己的情绪，分析自己的思想和印象）等。气质是人的高级神经活动类型特征在其活动中的表现，它使人的心理活动及外部表现都染上个人独特的色彩。

气质对个体来说具有较大的稳定性。一个人的气质经常表现在他的情感、情绪和行为当中。虽然气质在后天的环境、教育影响下，也会有所改变，但与其他个性心理特征相比较，气质的变化更为缓慢与困难。气质具有较大的稳定性，而不易改变的特点。必须指出，气质是人的心理活动与行为的动力特征，而不是活动的动机、目的和内涵。虽然一个人在不同的活动中有不同的动机和内涵，但在各种不同的活动中都会表现出同一气质特点。

（1）气质类型与测定

① 气质类型。气质类型这个概念最早由古希腊医生希波克拉底提出的，他认为人体内有四种体液，血液、黏液、黄胆汁和黑胆汁，这四种体液在体内的不同比例就决定了人的气质类型：多血质类型（以血液占优势）、黏液质类型（以黏液占优势）、胆汁质类型（以黄胆汁占优势）、抑郁质类型（以黑胆汁占优势）。希波克拉底提出的这四种气质类型虽然没有经过严格的科学试验和证明，但对四种类型的心理特征和行为描述却比较切合实际，所以至今仍在使用。在实际生活中，大多数人是这四种类型某些特征的混合。

对于气质的本质，巴甫洛夫通过长时间对动物高级神经活动在研究，确定了人的神经系统具有强度、灵活和平衡性三个基本特征。这三种特征的不同组合，构成了各种各样的人的神经系统。巴甫洛夫根据自己的实验和观察，把高级神经活动划分为四种基本类型，它们决定了人的四种气质类型。神经系统的四种基本类型与传统的气质类型是相互对应一致，见表 2-10。

表 2-10　高级神经活动类型与气质类型对照表

神经类型	气质类型	强度	灵活性	均衡性	特　征
兴奋型	胆汁质	强		不均衡	直率热情、精力旺盛、脾气暴躁、情绪兴奋性高、容易冲动、反应迅速、外向性
活泼型	多血质	强	灵活	均衡	活泼好动、敏感、反应迅速、好与人交际、注意力易转移、兴趣和情绪易变、外向性
安静型	黏液质	强	惰性	均衡	安静稳重、反应缓慢、沉默寡言、情绪不易外露、注意力稳定、善忍耐、内向性
抑制型	抑郁质	弱			情绪体验深刻、孤僻、行动迟缓、很高的感受性、善于观察细节、内向性

神经系统的基本类型是气质的生理基础，而气质则是神经系统基本类型的外在表现。研究人的气质类型有助于了解人的活动特点的先天因素，发扬气质的积极方面，克服和改造消极的方面。做到人尽其才，才尽其用。

② 气质的测定。人的神经系统的特性可以在心理学实验室里进行测定，但需要专门的仪器设备和丰富的测试经验。目前普遍用观察法判断一个人气质。该方法认为，人的气质特点总是同一定的活动联系在一起的，并外化为一定的行为。因此可以通过观察人的行为来分析其气质特点。

前苏联的阿·彼·萨莫诺夫介绍了一种观察测定消防队员气质特征的方法可供参考。表 2-11 是萨莫诺夫提出的对神经系统的强度、平衡性和灵活性的测定标准。

表 2-11　萨莫诺夫对神经系统三个特征测试标准

强度标准	平衡性标准	灵活性标准
1. 消防队员在操练中和火场上能否长时间地克服心理障碍； 2. 是否害怕困难； 3. 在执行任务后能否迅速恢复精力； 4. 在火场上独立进行工作后的自我感觉如何（刚毅、积极或是垂头丧气、萎靡不振等）； 5. 对新环境的适应能力怎样（能迅速还是慢慢适应）； 6. 在战斗的危急情况下是否易丧失自制力； 7. 在无关刺激物（叫喊声、轰响声、霹雳声等）影响下能否将注意力集中在执行任务上； 8. 是否善于交际，还是孤僻、羞怯； 9. 在紧急情况下举止表现如何，是坚决果断，能保持镇定和自制力，还是惊慌失措，出现不当的举动； 10. 敏感性如何，是否神经过敏，能否长时间地在危险情况下坚持工作，能迅速克服不良的情绪	1. 消防队员在工作时动作急促还是均衡； 2. 在不得不等待的情况下是否有忍耐性； 3. 在与人交往和集体活动中是否沉着； 4. 能否控制住自己的感情冲动，是否暴躁； 5. 是否有这种情况，干起事来津津有味，但却不了了之； 6. 平时情绪如何，是平稳、安定，还是经常忽高忽低； 7. 是否经常表现出容易受刺激	1. 能否迅速投入新的工作，旧方法和旧习惯是否妨碍他从事新的工作； 2. 在工作中表现出新的首创精神，还是因循守旧； 3. 能否迅速地养成新习惯和掌握新技术； 4. 能否迅速适应新的周围环境（如在火场上，在日常生活中，在集体生活和运动竞赛等方面）； 5. 在火场上能否迅速做出决定； 6. 在回答问题时能多快就考虑出答案

萨莫诺夫所列出的这些标准，是结合具体的消防工作的特点而作出的，体现了消防工作对消防队员气质特征的主要要求，易于被消防部门所掌握，具有一定的实

用价值。

在生产实际中，如果有必要，很多职业都可以在心理学家的指导下，结合本职业的特点，制订气质测量的标准。

(2) 气质与安全 在安全管理工作中针对职工不同气质类型特征进行工作是非常必要的。

首先，依据各人的不同气质特征，加以区别要求与管理。例如在生产过程中，有些人理解能力强、反应快，但粗心大意，注意力不集中，对这种类型的人应从严要求，要明确指出他们工作中的缺点，甚至可以进行尖锐批评。有些人理解能力较差，反应较慢，但工作细心、注意力集中，对这种类型的人需加强督促，应对他们提出一定的速度指标，逐步培养他们迅速解决问题的能力和习惯。有些人则较内向，工作不够大胆，缩手缩脚，怕出差错，这种类型的人应多鼓励、少批评，尤其不应当众批评。对他们的要求，开始时难度不应太大，以后逐步提高，使他们有信心去完成任务，从而提高工作的积极性。

其次，在各种生产劳动组织管理工作中要根据工作特点合理选拔和安排职工的工作。尤其是那些带有不安全因素的工种更应如此，除应注意人的能力特点以外，还应考虑人的气质类型特征。有些工种（如流水作业线的装配工）需要反应迅速、动作敏捷、活泼好动、易于与人交往的人去承担。有些工种（如铁路道口的看守工）则需要仔细的、情绪比较稳定的、安静的人去做。这样既做到人尽其才，有利于生产，又有利于安全。

再者，在日常的安全管理工作中，针对人的不同气质类型进行工作也是十分必要的。例如，对一些抑郁质类型的人，因为他们不愿意主动找人倾诉自己的困惑，常把一些苦闷和烦恼埋在心里。作为安全管理技术人员应该有意识的找他们谈心，消除他们情感上的障碍，使他们保持良好的情绪，以利安全生产。又如在调配人员组织一个临时的或正式的班组时，应注意将具有不同气质类型的人加以搭配，这样，将有利于生产和安全工作的开展。

2.3.3.4 能力与安全

心理学上把顺利完成某种活动所必须具备的心理特征称为能力。能力反映着人活动的水平。能力总是和人的活动密切相关，只有从活动中，才能看出人所具有的各种能力。能力是保证活动成功的基本条件，但不是唯一的条件，活动过程往往还与人的其他个性特点以及知识、环境、物质条件等有关。在其他条件相同的情况下，能力强的人当然比能力弱的人更易取得成功。

(1) 能力的培养和发展 能力与知识、技能既有区别又有联系。知识是人类社会实践经验的总结，是信息在人脑中的储存，技能是人掌握的动作方式。能力与知识、技能的联系在于，一方面能力是在掌握知识、技能的过程中培养和发展起来的；另一方面要掌握知识、技能又是以一定的能力为前提的。能力制约着掌握知识、技能过程的难易、快慢、深浅和巩固程度。它们之间的区别在于，能力不表现在知识、技能本身上，而表现在获得知识技能的动态过程中。

能力是在人的素质的基础上产生的，而不是天生就具有的。素质本身并不包含能力，也不能决定一个人的能力，它仅提供人的某种能力发展的可能性。如果不去从事相应的活动，那么具有再好的素质，能力也难发展起来。能力是人在后天实践中，某种先天素质同客观世界相互作用过程中形成和发展起来的。而人的素质制约人的能力的发展。

人的能力是有个别差异的，这种差异不仅表现为量的差别，而且表现为质的差别。所谓量的差别，是指人与人之间各种能力所具有的水平不同；所谓质的差别，是指人与人在能力的类型上的不同。如有的人擅长音乐，有的人擅长数学等。人要顺利进行某项活动，必须具备两种能力，即一般能力和特殊能力。一般能力是在许多基本活动中都表现出来，且各种活动都必须具备的能力。比如观察力、记忆力、想像力、操作能力、思维能力等都属于一般能力。这几种能力的综合也称为智力。特殊能力是在某种专业活动中表现出来的能力，例如交际能力、表演能力等。特殊能力是建立在一般能力的基础上的，还可能是一般能力的特别发展，特殊能力的发展同时也能带动一般能力的发展。

能力的发展在很大程度也取决于人的个性特征。学习动机与能力的发展有密切关系，学习动机明显地影响着智力的发展。兴趣爱好和能力的发展也有着密切联系，并且是事业取得成就的必要条件。对自己的事业没有兴趣和爱好，要想做出成就、发展能力，那是很难想像的。远大的理想和坚定的信念影响着人对生活和活动的态度。有理想、有追求的人总严格要求自己，有事业心、主动精神和克服困难的意志力。这些品质都对能力的发展起重要作用。

(2) 能力的测试　一个人有什么样的能力特长及能力的水平如何，可以通过一定的方法进行测量。目前，欧美及日本在专业人员的培训选拔上已广泛应用了能力测验法，并收到一定成效。

心理学家已经提出了很多的能力测验方法，比如各种智力测验法、各种特殊能力以及创造力的测验法等。下面着重介绍从事某项职业所需特殊能力测验的一般方法。对特殊能力进行测验的主要目的在于能预见一个人能否在某项工作中达到较好的职业水平。

测验的第一步，是有职业经验的人同被测验者谈话，并填写一定内容的表格。谈话内容和表格都是事先拟定好的，这一步首先应该了解被测验者的生理状况，他对该职业是否感兴趣及兴趣是如何产生的，他的业余爱好，受教育的情况和成绩，是否有实际经验等。所有这一切，对于确定被测验者是否适合从事该职业都是比较重要的。

但是对于职业所需的专门能力，仅靠谈话和表格的了解是不够的。在没有经过一定的实践之前，被测验者并不知道自己的专门能力如何，这就需要采用专门的测试法对其专门能力进行短时间的考核。进行专门能力测试，是向被测试者提出一系列的课题，根据完成情况，可以预测他是否擅长从事该职业。完成这些课题的规则和方法应当能使被试者容易掌握。测试时要求被测试者完成一些动作，这些动作蕴含着该职业的专门能力要求。

在拟定测试课题时，不应当去追求测试条件同该职业的实际情况在表面上的相似，而应当努力做到内在的相似，即使测试课题具有同实际劳动情况相同的心理学内容。在对被测试者进行专门能力的考核时，所提出的课题应是职业的心理学模型。在模型中，内在的心理学活动内容越多，测试的意义也就越大。这样在能力测验时，能让被测试者做一些乍看起来似乎同实际劳动过程没有任何关系的动作，但是这些动作却揭示了人的心理活动机制和特征，而这正是为顺利从事该项劳动所必须了解的。

能力测验也有一定的局限性。信度和效度这两个概念在心理学上被用来评价心理测验的结果。人的能力的成因和成分十分复杂，因此能力测验的效度往往不好确定。测验的结果也往往受多种因素的影响，有些因素能够控制；有些因素则难以控制。此外，测验在估量一个人的潜能方面具有一定的局限性。而潜在的能力却是与一个人未来活动的水平密切相关的。由于能力测验的局限性，在根据能力决定一个人的取舍时，测验的结果只能作为依据之一，还需根据其他的情况和辅以其他的方法做出较为合理的人员选择决定。

(3) 能力与安全 任何工作的顺利开展都要求人具有一定的能力。人在能力上的差异不但影响着工作效率，而且也是能否搞好安全生产的重要制约因素。因此，在安全管理工作中，应根据职工能力的大小、表现合理地分配工作，用其长，补其短，充分发挥职工的潜能。在安全生产管理中应考虑下列几点。

① 了解不同工种应具备的能力。通过一些事故分析（包括过去、现在及将来可能发生的事故，以及同行业曾经发生过的事故），掌握工作的性质和了解从事该工作职工必须具备的能力及技术要求，作为选择职工、分配职工工作及培训职工能力的一种依据。

② 进行能力测评。选择职工或考核职工时，不应把文化知识和技能作为唯一的指标，在可能的情况下，还应根据工种或工作岗位的要求，采用相应的方式进行能力测评。特别是那些对人的能力有特殊要求的作业或工作岗位，更应进行一定的特殊能力测定。

③ 工作安排必须与人的能力相适应。在安排、分配职工工作时，要尽量根据能力发展水平、类型，安排适当工作。例如，让一些思维能力很强的人，去干一些一成不变的、重复的、在工作中很少需要动脑筋的简单劳动，就会使他们感到单调、乏味。反之，让一些能力较差的人去从事一些力所不及的工作，他们就会感受到无法胜任而过度紧张、精神压力过大，很容易发生事故。因此，工作必须与人的能力相适应，这样才能增长他们对工作的兴趣和热情。只有他们深信自己的能力确实和他们的工作高度协调时，对职业的兴趣便会强烈而巩固地表现出来。

④ 提高职工的能力。环境、教育和实践活动对能力的形成和发展起着决定性的作用。人的能力可以通过培训而提高，尤其是安全生产知识以及在紧急状态下的应变知识，都可以通过培训让职工掌握，从而增强职工的安全意识和应付偶然事件的能力，以保证安全生产。此外，一个人的能力是个体所蕴藏的内部潜力。在通常情况下，人的潜能远未能充分发挥，如何通过激励手段，发挥职工的潜能，保证安全生

产，是一个新的课题。从个体心理因素来说，生产（工作）的绩效是能力和动机这两个因素相互作用的结果。

$$工作绩效 = 能力 \times 动机$$

因此，提高职工的工作能力和激发职工的工作动机是提高职工的工作绩效和保证安全生产的最有效途径。

 思考题

1. 如何理解安全与事故？
2. 阐述个体因素与安全的关系。
3. 如何看待工作环境对心理过程的影响。
4. 生物节律对安全的意义何在？
5. 表述卡特尔 16 项人格因素问卷测试法。
6. 如何看待生活事件与安全？
7. 如何理解感觉，在安全生产中如何发挥感觉的作用。
8. 阐述感觉、情感、意志三者的有机关系。
9. 与安全生产密切相关的心理状态有哪些，如何引导它们？
10. 如何理解人的性格，认识自己的气质？
11. 你能客观的认识自己的能力吗？如何不断提升自己的能力？

3 生产过程中的心理变化与安全

在生产过程中，人与生产环境、生产工具、机器设备、其他人员的相互作用时，在心理上将发生一系列的变化，本章将对这些变化进行分析、合理地引导这些心理变化向有利安全生产的方向发展。

3.1 人的作业疲劳与安全

3.1.1 作业疲劳概述

3.1.1.1 疲劳的概念

疲劳是一种非常复杂的生理和心理现象，它并非由单一的、明确的因素构成，目前对疲劳的定义也有很大的差异。一般来说，在生产过程中，劳动者由于生理和心理状态的变化，产生某一个或某些器官乃至整个机体力量的自然衰竭状态，称为疲劳。疲劳感是人对于疲劳的主观体验，而作业效率下降是疲劳的客观反映。无论脑力作业、体力作业、技能作业、还是人机系统中人的效能和健康都会因疲劳而受到影响。疲劳是一种生理现象，也是一种心理现象，从本质上讲，疲劳是机体的一种正常生理保护机制。这是由于人在生产过程中身心状态产生多种变化而推定的一个概念。迄今，在科学的意义上，人们对疲劳的认识还有待于继续深化。

疲劳是劳动的结果。劳动者在连续工作一段时间后，由于紧张的脑力或体力活动导致整个身体的机能降低。从生物学的理论上看，劳动是能量消耗的过程，这个过程持续到一定程度，中枢神经系统将产生抑制作用。继中枢神经系统疲劳之后，是反射运动神经系统的疲劳。反映出动作的灵敏性降低，作业效率下降。

3.1.1.2 疲劳的分类

疲劳的分类方法很多，工作性质不同，产生的疲劳现象也不同，较为合理的分类是体力疲劳和精神疲劳两种现象。

（1）**体力疲劳** 劳动者在劳动过程中，随着工作负荷的不断累积，使劳动机能衰退，作业能力下降，且伴有疲倦感的自觉症状出现。如身体不适、头晕、头痛、注意力涣散、视觉不能追踪，工作效率降低，这种感觉累积的结果，是在生理与心理机能上产生恶化倾向。从脸色、姿势、语言及动作上可以察觉出来，感觉机能、运动机能、代谢机能均会发生不协调，造成体力不支，自主神经紊乱，不仅使作业效率下降，还会造成各种差错。在工厂里，许多事故的发生时间大都在疲劳期。疲劳的积累还会逐渐演化为器质性病变。

（2）**精神疲劳** 亦叫脑力疲劳，是大脑神经活动处于抑制状态的现象。人的大脑蕴藏着巨大的工作潜力，是一个极为复杂、精密的机构。一般来说，脑重 1400g，只占全身重量 2%，却拥有心脏流出血液的 20%。作业者从事紧张的脑力劳动时，血耗量骤增，倘若供血中止 15s，即将神志昏迷，中止 4min，大部分脑细胞受到破坏以致无法恢复。脑力劳动时，同样有明显肌肉紧张的表象。譬如读书时，眼肌收缩；进行心算时，心肌的活动量将随问题的繁复程度而增加。注意力越集中，肌肉越紧张，消耗能量也越大，最后脑神经活动处于抑制状态，平时能解决的问题，这时就会"束手无策"。脑力疲劳与体力疲劳是相互作用的，极度的体力疲劳，降低了直接参与工作的运动器官的效率，从而影响大脑活动的工作效率；而过度的脑力疲劳，会使精神不集中，思维混乱，身体倦怠，亦影响感知速度及操作的准确性。

（3）**疲劳的种类** 为了能够更深刻认识疲劳的机理，可对疲劳进一步分类。

① 局部疲劳（个别器官疲劳）。作业中作用的部位不同，参与作业的部位由于紧张、活动频率高，在相应的局部首先产生疲劳。这时一般不影响其他部位的功能，如计算机操作人员、打字员、教师等。打字员在长时间工作之后，手指伸屈能力减退，产生疲劳，然而对于视听、感观的影响并不明显。

随着社会的发展，日新月异的技术手段的使用，降低了人体总能量的消耗。然而由于特定的工作类型，身体特定部位的局部疲劳并未减轻，更何况人在作业时动作部位即使是局部的，也会由于连带关系出现全身疲劳。疲劳的部位在很大程度上受所从事的职业及工作特点影响，见表 3-1。

表 3-1　疲劳部位与职业及工作特点的关系

部　位	职业、作业及环境
头部	写作、谈话、讲课、听课等用脑程度强的工作；环境充斥 CO、CO_2，换气不良
眼部	监视作业，计算机作业，显微镜作业，透视，校正，焊接，在低照度条件下作业
颈部	上下观察作业
耳部	听诊作业，铆接等噪声大的作业

续表

部 位	职业、作业及环境
肩部	搬运，肩及上肢作业
腕部	手连续动作的作业：钳工、打字、手工研磨等手工作业
肘部	小臂连续性的作业
胸部	吹气以及胸部支承性作业
腹部	摩托车、三轮车驾驶，腹部牵引及推挡作业
腰部	反复前屈、举重向上的作业
臀部	座位不适、座位时间长
背部	前屈及蹲下作业
手指部	打字、包装、写字、敲击、剪纸等长时间用手指的作业
膝部	蹲下过久的作业
大腿部	蹲下及重体力劳动
下腿部	站立作业及下肢劳动
手掌部	锤工、石工等用力握紧的作业
足部	站立作业，步行作业

② 全身性疲劳。一般是全身参与较繁重的体力劳动所致，也可能由于局部肌肉疲劳逐渐扩散而使其他肌肉疲劳连带产生的全身性反应。主观疲倦感为疲乏、关节酸痛。客观上产生操作迟钝、动作不协调、思维混乱、视觉不能追踪，错误增加，作业能力下降。

③ 智力疲劳。智力疲劳是指长时间从事紧张的思维活动所引起的头昏脑涨、失眠或贪睡、全身乏力、没精打采、心情烦躁、倦于工作、百无聊赖等表象。一般，人在进行脑力作业时，需要的能量较平时增加 2%~3%，若再伴随紧张而又增加肌肉活动，能量将要增加 10%~20%。

④ 技术疲劳。技术疲劳是由脑力、体力劳动并重产生的，尤其神经系统相当紧张的劳动而引起的疲劳。如驾驶飞机、驾驶汽车、操纵设备、收发电讯等。其疲劳的倾向性由作业时脑体参与的程度而定，如卡车司机的疲劳以全身乏力为主，而电讯员则以头昏脑涨为主。

⑤ 心理性疲劳。单调的作业内容很容易引起心理性疲劳。例如监视仪表的工人，表面上坐在那里"悠闲自在"，实际上并不轻松，信号率越低越容易疲劳，使警觉性下降。这时体力上并不疲劳，而是大脑皮层的某一个部位经常兴奋引起的抑制。

3.1.1.3 疲劳产生的机理

疲劳是劳动过程中人体器官或机体发生的自然衰竭状态，是人体能量消耗与恢复相互交替，中枢神经产生"自卫"性抑制的正常生理过程。然而对于疲劳现象的解释在学术界未能达成共识。目前主要有下述几种论点。

(1) 疲劳物质累积理论 在劳动过程中，劳动者体力与脑力的不断消耗，在体内逐渐积累起某种疲劳物质（有人称其为乳酸），这种物质在肌肉和血液中大量累积，使人的体力衰竭，不能再进行有效的作业。奥博尼（D. J. Oborne）基于生物力学的理论对这一假说又作了进一步的分析，由于乳酸分解后会产生液体，滞留在肌肉组织中未被血液带走，使肌肉肿胀，进而压迫肌肉间血管，使得肌肉供血越发不足。倘若在紧张活动之后，能够及时休息，液体就会被带走。若休息不充分，继续活动又会促使液体增加。若在一段时间内持续使用某一块肌肉，肌肉间液体积累过多而使肌肉肿胀严重，结果是肌肉内纤维物质的形成，从而影响肌肉的正常收缩，甚至造成永久性损伤。

（2）力源消耗理论 劳动者不论从事脑力劳动还是体力劳动，都需要不断消耗能量。轻微劳动，能量消耗较少，反之亦然。人体的能量供应是有限的，随着劳动过程的进行，体能被不断消耗，如果可以转化为能量的能源物质"肌糖原"储备耗竭或来不及加以补充，人体就产生了疲劳。

（3）中枢系统变化理论 劳动过程中，人的中枢神经系统将会产生一种特殊的功能，即保护性抑制，使肌肉组织不致过度消耗而受损，保护神经细胞免于过分疲劳。如人体疲劳时，尽管想看书，却会不能自制地瞌目而睡。在这种意义上，疲劳是对机体起保护作用的一种"信号"。

（4）生化变化理论 在劳动中，由于作业及环境引起体内平衡紊乱的状态而产生了疲劳。即肌肉活动和收缩时，减少了体内淀粉的含量，分解为乳酸，并放出热能（121kJ/mol）供肌肉活动，当体内淀粉含量不足或供不应求时，就产生明显的疲劳现象。当身体休整后，肝脏重新又源源不断地提供动物淀粉，肌肉本身也有能力将一部分乳酸恢复为淀粉，另一部分送回肝脏重新合成，使得劳动状态继续进行下去。

（5）局部血流阻断理论 静态作业（如持重、把握工具等）时，肌肉等长时间收缩来维持一定的体位，虽然能耗不多，但易发生局部疲劳。这是因为肌肉收缩的同时产生肌肉膨胀，且变得十分坚硬，内压很大，将会全部或部分阻滞通过收缩肌肉的血流，于是形成了局部血流阻断。人体经过休整、恢复，血液循环正常，疲劳消除。

事实上，疲劳产生的机理，可能是上述5种理论的综合影响所致。人的中枢神经系统主管人的注意力、思考、判断等功能，不论脑力劳动还是体力劳动，最先、最敏感地反映出来的是中枢神经的疲劳，继之反射运动神经系统也相应出现疲劳，表现为血液循环的阻滞、肌肉能量的耗竭、乳酸的产生、动力定型的破坏。

3.1.1.4 疲劳产生的原因

劳动过程中，人体承受了肉体或精神上的负荷，受工作负荷的影响产生负担，负担随时间推移的不断积累就将引发疲劳，导致疲劳产生的因素是多方面的，安全生产中需要注意以下几个方面的内容。

（1）作业强度与持续时间 劳动负担是作业强度和作业持续时间的函数。作业强度越大，持续时间越长，劳动者就越容易疲劳。

（2）作业速度 作业速度越高越容易导致疲劳。根据劳动定额学研究，每一种作业都有适合于一般作业人员的合理速度，在合理的作业速度下劳动，人可以维持较长时间而不感到疲劳，体能的支出比较经济。

（3）**作业态度** 劳动者的精神面貌和工作动机对心理疲劳影响极为明显。劳动热情高，工作兴趣大，主观疲劳的感受就越小。疲劳的动机理论认为，每个人所储存的机体能量并不像打开水龙头就会流出水来那么简单，而只有当人达到一定的动机水平时，那些分配给用于完成特定活动的能量才能得到释放，而当这一部分准备支付的能量消耗殆尽时，就会感到疲劳，尽管此时他还有剩余精力。一个人工作动机的水平制约和影响着他完成该项工作准备支付和实际支付的能量的多少。动机水平越高，准备支付的能量越多，越不易感到疲劳。换一个角度说，对于两个总能量相同的个体，如果各自的动机水平不同，尽管在劳动中实际感到的疲劳程度是一样的，但实际消耗的体能却是极为不同的。因此，强化工作动机，提高工作兴趣，可以减少疲劳感。

（4）**作业时刻** 在什么时间进行作业也影响疲劳的产生和感受疲劳的程度。比如夜班作业比白天作业容易疲劳。这和人体机能在夜间比在白天较低有关。

（5）**作业环境** 不合适的湿度、温度，不良的照明条件、噪声、粉尘等都会增加作业人员的精神与肉体负担，造成疲劳感。

（6）**影响疲劳的具体因素**

① 作业类别。能量消耗大的劳动作业、作业速度快、作业种类多变化大且复杂、作业范围广、精密度要求高、注意力要求高集中、操作姿势特殊、一次性持续时间长、有危险的作业、环境恶劣的作业。

② 作业条件。作业不熟练、睡眠不足、上班时间过长、休息时间不足、平均拘束时间过长、年龄过低或过高、疾病、生理的周期不适。

③ 劳动者的主观条件。劳动情绪低下、劳动兴趣不大、人际关系不和、家事不称心、担负责任重大、对疲劳的暗示、个人性格的不适应。

3.1.2 疲劳的检测方法

目前对于疲劳还没有一种方法能够直接客观的测定和评价。只能通过对劳动者的生理、心理等指标的间接测定来判断疲劳程度。测定疲劳的内容及其有关的方法很多（但基本分为三大类：生化法、生理心理测试法、他觉观察及主诉症状调查法），实际使用时应根据疲劳的种类及作业特点选择测定方法。同时，在选择测定方法时应注意测定结果要有客观的定量指标，避免凭测定人员主观判定。测定时不能导致被试附加疲劳、分散注意力、造成心理负担或不愉快的情绪等。疲劳测定的方法见表3-2。

表 3-2　疲劳的测定方法

测定内容	测 定 方 法
呼吸机能	呼吸数、呼吸量、呼吸速度、呼吸变化曲线、呼气中 O_2 和 CO_2 浓度、能量代谢等
循环机能	心率数、心电图、血压等
感觉机能	触二点辨别阈值、平衡机能、视力、听力、皮肤感等

测定内容	测 定 方 法
神经机能	反应时间、闪光融合值、皮肤电反射、色名呼唤、脑电图、眼球运动、注意力检查等
运动机能	握力、背力、肌电图、膝腱反射阈值等
生化检测	血液成分、尿量及成分、发汗量、体温等
综合性机能	自觉疲劳症状、身体动摇度、手指震颤度、体重等
其他	单位时间工作量、作业频度与强度、作业周期、作业宽裕、动作轨迹、姿势、错误率、废品率、态度、表情、休息效果、问卷调查等

3.1.2.1 几种常用的疲劳测定方法

（1）膝腱反射机能测定法 通过测定由疲劳造成的反射机能钝化程度来判断疲劳的方法。不仅适于体力疲劳测定，也适宜判断精神疲劳。让被试者坐在椅子上，用医用小硬橡胶锤，按照规定的冲击力敲出被试者膝部，测定时观察落锤（轴长15cm，重150g）落下使膝盖腱反射的最小落下角度（称为膝腱反射阈值）。当人体疲劳时，膝腱反射阈值（即落锤落下角度）增大，一般强度疲劳时，作业前后阈值差5°~10°；中度疲劳时为10°~15°；重度疲劳时，可达15°~30°。

（2）触二点辨别阈值测定法 用两个短距离的针状物同时刺激作业者皮肤上两点，当刺激的两点接近某种距离时，被试仅感到是一点，似乎只有一根针在刺激。这个敏感距离称作触二点辨别阈或两点阈。随着疲劳程度的增加，感觉机能钝化，皮肤的敏感距离也增大，根据两点阈限的变化可以判别疲劳程度。测定皮肤的敏感距离，常用一种叫做双脚规的触觉计，可以调节双脚间距，并从标识的刻度读出数据。身体的部位不同，两点阈值也不同。一般，测试的部位是右面颊上部，取水平方向。其他部位的两点阈值（表3-3）可参考实验数据。

表 3-3 身体不同部位的两点阈值/mm

指　尖	2.3	面　颊	7.0	胸　部	36.0
中　指	2.5	鼻　部	8.0	前　臂	38.5
食　指	3.0	手　掌	11.5	肩　部	41.0
拇　指	3.5	大足趾	12.0	背　部	44.0
无名指	4.0	前　额	15.0	上　臂	44.5
小　指	4.5	脚　底	22.5	大　腿	45.5
上　唇	5.5	手　背	31.6	小　腿	47.0
第三指背	6.8	腹　部	34.0	颈　背	54.6
脊背中央	67.1				

（3）皮肤划痕消退时间测定法 用类似于粗圆笔尖的尖锐物在皮肤上划痕，即刻显现一道白色痕迹，测量痕迹慢慢消退的时间，疲劳程度越大，消退得越慢。

（4）皮肤电流反应测定法 测定时把电极任意安在人体皮肤的两处，以微弱电流通过皮肤，用电流计测定作业后皮肤电流的变化情况，可以判断人体的疲劳程度。人体疲劳时皮肤电传导性增高，皮肤电流增加。

(5) **心率值测定法** 心率，即心脏每分钟跳动的次数。心率随人体的负担程度而变化，因此，可以根据心率变化来判测疲劳程度；采用遥控心率仪可以使测试与作业过程同步进行。正常的心率为安静时的心率。一般成年人平均心跳 60～70 次/min（男）和 70～80 次/min（女），生理变动范围在 60～100 次/min。吸气时心率加快，呼气时减慢，站立比静坐时快，坐时比卧时快。在作业过程中，一定的劳动量给予作业者机体的负荷和由于精神紧张产生的负担都会增加心率。甚至有时体力负荷与精神负荷是同时发生的，因此心率可以作为疲劳研究的量化尺度，反映劳动负荷的大小及人体疲劳程度。可以用下述三种指标判断疲劳程度，作业时的平均心率、作业刚结束时的心率、从作业结束时起到心率恢复为安静时止的恢复时间。

德国的勃朗克通过研究所提出，作业时，心率变化值最好在 30 次以内，增加率在 22%～27% 以下。

(6) **色名呼出时间测定法** 通过检查作业者识别颜色并能正确呼出色名的能力，来判断作业者疲劳程度。测试者准备几种颜色板，在其上随机排列 100 个红、黄、蓝、白、黑五种颜色，令被试者按顺序辨认并快速呼出色名，记录呼出全部色名所需要时间和错误率，以时间长短和错误率的多少来判断疲劳程度。

在这项测试中，辨别、反应时间的长短受神经系统支配，当疲劳时精神和神经感觉处于抑制状态，感观对于刺激不太敏感，于是反应时间长、错误次数多。

(7) **勾销符号数目测定法** 将五种符号共 200 个，随机排列，在规定的时间内只勾掉其中一种符号，要求正确无误。这是一个辨识、选择、判断的过程，敏锐快捷程度受制于体力、脑力状态。因此，从勾掉符号数目的多少可以判别疲劳程度。

(8) **反应时间测定法** 反应时间是指从呈现刺激到感知，直至做出反应动作的时间间隔。其长短受许多因素影响。如刺激信号的性质，被试的机体状态等。因此，反应时间的变化，可反映被试中枢系统机能的钝化和机体疲劳程度。当作业者疲劳时，大脑细胞的活动处于抑制状态，对刺激不十分敏感，反应时间就长。利用反应时测定装置可测定简单反应时和选择反应时。

(9) **闪光融合值测定法** 闪光融合值是用以表示人的大脑意识水平的间接测定指标。人对低频的闪光有闪烁感，当闪光频率增加到一定程度时，人就不再感到闪烁，这种现象称为融合。开始产生融合时的频率称为融合值。反之，光源从融合状态降低闪光频率，使人感到光源开始闪烁，这种现象称为闪光。开始产生闪光时的频率称为闪光值。融合值与闪光值的平均值称为闪光融合值，亦称为临界闪光融合值（critical flicker fusion，CFF）。计量单位为 Hz，一般在 30～55Hz 之间。人的视觉系统的灵敏度，与人的大脑兴奋水平有关，疲劳后，兴奋水平降低，中枢系统机能钝化，视觉灵敏度降低。虽然 CFF 值因人因时而异，不可能作出一个统一的判断准则，但人在疲劳或困倦时，CFF 值下降，在紧张或不疲倦时则上升。一般采用闪光融合值的如下两项指标来表征疲劳程度。

$$日间变化率 = \frac{休息日后第一天作业后值}{休息日后第一天作业前值} \times 100\% - 100\%$$

$$周间变化率 = \frac{周末作业前值}{休息日后第一天作业前值} \times 100\% - 100\%$$

在正常作业条件下，CFF 值应符合表 3-4 所列标准。

表 3-4　临界闪光融合值评价标准

作业种类	日间变化率/%		周间变化率/%	
	理想值	允许值	理想值	允许值
体力劳动	−10	−20	−3	−13
脑体结合	−7	−13	−3	−13
脑力劳动	−5	−10	−3	−13

在较重的体力作业中，闪光融合值一天内最好降低 10% 左右。若降低率超过了 20%，就会发生显著疲劳。在较轻的体力作业或脑力作业中，一天内最好只降低 5% 左右。无论何种作业，周间降低率最好是 3% 左右。

3.1.2.2　疲劳症状调查法

目前对作业疲劳还不能直接准确地测定，除利用生理、心理等测定法间接判断疲劳外，还可以通过对作业者本人的主观感受（自觉症状）的调查统计，来判断作业疲劳程度。调查时应注意，调查的症状应真实、有代表性、尽可能调查全作业组人员、应当及时记录，以避免因记不清楚而不能正确表述。日本产业卫生学会提出的疲劳自觉症状的具体调查内容如表 3-5 所示。疲劳症状分为身体、精神和神经感觉三项，每一项又分为 10 种。调查表可预先发给作业者，对作业前、作业中和作业后分别记述，最后计算分析 A，B，C 各项有自觉症状者所占的比例。

表 3-5　疲劳自觉症状调查表

姓名：		年龄：		记录：			年　月　日
作业内容：							

种类	身体症状（A）	精神症状（B）	神经感觉症状（C）
1	头重	头脑不清	眼睛疲倦
2	头痛	思想不集中	眼睛发干、发滞
3	全身不适	不爱说话	动作不灵活、失误
4	打哈欠	焦躁	站立不稳
5	腿软	精神涣散	味觉变化
6	身体某处不适	对事物冷淡	眩晕
7	出冷汗	常忘事	眼皮或肌肉发抖
8	口干	易出错	耳鸣、听力下降
9	呼吸困难	对事不放心	手脚打颤
10	肩痛	困倦	动作不准确

$$各项自觉症状出现率(\%) = \frac{ABC\ 各项分别主诉总数}{10 \times 被调查人数} \times 100\%$$

在调查疲劳自觉症状的基础上，还应根据行业和作业的特点，结合其他指标的测定，综合对疲劳状况和疲劳程度进行分析判断。

3.1.3 疲劳的预防与安全

3.1.3.1 疲劳的规律

(1) 疲劳的一般规律

① 疲劳可以通过休息消除。青年人比老年人疲劳消除得快，因为青年人机体供血、供氧机能强，在作业过程中较老年人产生的疲劳要轻。体力疲劳比精神疲劳消除得快。心理上造成的疲劳常与心理状态同步存在和消失。

② 疲劳有累积效应。未消除的疲劳能延续到次日。当重度疲劳后，次日仍有疲劳症状。这是疲劳积累效应的表现。

③ 疲劳程度与生理周期有关。在生理周期中机能下降时发生疲劳较重，而在机能上升时发生疲劳较轻。

④ 人对疲劳有一定的适应能力。机体疲劳后，仍能保持原有的工作能力，连续进行作业，这是体力上和精神上对疲劳的适应性。工作中有意识地留有余地，可以减轻作业疲劳。

(2) 疲劳与消除疲劳的关系

① 疲劳的产生与消除是人体正常生理过程。作业产生疲劳和休息恢复体力，两者交替重复，使人体的机能和适应能力日趋完善，作业能力及水平不断提高。

② 人在作业过程中体力消耗也在进行着恢复。人在作业时消耗的体力，不仅在休息时能得到恢复，在作业的同时也能逐步恢复。但这种恢复不彻底，补偿不了体力的整个消耗，对精神上的消耗同步恢复很困难。因此，在脑体劳动后，必须保证适当的、合理的休息。

③ 疲劳与消除疲劳相互作用是适应生理、心理过程的动力平衡。作业消耗体力越多，疲劳越快，刺激恢复的作用就越强。实质上疲劳是人体中枢神经产生的保护性抑制，这种抑制作用刺激着机体恢复过程。

(3) 疲劳的积累 人体疲劳是随工作过程的推进逐渐产生和发展的。按照疲劳的积累状况，工作过程一般分为四个阶段。

① 工作开始阶段。人体的工作能力没有完全被激发出来，处于克服人体惰性的状态。这时不会产生疲劳。

② 工作高效阶段。经过短暂的第一阶段后，人体逐渐适应工作条件，人体活动效率达到最佳状态并能持续较长时间。只要工作强度不太高，这一阶段不会产生明显疲劳。

③ 疲劳产生阶段。持续较长时间工作，伴随疲劳感增强，导致个体工作效率下降，出现了工作兴奋性降低等特征。进入这一阶段的时间依据劳动强度和环境条件而有很大差别。劳动强度大、环境差时，人体保持最佳工作时间就短。反之，维持在上一阶段的时间就会延长。

④ 疲劳积累阶段。疲劳产生后，应采取相应的措施减轻疲劳。否则由于疲劳的过度积累，会导致人体暂时丧失工作能力，工作被迫停止，严重时容易引起作业者的身心损伤。

疲劳的积累过程可用"容器"模型来说明。"容器"模型把作业者的疲劳看成是容器内的液体，液面越高，表示疲劳越大。疲劳源源不断地加大疲劳程度，犹如向容器内不断地倾倒液体一样。液面升高到一定程度，必须打开排放开关，降低液面。容器排放开关的功能如同人体在疲劳后的休息。容器大小类似于人体的活动极限，溢出液体意味着疲劳程度超出人体极限。只有不断地适时休息，即"排出液体"，人体疲劳的积累才不至于对身体构成危害。

3.1.3.2　预防和降低疲劳的途径

(1) 合理设计作业的用力方法

1) 合理用力的一般原则　用力方法应当遵循解剖学、生理学和力学原理及动作经济原则，提高作业的准确性、及时性和经济性。

① 随意性原则。随意姿势，虽然也使任意部分身体重心移开平衡位置，但由于这种"随意"表现为姿势的不断变化，因此，随着活动肌肉（收缩）与不活动肌肉（舒张）的交替，可使通向肌肉的血流加速，以利于静脉血液回流从而解除疲劳。

② 平衡性原则。在作业中，采取平衡姿势，可以将力投入到完成某种动作的有用功上去，这样可以延缓疲劳的到来或者在某种程度上减少疲劳。比如托举重物，若弯腰拾起，身体随重物被提起方向作反向移动，将有部分能量内耗掉。若先下蹲，举起重物时，随重物上移，人体重心始终在同一纵轴上移动，能够与地面的支持力取得平衡。总之，运用人体自身的重量来平衡负荷是很省力的。

③ 经济性原则。用力中重视动作的自然、对称而有节奏。包括：

a. 动作对称。可使身体用力后能够保持平衡与稳定。如双手操作时，会合理地使用双手，减轻疲劳程度，提高作业效率。国外有专家指出，若左手稍加训练，效率可达到右手的80%。

b. 节奏约束。会避免由于动作减速而浪费能量。

c. 动作自然。这是实现平衡性和节奏性的保证。一般动作具有交替性或者对称性。左右两手一手伸、一手屈称作交替运动。双手同时伸或同时屈叫对称运动。交替运动使大脑两半球相互诱导，比单手运动出现疲劳晚。对称运动能使两手处于平衡，减轻体力与精神上的紧张感。不论交替运动还是对称运动都是动作自然的表现。

④ 降低动作等级原则。作业时的动作应符合动作经济原则。要尽可能避免全身性动作，可用手指的作业，最好不用手臂去做，手臂可以完成的作业，就不要动用整个身体。在作业中尽量用较低的动作级别去完成，达到经济省力的目的。动作级别分类见表 3-6 所示。

表 3-6　人体动作级别分类

级　别	枢　轴　点	人体运动部位
1	指　节	手指
2	手　腕	手及手指
3	肘关节	前臂、手及手指
4	肩关节	上臂、前臂、手及手指
5	身　躯	躯干、上臂、前臂、手及手指

2）正确的作业姿势和体位　任何一种作业都应选择适宜的姿势和体位，用以维持身体的平衡与稳定，避免把体力浪费在身体内耗和不合理的动作上。

① 搬起重物时，不弯腰比弯腰少消耗能量，可以利用蹲位。假若弯腰搬起 6kg 的重物，同样体力消耗的蹲位可以搬起 10kg 的重物。

② 提起重物时，手心向肩可以获得最大的力量。

③ 搬运重物时，肩挑是最佳负荷方式，而单手夹持要比最佳方式多消耗能量 40%。

④ 向下用力的作业，立位优于座位，立位可以利用头与躯干的重量及伸直的上肢协调动作获得较大的力量。

⑤ 推运重物时，两腿间角度大于 90°最为省力。

⑥ 负荷方式不同，能量消耗也不同。若以肩挑作为比较的基点，能耗指数为 1，其他负荷方式的能耗指数如表 3-7 所示。

表 3-7　不同负荷方式下的能耗指数

负荷方式	肩　挑	一肩扛	双手抱	二手分提	头　顶	一手提
能耗指数	1.00	1.07	1.10	1.14	1.32	1.44

⑦ 作业空间的设计要考虑作业者身躯的大小。如作业空间狭窄，往往妨碍身体自由、正常地活动，束缚身体平衡姿势与活动维度，使人容易产生疲劳。

⑧ 用眼观察时，平视比仰视和俯视效果好，可以减缓疲劳。一般纵向最佳视野在水平视线向下 30°的范围内，横向最佳视野在 60°视角范围内。

⑨ 根据作业特点选择座位和立位。座位不易疲劳，但活动范围小；立位容易疲劳，但活动范围大。一般作业中经常变动体位，用力较大、机台旁容膝空间较小、单调感强等适宜立位；而作业时间较长，要求精确、细致、手脚并用等适宜座位。

（2）合理安排作业休息制度　休息是消除疲劳最主要途径之一。无论轻劳动还是重劳动，无论脑力劳动还是体力劳动，都应规定休息时间。休息的额度、休息方式、休息时间长短、工作轮班及休息日制度等应根据具体作业性质而定。

1）休息时间　要按作业能力的动态变化适时安排工间休息时间；不能在作业能力已经下降时才安排休息。休息开始时间，最好在进入疲劳期之前。因为当劳动时间按等差级数递增时，恢复体力的时间按等比级数增加。延长劳动时间不利于消除疲劳。要科学界定休息时间。

"超前"的休息，事实上是对疲劳产生的"预先控制"，防疲劳于未然。因此规定在上班后 1.5~2h 之间休息是合理的。短暂的休息时间，不仅不会影响作业者作业潜力的发挥，还会消除即将开始积累起来的轻度疲劳，使作业者产生适应性，将接下来的作业能力水平提到一个新高度。

在高温或强热辐射环境下的重体力劳动，需要多次的长时间休息，每次 20~30min，劳动强度不大却精神紧张的作业，应多次休息而每次时间可短暂。精神集中的作业持续时间因人而异，一般可以集中精神只有 2h 左右，之后人的身体产生疲劳，精神便涣散，必须休息 10~15min。

2）休息方式

① 积极休息。亦叫交替休息。生理学认为，积极休息比消极休息使工作效率恢复快 60%~70%。如脑力劳动疲劳后，可以做些轻便的体力活动或劳动，可使过度紧张的神经得到调节。久坐后，站立起慢走，可解除座位疲劳。室内工作久了，去室外活动，将会心旷神怡。又如长时间低头弯腰，颈部前屈，流入脑部的血液减少，便产生疲劳。伸腰活动改变血液循环的现状，可得到更多的养料和氧气，及时排出废物，腰部肌肉也能得到锻炼。上述种种交替作业或活动，其原理都是共同的，可使机体功能得以恢复，解除疲劳。

积极休息可以运用在企业现场的作业设计中，如作业单元不宜过细划分。要使各动作之间、各操作之间、各作业之间留有适当的间歇。可使双手或双脚交替活动。在劳动组织中进行作业更换。譬如脑体更换及脑力劳动难易程度的更换，使作业扩大化，工作内容丰富化，以免作业者对简单、紧张、周而复始的作业产生单调感。适时的工间休息、做工间体操也会缓解疲劳。工间操应按各种不同作业的特点来编排。另外，还要适当配合作业进行短暂休息，亦叫工间暂歇，如动作与动作、操作与操作、作业与作业间的暂时停顿，要注意工作中的节律。

② 消极休息。也叫安静休息。重体力劳动一般采取这种休息方式。如静坐、静卧或适宜的文娱活动，令人轻松愉悦。可以根据具体情况划分为，以恢复体力为主要目的者，可进行音乐调节；弯腰作业者，可做伸展活动；局部肌肉疲劳者，多做放松性活动；视、听力紧张的作业及脑力劳动，要加强全身性活动，转移大脑皮层的优势兴奋中心。

（3）克服工作内容单调感

单调作业是指内容单一、节奏较快、高度重复的作业。单调作业所产生的枯燥、乏味和不愉快的心理状态，称为单调感。

1）单调作业及其特点　单调作业种类很多，例如，各种流水线上的工作；使用机器和工具进行简单、重复操作，如冲压、锻造等作业；自动化工厂控制室的检查、监视和控制作业等。

单调作业特点是，作业简单、变化少、刺激少，引不起兴趣；受制约多，缺乏自主性，容易丧失工作热情；对作业者技能、学识等要求不高，易造成作业者消极的情绪；只完成工作的一小部分，对整个工作的目的、意义体验不到；作业只有少量单项动作，周期短，频率高，易引起身体局部出现疲劳和心理厌烦。

2）单调作业引起疲劳的原因　单调作业虽然不需要消耗很大的体力，但千篇一律重复出现着的刺激，使人的兴奋始终集中于局部区域，而其周围很快会产生抑制状态，并在大脑皮质中扩散，经过一段时间，就会出现疲劳现象。此外，随着技术不断进步，劳动分工越来越细，使作业在很小的范围内反复进行，这种高度单调的作业，压抑了作业者的工作兴趣，引起极度厌烦和消极情绪，产生心理疲劳。其主要表现为感觉体力不支、注意力不集中、思维迟缓、懒散、寂寞和欲睡等。

3）单调感的特点　单调感直接影响工作效能。作业时产生的单调感，影响作业者的情绪和精神状态，提前产生疲劳感，造成工作效率降低，错误率增加，工作质量下降。单调感与生理疲劳不同。疲劳产生于繁重劳动和紧张工作后，有渐进性、阶段性，表现作业能力降低。而单调感在轻松的作业中也会发生，起伏波动，无渐进性、阶段性，作业能力时高时低、不稳定。

4）避免单调的措施

① 培养多面手。变换工种，从事基本作业的工人兼辅助作业或维修作业，工人兼做基层管理工作。

② 工作延伸。按工作进程延续扩展工作内容，如参与研究、开发、制造等，激发工作热情和创造力。

③ 操作再设计。在操作设计上根据人的生理和心理特点进行重组，如合并动作、合并工序，使工作多样化、丰富化。

④ 显示作业的终极目标。设立作业的阶段目标，使作业者意识到单项操作是最终产品的基本组成。中间目标的到达，会给人以鼓舞，增强信心。

⑤ 动态信息报告。在工作地放置标识板，每隔一定时间向工人报告作业信息，让工人知道自己的工作成果。

⑥ 推行消遣工作法。作业者在保证任务完成的前提下，可以自由支配时间，如弹性工作制等；这样会使时间浪费减少，充分利用节约的时间去休息、学习、研究，提高工作生活质量。

⑦ 改善工作环境。可利用照明、颜色、音乐等条件，调节工作环境，尽可能适宜于人。

(4) 改进生产组织与劳动制度　生产组织与劳动制度是产生疲劳的重要影响因素之一。包括经济作业速度、休息日制度、轮班制等。

1）经济作业速度　经济作业速度是指进行某项作业能耗最小的作业速度。按这一速度操作，会经济合理又不易产生疲劳，持续作业时间长。

在作业中过快操作，会造成作业者的强负荷；过慢还会引起情绪焦躁、烦恼，使动作间断，注意力不集中。恰如其分的作业速度不易确定。可由速度相同的人组成作业班组；也可根据不同作业者的速度潜力，设计操作组合。值得注意的是，最快、最短时间的动作方式可能是有利的，但将加速疲劳的到来，因此短暂的间歇时间是经济作业速度中的必要因素，可运用时间研究的方法，确定适当的宽放率。一般，在传送带上实行自主速率会优于规定速率，对人的心理有积极的影响作用。事实上经济作业速度因人的身体素质、人种以及熟练程度等因素而异。

2）休息日制度　休息日制度直接影响劳动者的休息质量与疲劳的消除。在历史上，休息日制度经历了一定的变革。第一次世界大战以后，许多国家都实行每周工作 56h。第二次世界大战初期，英国将 56h/周延长至 69.5h/周。第二次世界大战后，许多国家实行 40h/周的工时制度。目前，发达国家的休息日制度的发展趋势是多样化和灵活化，有些国家的周工作时间缩短到 40h 以下。国内现在实行每周 5 天工作制。面对富余出来的休息时间，职工原有的工作生活轨迹悄然开始变化，这将有利于提高人们的工作生活质量。

3）轮班制　轮班制分为单班制、两班制、三班制或四班制等。应当根据行业的特点、劳动性质及劳动者身心需要安排轮班方式。如纺织企业的"四班三运转"，煤炭企业的"四六轮班"，冶金、矿山企业的"四八交叉作业"。国外还实行"弹性工作制"、"变动工作班制"、"非全日工作制"、"紧缩工作班制"等轮班制度。

日夜轮班制度的研究表明，夜班工作效率比白班约降低 8%，夜班作业者的生理机能水平只有白班的 70%，表现为体温、血压、脉搏降低，反应机能亦降低，从而工作效率下降。统计资料表明，凌晨 3~4 时工作错误率最高；凌晨 2~4 时，电话交换台值班员的答话速度比在白班时慢 50%。这是因为人的生理内部环境不易逆转。夜班破坏了劳动者的生物节律。夜班作业者疲劳自觉症状多，人体的负担程度大，连续 3~4 天夜班作业，就可以发现有疲劳累积的现象。甚至连上几周夜班，也难以完全习惯。另一原因是夜班作业者在白天得不到充分的休息。这种疲劳，长此以往将会给作业者的身心健康带来不利影响。

为了使生物节律与休息时间相一致，可以通过环境的明暗、喧闹与安静的交替来实现。环境的变化如强制性的颠倒，人的生理机制会通过新的适应，改变原节律，但这种适应却要很长一段时间。体温节律的改变要 5 天；脑电波节律的改变要 5 天；呼吸功能节律的改变要 11 天；钾的排泄节律的改变要 25 天。因此，工作轮班制的确定必须考虑合理性、可行性，尽量减少对生物节律的干扰。无可奈何时，也要改善夜班作业的场所及其劳动、生活条件。

现在我国许多企业在劳动强度大、劳动条件差的生产岗位，都实行"四班三运转制"，效果不错，这是因为每班只连续 2 天，8 天中分为 2 天早班、2 天中班、2 天夜班，又有 2 天休息。变化是延续而渐进的，减轻了机体不适应性疲劳。

从上面的分析可见，疲劳对安全的威胁是显而易见的。疲劳意味着劳动者的生理、心理机能下降，对安全生产产生种种不利影响，许多事故都是在疲劳状态下发生的，是造成事故的重要原因。大量研究表明，事故发生率较高的时候通常是在工作即将结束的前 2 个小时，一般事故高峰期是上午的 11 点和下午的 4 点，而这个时候正是工人疲劳积累到相当程度的时刻。

3.2 应激

3.2.1 应激的概念

在生产过程中，操作活动的要求随实际情境不断发生着变化，人适应这种变化的能力是有限的。因此，当人们面临超出适应能力范围的工作负荷时，就会产生应激反应现象。应激是人机系统中十分常见的现象，它与某些事故、疾病的发生有密切的联系，应激效应的控制十分重要。

较为普通的观点认为，应激是一种复杂的心理状态。每当系统偏离最佳状况而操作者又无法或不能轻易地校正这种偏离时，操作者呈现的状态就是应激。应激现象可以从三个方面来理解。

(1) 应激是在系统偏离最佳状况时出现的　也就是说，正常情况下，操作者以一种最佳的方式工作，这时环境条件对操作者有中等程度的要求。如果上述这种要求变得过高或过低，操作者的效绩都将下降，从而偏离最佳状况。因此必须注意，负荷过高和负荷过低都是一种应激源，都能引起应激效应。

(2) 应激是环境要求与操作者能力之间不平衡引起的　应激不仅随环境状况发生变化，而且取决于个体能力、训练和身体状况等因素。同量的负荷可能使某些人产生应激。而对另外一些人完全不会发生影响。

(3) 应激的产生有动机因素的作用　一般认为，当系统偏离最佳状态时，操作者往往通过适当的行动来校正这种偏差，偏离越大，校正的动机越大。校正结果的反馈对操作者行为动机有影响，即随着偏离缩小，动机降低。如果操作者的一系列行动不能减小偏离，因而不能降低校正动机时，便会发生应激。

与动机相联系的另一个问题是操作者的意图，只有操作者认识到偏离最佳状态状况可能造成重大事故以及力图避免这种状况时，应激才会出现。

3.2.2 应激源

能引起应激现象的因素很多，可把它们分成四个方面：作业时的环境因素、工作因素、组织因素和个性因素。

3.2.2.1 环境因素

如工作调动、晋升、降级、解雇、待业、缺乏晋升机会、与社会隔绝、失去社会的支持和社会联系，孤立无援，原来的心理活动模式（反应方式）与当前社会环境不相适应，生活空虚无目的等，都会使人产生应激状态，并伴随产生焦虑、愤怒、敌对、怀疑、抑制、愤恨、绝望和其他负性情绪，这种情绪又加剧了职业性应激反应。

3.2.2.2 工作因素

(1) 工作环境 恶劣的工作环境，如噪声、振动、高温、照明不足、有毒有害气体污染、粉尘污染、工作空间过狭等常成为应激的来源。工作环境中的人际关系不协调也是一种重要的应激源，包括主管人员与下属人员之间、工作群体成员之间。在困难的情况下缺乏足够的组织支持也会导致应激，管理人员过多地采用行为监督，尤其是不公开的监督来控制工人的行为时，工人易出现应激反应。缺乏信息沟通、参与管理与决策的机会少，或过多使用惩罚手段或进行不公平的分配等，也是企业常见的应激源。此外，由于职业或工作的需要（如天文气象、水文、自动化生产中的某些单独操作岗位），工作环境中的隔离或封闭也会导致应激的产生。

(2) 工作任务 工作负荷量过大，可使人的生理、心理负担增大。例如，在危险地段行车或运载危险物品的驾驶工作，长期从事需要高度注意力的工作（如仪表监视），长期担负重体力劳动强度的工作，会由于工作负荷量过大而感受应激。超负荷的脑力劳动已成为许多职业（包括工程师、秘书等）的重要应激源。当然，工作负荷过小，从事简单、重复而无需发挥主动性的工作、在无法实现自己的才能时，缺乏自我实现的机会也会形成心理压力。劳动速度是一个重要的劳动负荷因素，特别是在工厂由于对完成任务所采取的方法、速度缺乏自我主动选择或控制时，可以导致应激状态。例如，在现代工业流水线上作业，不仅总在按照极简单的工序进行重复操作，而且必须服从前后工序的速度要求，工作速度极快，工人会遭受双重的压力。据报道，大多数计算机终端操作人员认为他们的工作速度太快，而且他们又不能控制这一速度。值得提及的是，由于近代工业组织管理的复杂性和工作负荷太大，越来越成为管理人员心理应激的原因，在一些中层管理人员中，既要受到企业领导者的要求制约，又要接受下属及职工的要求，这是一种困难较大的情况，这种处境的管理人员易于导致应激反应。

(3) 工作时间 超时工作（加班）也是一个重要的应激源，延长工作时间不仅打乱了人们的正常生活节律，而且由于休息时间缩短，人的体力和精神得不到应有的松弛，据称，每周超过 50h 以上的工作能引起心理失调以及冠心病。另一个突出的问题是职工从事夜班工作，一般人在心理和生理上难以适应，而且夜班工作使人与家庭、社会交往相应减少，已成为一种重要的应激源。

3.2.2.3 组织因素

有两个组织因素对增加工作的应激有特殊的意义。一个是组织的性质、习俗、气氛和在组织中组织雇员参与管理和决策的方式；另一个是以监督方式来自领导者的支持和鼓励个人发展前途等形式反映出来的组织支持。雇员缺乏主人翁感和责任感，其结果就会出现一种逆反心理。在组织支持方面已证明不公开的监督和以定期对逆反行为反馈作为特征的监督方式都和高度应激有关。

3.2.2.4 个性因素

与个性有关的应激源是：与健康有关的因素，需完成工作任务与能力之间的匹配程度，当与工作环境有关时、喜欢还是讨厌的程度，以及个人的性格。

从健康方面考虑，人的体质会影响人体对环境的反应能力。由于能力低下或患病而使控制有害刺激的能力有缺陷时，就会增加应激反应。因此，有病的工人可能有产生更大的工作应激的危险性。

若能力与任务不匹配，就会产生应激。失配越严重，工人感受到的应激越大。造成失误的可能性也增大。

家庭关系不和谐，经济上拮据，亲人死亡或患严重疾病，子女升学、就业、婚嫁等都可成为应激源。

外向程度或神经敏感性程度对不同的工作环境也会产生应激。

人的心理特性的差异也会影响对应激源的反应程度。

3.2.3 应激的效应

在应激状态下，操作者的身心会发生一系列的变化。这种变化是应激引起的效应，也称为"紧张"。紧张表现多种多样，有人把它总结为四大类：

(1) **生理身体的变化** 例如，心率（是指正常人安静状态下每分钟心跳的次数，也叫安静心率）、心率恢复（是指人的心率从工作心率恢复到安静心率的过程）、氧耗（是指单位时间全身组织消耗氧的总量，它决定于机体组织的功能代谢状态）、氧债（是劳动/min 需氧量和实际供氧量之差，是评定一个人无氧耐力的重要指标）、皮肤电反应（又称"皮电反应"、"皮电属性"，是一项情绪生理指标，它代表机体受到刺激时皮肤电传导的变化，一般用电阻值及其对数或电导及其平方根表示）、脑电图、心电图、肌肉紧张、血压、血液的化学成分、血糖、出汗率和呼吸频率等方面都可能发生明显的变化。若人长期处于应激状态，就会导致心血管病和生理紊乱等疾病。

(2) **心理和态度的变化** 表现为无聊、工作不满意、攻击行为、感情冷漠、神经紧张、心理紊乱以及疲劳感等现象。

(3) **工作效绩的变化** 例如，主操作、辅助操作的工作质量和数量下降、反应时间增长、行动迟缓、缺乏注意、缺工和离职率增加。

(4) **行为策略和方式的变化** 处于应激状态下的操作者往往会出现某些策略或方式上的变化，从而有意或无意地摆脱"超负荷"情境。

3.2.4 应激行为

应激行为是指人在心理、生理上不能有效应对自身由于各种突如其来的、并给人的心理或生理带来重大影响的事件，例如自然灾害（水灾、地震）、传染病流行、重大交通事故、火灾等灾难发生所导致的各种心理生理反应，应激行为也叫做应激相关障碍，主要包括急性应激反应、创伤后应激障碍、适应障碍三大类。

应激行为的典型表现包括三个方面。

① 意识的改变出现得最早，主要表现为茫然，出现定向障碍，不知自己身在何处，对时间和周围事物不能清晰感知。

② 行为改变主要表现为行为明显减少或增多并带有盲目性。行为减少表现在不主动与别人说话，别人跟其说话也不予理睬。日常生活不知料理，不知道洗脸梳头，不知道吃饭睡觉，需要家人提醒或再三督促。整个人的生活陷入混乱状态。行为增多者表现为动作杂乱、无目的，甚至冲动毁物。话多，或自言自语，言语内容零乱，没有逻辑性。

③ 情绪的改变主要表现为恐慌、麻木、震惊、茫然、愤怒、恐惧、悲伤、绝望、内疚，对于突如其来的灾难感到无所适从、无法应对。这些情绪常常表现得非常强烈，在强烈的不良情绪的影响下，个体有时候会出现一些过激行为，比如在极度悲伤、绝望、内疚的情绪支配下，有些人会采取自杀的行为以解除难以接受的痛苦。可能还会伴有躯体不适，表现为心慌、气短、胸闷、消化道不适、头晕、头痛、入睡困难，做噩梦等。

3.2.5 应激的预防与控制

要消除一切应激的想法是脱离实际的，有时某些应激甚至是必要的，除了物理环境的影响外，还有许多由于社会环境所造成的精神方面的应激源的影响必须加以重视。

3.2.5.1 人类工效学（工作岗位重新设计）

人类工效学是根据人的心理、生理和身体结构等因素，研究人、机械、环境相互间的合理关系，以保证人们安全、健康、舒适地工作，并取得满意的工作效果的机械工程分支学科。人类工效学工作岗位重新设计包括向工人提供对身体的要求减少到最小的工作区，这些身体要求对情绪应激来说是有重要意义的。因为它会影响到与应激密切相关的疲劳，还会影响到工人的状况和行为。在运用人类工效学设计工作场合时，可以通过配备合适的感觉环境、适当的工作岗位设计以及舒适的环境条件而使人体每个系统所受到的负荷减少到最低程度。

3.2.5.2 工作设计

工作设计最大的难点是出现在新开发的工作中，这些工作没有以往的经验可以借鉴。为使工人对工作活动所提供的工作条件得到满足，工作必须对工人有意义，以便使工人产生一种完成任务的自豪感和自我尊重的积极性。此外，工作任务设计应尽可能充分利用现有的技能，以提高工人的自信心和行为能力，减少应激的产生。

劳动过程地控制在出现工作应激时是一个重要因素，经证明缺乏工作控制是生理和心理机能障碍的主要原因之一。通过增加工人工作中作出判断的内容和换一种工作程序，而对工作活动提供更多的控制，可以减少由机器控制的劳动过程所引起的应激。

工作设计中，一个关键的问题是确定合理的工作负荷。工作负荷往往是由机器的限度或生产能力，而不是由操作者的能力来决定的。这是可以理解的，但是过度的工作负荷会产生疲劳，进而引起应激反应。

3.2.5.3　组织管理

消除应激最有效的方法是让工人参与管理，与企业共命运，并贯穿整个工作过程。

对工人进行监督会形成一个使工人感到受机器控制的失去个性的工作环境。当管理人员采用行为监督控制工人行为时，工人会感到工作压力和工作负荷极高，因此产生应激反应。这种方式还会使工人和管理人员间产生对立情绪。如果管理人员和工人间的关系是积极和良好的，这种关系可以起到使应激缓冲的作用。为了使工人能达到最有效的行为并减少应激，管理人员应采用能启发工人的积极工作动力并为工人所支持的管理方法。

3.2.5.4　个人应付能力

提高个人应付能力是减少工人应激水平的有效方法。有的学者提出了应用心理生理学的方法来减少应激反应，有些已用于工作环境布置。

以上介绍减少应激的方法措施，在大多数情况下，需要用几种方法结合起来一起使用。首先是采用消除对应激源的暴露。这一点可通过控制产生应激的原因，然后采用人类工效学的方法、工作设计或组织管理手段。有时，不可能完全排除一切应激源，那么应该强调尽可能减少应激产生的负荷。这时可以应用个人应付方法来减轻工人应激的症状。虽然这不是对应激源而言，但通过控制应激反应，的确可以减轻对健康的危害。并非所有个人应付方法都一样有效，每个人都必须亲身体会不同方法并找出哪种方法最适用。

3.2.6　紧张心理的调节

在前已经讲到应激的效应就是紧张。紧张状态是一种常见的现象，它不仅存在于工作、劳动过程中，也存在于日常生活中。它不仅影响人们的身心健康，同时也影响人们的工作效率和安全。

人在不同的社会环境和工作环境中，总是主动调节自己的生理心理状态，以适应环境的变化。当环境加于人的刺激超出了人对其做出相应反应的能力时，即环境的要求与机体的应付能力不平衡时，引起的一种生理心理状态，便称为紧张。例如，突然发生的爆炸、火灾、塌方等紧急危险，均会使人处于紧张状态。

职业性紧张（occupational stress）是指人们在工作岗位上受到各种职业性心理社会因素的影响而导致的紧张状态。它不仅与职业、个人、家庭有关，而且更取决于所处的工作环境和社会环境。其导致的后果不仅涉及人的行为和心身健康，而且与安全生产密切相关。因此，如何做好紧张心理调节是至关重要的。

3.2.6.1 缓解和消除职业性紧张对职工不利影响的对策和措施

(1) 创造良好的工作环境 由于紧张是环境因素与机体的应付能力失调所致，因此，消除工作环境中的应激源是极其重要的措施。如在企业生产中，改善劳动条件（如噪声控制、防暑降温、改善照明条件等）可缓解生产环境中应激源对人的心理影响。改善安全生产管理的有效性和协调性也极其重要。例如，尽力满足职工的合理需要，人员与职务的合理设计，职工参与管理，正确地应用激励机制，为职工创造一个有利于发挥自身潜力的企业心理环境。这些均有利于缓冲紧张的作用。

(2) 提高职工应付紧张的素质 通过培训和教育，可缓解由于工作所致的紧张。因此，加强安全生产知识的教育及特殊技能的培训，可使职工适应安全生产的要求从而缓解紧张。企业定期开展不同类型的竞赛活动，开展有益的文娱活动和体育活动，能陶冶职工的情感，培养积极的情绪，也是缓解紧张的有效途径。要引导职工善于"自我松弛"、"自我调节"，促进积极的心理活动的形成，对增强控制紧张不利影响的能力也是有益的。

(3) 开展职业心理咨询 主要包括如下内容：
① 对企业预防紧张性心理不利影响的整体计划，提出切实可行的建议；
② 对职工进行心理教育，特别是各种应付紧张的办法；
③ 帮助处于紧张状态的职工度过"危机期"；
④ 对具有心理障碍的职工进行心理治疗。

3.2.6.2 紧张心理的自我控制

当然，要避免过度的紧张，从根本上讲，最好是减少应激源，但在实际生产过程中要完全消除应激是不可能的，比较主动的办法是从个体自身做起。关于如何控制紧张心理，减轻心理压力，心理学家们提出了许多办法和建议。

(1) 要正确认识自己的能力，并做到客观评价，不做超过自己能力过多的职务和工作。简单地说就是要量力而行。

(2) 提高操作技能，注意积累经验，增强适应能力。

(3) 培养自己的稳定情绪、坚定意志和自制力。

(4) 进行预演性训练。即在从事每件事之前，预先设想可能出现什么问题，如何解决，事前做好充分的心理准备。这样在实际进行过程中，就会减少对所发生的事件的陌生感，从而就可以做到从容应付，镇定自若。

(5) 学会时间运筹，做时间的主人。大量的紧张状态是由时间因素引起的。为了避免这种情况，应该很好地计划时间，安排好时间表，并严格执行。在安排工作计划时，时间上要留有一定的冗余度。切忌临时抱佛脚，仓促上阵。

(6) 平时学习一些控制情绪的方法，如自我说服（自勉）、自我命令、自我激励（如默念"我一定能成功"）、自我分析（分析造成紧张的原因，有针对性地消除它）、自我放松（即通过生物反馈技术，使个体学会控制自主神经系统的水平，如血压、心率等），通过这些方法的训练，可以提高自己的心理承受能力，减缓或消除心理的过度紧张。

（7）加强身体锻炼，增强体质。

3.3　职业适应性

3.3.1　职业适应性概述

（1）**职业适应性概念**　职业适应性（occupational Aptitude）是指一个人从事某项工作时必须具备的生理、心理素质特征。它是在先天因素和后天环境相互作用的基础上形成和发展起来的。职业适应性包括很多内容，对于不同的职业场合，可能会有不同的强调要点：①工作效率；②无事故倾向；③最低能力和特性要求；④熟悉工作速度；⑤意愿适应；⑥个人背景。

职业适应性测评（occupational aptitude test）就是通过一系列科学的测评手段，对人的身心素质水平进行评价，使人与职业匹配合理、科学，以提高工作效率、减少事故。

要注意事故倾向性（accident proneness）与职业适应性的区别。事故倾向性是指在一定时期内、特定环境下，具有潜在的诱发事故的生理、心理素质特征，它既是稳定的，也是可变的。即人的诱发事故的心理、生理素质是稳定的，但在一定的环境及一定时期、特定的环境下，此种特性被高度激发而诱发事故。

事故倾向性研究主要目的是筛选出职业人群中易发事故的个体，即事故倾向性人员，以降低事故率。它反映的仅是安全的要求。事故倾向性检测对某些职业是强制性的。如飞行员与驾驶员的检测，在许多国家已经立法。

而职业适应性测评一般不具有强制性，仅作为人才选拔和留用的参考。另外，职业适应性不仅反映安全要求，而且还有效率要求。因此，职业适应性概念涵盖面比事故倾向性概念相对宽一些。

（2）**职业适应性研究的意义**

① 科学选择与合理使用称职的作业者。根据不同的职业特点，确定评价标准及指标，并对求职者进行测定，评价其职业适应性等级。对已上岗的作业人员定期进行测试和评价，建立职业适应性的动态数据库，以进行人员的动态管理。

② 为制定合理有效的职业培训计划提供科学依据。

③ 指导人们选择适合自己特性和条件的职业、职务。通过对求职者的生理、心理属性进行综合测试、评价，对照不同职业或工种的要求，分析被试者适合于何种职业，以利于个人能力的充分发展。

（3）**职业适应性分类**　职业适应性可分为一般职业适应性（general occupational aptitude）和特殊职业适应性（special occupational aptitude）两大类。

一般职业适应性指从事一般职业所需的基本生理、心理素质特征。特殊职业适应性指从事某一特定职业所需具备的特殊生理、心理素质特征。对个人从事某项具体工作的职业适应性测评包括一般职业适应性测评和特殊职业适应性测评两方面。

（4）职业适应性研究状况

① 一般职业适应性研究现状。一般职业适应性研究的历史较为久远。1934年，美国劳工部就业保险局组织有关专家进行了为期10年的专门研究。他们对美国2万个企业中的7.5万个职务进行了调查分析，确定了20个职业模式和10种能力倾向，由此形成了很有影响力的"一般能力倾向成套测验"（general occupational aptitude test battery，GATB）。1947年GATB被美国劳工局人力资源部正式采用，并在以后的研究中日趋完善。其后，世界上许多国家，如日本、澳大利亚和加拿大等国，也使用了GATB系统，并根据本国情况作了修订，收到良好的效果。

国内从20世纪90年代起，对一般职业适应性的研究已取得了长足的进展。1993年金会庆等发表了应用日本1983年修正版GATB，对安徽合肥地区初、高中学生进行测试的研究成果，并初步建立了合肥地区常模❶。1994年戴忠恒发表了以日本1983年修正版为蓝本，根据中国国情对GATB进行修订的研究成果，并通过对全国17个中等以上城市2148名初二至高三学生的测试，制订了GATB中国常模。这些研究工作为GATB在我国的使用提供了经验与依据。

随着我国改革开放和社会主义市场经济的发展，企业用工制度和用人策略发生了很大的变化，对人才的职业能力测评与咨询已成为急需。近几年，中国科学院心理研究所和北京大学、华东师范大学、浙江大学的心理学系等已开展了人才测评的研究，开发了一系列的一般职业能力测评量表和专项能力测评量表；各地的人才市场、劳动力市场也开始开展人才素质测评服务。

② 特殊职业适应性研究状况。特殊职业适应性研究根据各个特殊职业的不同有其特殊性。20世纪初，尤其是第一次世界大战期间，对飞行员选拔的需要促进了飞行员职业适应性的研究，同时带来了心理测量学的发展。继飞行员职业适应性研究后，又相继开展了宇航员、驾驶员、潜水员、外科医生和音乐家等特殊职业适应性方面的研究。在工业领域，由于有些特殊工种对作业者本人及周围的人与环境具有重大的危害性，因此，有必要对特种作业人员的职业适应性进行研究。国外从20世纪60年代就开始了对焊接工、电工、起重工、司炉工等特种作业人员的职业适应性研究。

从20世纪80年代开始，我国在驾驶适应性方面开展了系统的研究。金会庆等通过研究发现并证实在中国存在事故倾向性驾驶员，并通过对事故倾向性驾驶员和安全驾驶员的病例在人体形态、生理机能、视觉机能、心理、神经生化5个方面对照研究发现，事故倾向性驾驶员和安全驾驶员在某些生理、心理特征方面存在显著意义的差异，揭示了事故倾向性驾驶员具有易发事故生理、心理特征。驾驶适应性检测系统在全国的推广应用，对筛检事故倾向性驾驶员，训练在职驾驶员的生理、心理素质，从而降低我国道路交通事故的发生率等方面发挥了较重要的作用。

---

❶ 常模：指具有一定适应性的基础模型。

在我国国家标准 GB 5306—1985（现用国家安全生产监督管理总局令第 30 号替代）《特种作业人员安全技术考核管理规则》中明确规定了 10 种特种作业，即电工作业、锅炉司炉、压力容器操作、起重机械作业、爆破作业、金属焊接（气割）作业、煤矿井下瓦斯检验、机动车辆驾驶、机动船舶驾驶和轮机操作、建筑登高架设作业。20 世纪 90 年代初，浙江省劳动保护科学研究所与浙江大学心理学系合作，较系统地进行了起重机械作业人员的职业适应能力要求和测试方法的研究。安徽三联事故预防研究所通过近 10 年的努力，对起重机械作业、锅炉司炉、压力容器操作、金属焊接（气割）作业、电工作业 5 种特种作业人员的职业适应性进行了系统的研究，提出了特种作业人员职业适应性检测的指标体系，建立了各检测指标的参比值及综合评价方法，为特种作业人员职业选择提供了科学依据，开发了特种作业人员职业适应性检测硬件系统和计算机信息管理系统，为工矿企业及其他有关部门的特种作业人员选择提供了新的高科技手段。

3.3.2 职务分析

由于职业适应性涉及众多的问题，而且在考核适应性时，很多方面没有明确的或量化的标准，因此必须科学地进行职务分析，研究正确选拔和培训满足这些标准的作业人员的方法。

(1) 职务分析定义

所谓职务分析，就是根据观察和调查研究，决定特定职务基本特征的信息，并提出专门报告的系统工作程序。职务分析应明确规定如下内容：

① 职务所包括的工作任务；

② 优秀就职者应具备的智能、知识、能力、经验、责任、熟练程度；

③ 该职务与其他职务的区别。

(2) 职务分析的作用

职务分析将为具体开展人力资源管理提供必需的信息，其具体作用如下：

① 用于职工的招聘、配置和晋升工作；

② 用于职工的教育和培训工作；

③ 用于确立职务的任务；

④ 用于设置适当的职务；

⑤ 作为安全管理和改善业务的资料。

(3) 职务分析项目的组成

① 职务内容。包括：担任的工作、与其他职务的关系、作业程序、作业要点。

② 责任与权限。包括：基本职能、管辖范围、责任事项、执行标准、责任大小，损害发生概率、控制手段、权限。

③ 身体动作和精神活动。包括：基本姿态和身体动作、感觉集中及持续、智能和发挥、应该维持的心态。

④ 作业条件。包括：工作时间、不卫生性、危险性、作业场所、人际关系、单独作业、协同作业、职业病。

⑤ 熟悉的过程。包括：时间形态变化、空间动作变化、精神过程的变化。

⑥ 就职条件。包括：年龄、性别、知识、熟练和技能、身体素质特性、精神素质特性、人品与人格条件。

（4）职业适应性标准的确定方法

职业适应性标准，一般是在运用下述三个方法进行调查研究的基础上确定的。

① 职务分析法。该法是对各种职务，分析其工作任务、工作条件、工作方式以及工作结果等，并在此基础上描述就职者必须具备的能力和特性。

② 作业人员分析法。该法是对企业中从事相同职务的人群中的优秀者、中等者和较差的人的能力与特性进行比较性的研究，然后找出这个职业大体所需要的能力和特性。

③ 统计分析法。该法是对各种职业和职务的作业者所具有的能力与特性进行调查，统计分析哪些职务需要怎样的能力与特性，以此来考虑某个职业的适应性标准。

应该注意，在描述各种职业和职务的完成能力时；应注意与就业时的培训可能性结合起来。另外，职业适应性标准应随着人的经验水平、要求的适应程度、企业的培养方法等因素的变动而相应调整。

3.3.3 职业适应性测评

职业适应性测评包括测试（test）和评估（evaluation）两个方面。职业适应性测试是指使用各种仪器和量表对被试人员的生理、心理素质进行检测。职业适应性评估是指根据对职业适应性测试数据的综合分析，对被试人员的职业适应性等级给予评价。

3.3.3.1 职业适应性测试项目

职业适应性测试的项目可分为生理测试项目和心理测试项目两大类。

生理测试项目包括：身高、眼高、肩高、臂长、腿长、左右手握力、腿力、腹力、背力、体重、视力、视野、色觉、听力、心功能、肺功能、血压、神经症、精神病等。

心理测试项目包括：静视力、动视力、深视力、夜视力、简单反应、复杂反应、速度估计、操纵机能、注意力、记忆力、智力、人格、态度、情绪等。

测试应保证测评结果有较高的信度和效度。

（1）一般职业适应性测试 对于一般职业适应性测试，主要注重于与职业关系密切并有代表性的能力因素的检测。美国劳工局人力资源部 1947 年正式采用一般能力倾向成套测试，对一般事务性职务或工厂技能性职务均适用。在 GATB 中分析归纳了 10 种能力因素。

① 智力。通过智力测试，了解被检查者的学习能力、理解能力、思维推理能力、判断决策能力等。

② 语言理解和口头表达能力。根据对概念、谚语、成语等的陈述说明，检查对文章内容和词义的理解能力，以及文字表达能力。同时还应该注意口头语言表达能力。

③ 数理能力。指正确而迅速计算的能力。

④ 空间判断能力。是对空间结构、平面与空间的关系、投影图、展开图的理解，以及判断二维或三维空间的视觉能力。

⑤ 形体知觉能力。是了解图片、表格和物体细节，辨别微细部分差别的能力。

⑥ 书写知觉能力。辨别和校正文字、数字和词汇正确或错误的能力。

⑦ 记忆能力。是完整的记住事物、语言和形象的机械记忆能力。

⑧ 反应速度和运动协调性。包括操纵和控制的正确度，四肢配合、手脚运动协调能力，对刺激的反应速度，受到刺激后迅速向指定方向运动的能力，对运动物体的速度和方向变化进行长时间连续的判断和调整的能力，手臂正确定位的能力。

⑨ 手指的灵巧度。手指对微小物体熟练控制和操纵能力。

⑩ 手的灵巧度。手臂对较大物体敏捷巧妙控制的运动能力。

（2） 特种职业测试 对于特殊职业的适应性测试，一般是根据各职业的特点筛选出检测指标体系。金会庆等人经多年研究，确定了以下特殊职业的适应性测试项目。

① 驾驶。包括听力、视力、身高等生理指标和复杂反应时、速度估计、操纵机能、深视力、夜视力、动视力、人格特征、安全态度和危险感受等心理指标。

② 起重机械作业。包括视力、血压、色觉、听力、肺功能、心功能、复杂反应、操纵机能、反应速度、眼手协调性、握力、安全态度等指标。

③ 压力容器作业。包括视力、血压、色觉、听力、肺功能、心功能、复杂反应、操纵机能、夜视力、反应速度、眼手协调性、安全态度等指标。

④ 金属焊接（气割）作业。包括视力、血压、色觉、听力、肺功能、心功能、复杂反应、操纵机能、反应速度、眼手协调性、夜视力、空间知觉、手腕灵活性、安全态度等指标。

⑤ 电工作业。包括视力、血压、色觉、听力、肺功能、心功能、复杂反应、操纵机能、反应速度、眼手协调性、手腕灵活性、指尖灵敏度、安全态度等指标。

3.3.3.2 职业适应性测试方法

生理项目可采用常规的医疗仪器和测量工具进行测试。心理项目的测试比较复杂，一些项目可以用单件心理测试仪器进行测试，而另外一些心理项目则通常采用量表形式用纸笔完成检查。如在 GATB 中确定了 10 种能力倾向的测验 15 种，其中纸笔测验 11 种、器具操作测验 4 种。近年来，随着计算机技术的飞速发展，出现了两类计算机辅助测试系统，一类是微机模拟测试系统，其特点是由软件自动生成测试信号，用键盘或专用控制设备做出响应，微机自动进行数据处理。另一类是计算机综合测试系统，其特点是问卷表格、单件仪器和计算机信息管理系统综合起来。如在驾驶适应性检测系统和特种作业人员职业适应性检测系统中，既有微机模拟测试系统，又有计算机综合测试系统。计算机辅助职业适应性测试系统使检测过程程序化、数据处理自动化，因而大大提高检测效率。

3.3.3.3 测试评价模型及标准

对各测试项目的测试结果进行分析，以得到被试人员的职业适应性等级。对于生理指标，往往根据测定的要求确定评价标准。对于心理指标，就一般职业适应性检测而言，是将测试项目的结果加权组合后，获得欲测量的各种能力倾向得分，再根据国家职业领域分类标准和相应的职业能力倾向模式，评价被测人员适宜从事的职业领域，从而为被测人员升学和就业提供咨询信息。对于特殊职业适应性测试而言，一般采用综合评价方法，即将各指标测结果按一定的权重组，得到一个综合评分，然后与制定的评价标准比较，从而得到被测人员的特种职业适应性等级。

由于检测指标体系一般是多层次的，上、下层次指标构成父子关系，同层次指标间存在联合作用。如协同作用、互补作用、消长作用等。迄今为止，职业适应性综合评价模型均为线性模型，即将指标间关系定为互补关系。至于是否存在其他关系的模型还有待进一步的研究。评价标准的确定，应针对不同的职业进行大样本人群测试，必要时应针对不同性别与不同年龄段制定不同的评价标准。

3.3.4　事务类职务及其适应性

（1）事务类职业的多样性　无论是从工作难度水平看，还是从工作的种类看，事务类职务都是多种多样的。如果按照事务性职业的工作功能来分，有规划、检查、准备、交涉、计算、翻译、记录和整理等。如果从其难度的水平来分，有专业的、半专业的、熟练的、半熟练的、不熟练的等。总之，事务类职业确定是多种多样的，因此，一般性地决定它们的适应性是困难的。

（2）事务类职业的适应性

① 智能方面所需要的能力和特性。归纳概括作为事务类职业的共同性，它的一般基础能力的主要因素是人的智能，其优劣对完成工作的好坏影响深刻而广泛。

在完成职务工作时，它所要求的工作正确度、速度、理解力、知识、口头命令记忆、文字记忆、图像记忆、抽象概念记忆、一般知识能力，以及理解、判断、推理能力等，将因事务工作类型不同而有不同程度的要求。早在1950年，日本职业指导协会就提出了根据一般智能水平选择职业的标准，见表3-8。

表 3-8　根据一般智能水平选择职业的标准

智能水平	智商指数	比例/%	一般特性	职业水准
极优秀	131 以上	3	适于创造性、统帅性工作的智能	高级专业职业水准
优秀	118～130	10	适于行政、事业、指导工作的智能	专业职业水准
良好	107～117	18	适于小规模行政指导工作的智能，适于要求具有抽象能力的高级熟练机械作业	技术职业水准
中等	93～106	38	适于熟练机械作业工作的智能，不大适于要求复杂抽象能力的作业	熟练职业水准
中下	83～92	18	适于简易熟练作业工作的智能	半熟练以及低级熟练职业水准
下等	71～82	10	适于单纯作业工作的智能	需要监督指导，不能理解文件指示
最低	70 以下	3	非常单纯的作业也不能做或更差	最低不熟练职业水准或不适应职业要求

美国曾有人对 300 个事务性工作人员就业时的智商检查成绩高低与就职后晋升情况进行追踪调查，其结果见表 3-9。

表 3-9 就业时的智商检查成绩高低与就职后晋升比例（%）关系

智能检查	只能留在低级职位	已晋升中级职位	可晋升高级职位
优	4	42	54
良	9	71	20
中	33	59	8
下	87	13	0

另外，有关研究表明，兴趣在职业培训中对培训效果影响较大，因此越来越引起重视。

② 知觉能力和动作能力的条件。就知觉能力和动作能力而言，多数情况下事务类工作要比技术和技能类工作的要求低一些。具体可根据不同的事务性工作提出不同的标准要求。例如，在办公室工作的特别要求中，包括领导能力、计算能力、视力与听力、正确度、合作性、注意力集中能力、谨慎、细致、判断能力、手灵巧、精神机敏、端正的习惯、喜欢责任并努力完成之。

③ 性格特性。目前，对事务类工作所需性格特性的研究是非常广泛的。可以说，如果不是异常缺乏均衡的人，各种性格特征的人从事事务性工作，一般是不会有大问题的。但是作为企业方面，往往强调协调性、合作性、责任感、积极性及慎重性等特性。

3.3.5 技术和技能类职业及其适应性

(1) 技术和技能类职业 技术和技能类职业通常可以分为以下几种：

① 一般的技术技能职务工作（生产、修理、保安、检验、检查、驾驶）；
② 使用机械较多的职务工作和以手工作业为主的职务工作；
③ 危险性很高的职务和比较危险的职务；
④ 联合作业形式很强的职务和单独作业倾向很强的职务；
⑤ 销售工程师一类的职务。

(2) 技术和技能类职业的适应性

① 智能特性。对于技术和技能类职业来说，智能特性具有比事务类职业更强的专业技术倾向。一般都必须具备完成职务工作的专业知识、基本学历和智能。不同的技能职业所要求的智能水平不同，对于完成一般层次水平的、特别是以手工作业为主的技能职业来说，多数在"中下智能水平"即可完成。而机械运转、操作、维修、保养等许多技能职业则需要达到"中等智能水平"。联合作业及单独作业倾向很强的职务、销售工程师类的职务要求具有较高的智能水平。

应该指出的是，人们通常认为，智能高的人发生的事故比较少，智能低的人情况相反。但是，事实并非如此。在人员配置时，如果不考虑职务真正必需的智能水平，却不断地把智能高的人配置到智能要求不高的职位上，甚至是危险职业和导致灾害多发的职业，这种做法必须慎重考虑。现代心理学研究表明，对危险职务的事故多发的影响来说，性格特性远比智能的影响大得多。除此以外，还应考虑其他影响因素。

②运动动作能力特性。对直接从事制品生产的操作者，在技能和技术工作中，身体的一部分或全身运动的灵巧度和敏捷性是职业适应性的重要指标，特别是对要求精细动作的职业。

③性格特性。研究表明，动作者气质类型与事故发生率的关系密切。从安全生产考虑，思考型气质的人是最好的，运动型的就不好，特别是不安定型的最不好。另外，精神机能不均衡的人，发生事故较多。兴奋型和抑郁型人的神经活动不均衡，而活泼型和安静型的神经活动均衡。因此，有人称其为安全型。

在现代生产中，不仅是对危险职业，就是对一般的技能职业的适应性来说，也非常重视作为性格特征的细密性、慎重性、耐久性、感情和意志的作用。

④兴趣特性。一些学者经过科学实验研究认为，由于兴趣是工作愿望和积极性的重要条件，因此，承担某项职务时，除应具备必要的智能、知识、运动神经特性和性格特性之外，对该职务是否有兴趣，也是适应性的重要方面。

综上所述，职业适应性测试项目有很多，需要根据职务分析的要求来确定。在选择测试方法时应综合考虑时间、费用、测试方法的难易程度及可靠性等几个方面因素。表 3-10 是美国劳工部提出的对车床工人所要求的特性。

表 3-10　车工所要求的特性（美国劳工部）

程度①				所要求的特性	程度				所要求的特性
D	C	B	A		D	C	B	A	
	√			1. 持续长时间快速工作	√				18. 嗅觉
	√			2. 手的力量	√				19. 味觉
	√			3. 臂的力量		√			20. 触觉
	√			4. 背腰力量			√		21. 肌肉感觉
	√			5. 腿脚力量					22. 记忆物体细节
	√			6. 手指灵巧		√			23. 记忆抽象概念
		√		7. 手和臂的灵巧		√			24. 记忆口头指令
√				8. 脚与腿灵巧		√			25. 记忆文件指令
		√		9. 手与脚协调		√			26. 算术计算
√				10. 手、脚、眼协调		√			27. 智能
	√			11. 两手协调		√			28. 适应性
	√			12. 目测物体大小		√			29. 决断能力
	√			13. 目测物品数量			√		30. 计划能力
		√		14. 知觉对象物的形态			√		31. 积极性
	√			15. 目测运动物速度			√		32. 对机械、工具的理解
	√			16. 视觉敏锐		√			33. 对多项事物的注意
	√			17. 听觉		√			34. 口头表达

续表

程度①				所要求的特性	程度				所要求的特性
D	C	B	A		D	C	B	A	
√				35. 文字表达		√			42. 评定事物性质
	√			36. 处理公众事务		√			43. 身体不舒适下工作
	√			37. 记忆人和姓名		√			44. 色彩辨别
	√			38. 姿容		√			45. 接触公众的能力
	√			39. 在松弛中的注意力	√				46. 身高
	√			40. 情绪安定性	√				47. 体重
	√			41. 在危险条件下工作					

① D—对全面完成该职务不需要；C—在构成职务的多数单元工作中或几个单元工作中有一般性需要；B—在构成职务的多数单元工作中或是主要的甚至最需要熟练的工作中，有超过一般性的需要；A—在构成职务的单元工作中，有非常高度的需要。

3.3.6 职业禁忌

3.3.6.1 精神缺陷者不适宜从事的作业和职务

(1) 观察不正确或狭隘 不适宜从事需要正确观察或广泛调查的作业；不适于担任驾驶员、守卫、监视仪表员、修缮工、实验工、技师、医师等职务。

(2) 不善动脑筋想办法 不适宜从事经常需要创新的作业；不适于担任研究员、设计人员、作业分析员、技师、图案工。

(3) 缺乏把握要点的理解力 不适宜从事总结复杂工作的作业；不适于担任销售员、外交人员、涉外工作、机械工、设备维修工、印刷工、照相制版工等职务。

(4) 缺乏计算能力 不适宜从事以正确计算为基础的作业、与计算有关的作业以及关于空间分配的作业；不适于担任（造船、机械、土木）技师、研究人员、统计员、物价员、电工、机械装配工、木型工、制图工、计算员、销售员、经理等职务。

(5) 缺乏制图能力和美感 不适宜从事制图设计、复制或造型作业；不适于担任制图工、车工、电工、装配工、装修工、钣金工、锻造工、木工、木型工、画工、陶瓷工、制版工、家具工、装饰工、图案工、裁缝工、玻璃工、雕刻工、设计师等职务。

(6) 言语不清、口吃、口音（方言）重或缺乏语言表达能力 不适宜从事接触人的作业或依靠语言的作业；不适于担任销售员、外交人员、收发传达人员、招待员、电话员、广播员、翻译、导游、秘书、教师等职务。

(7) 情绪不均衡，易于激动 不适宜从事重视信用的工作或必须具有稳定性情绪的作业；不适于担任销售、外交、出纳、机械工、精密装配工、配线工、木型工、研磨工、木工、纺织工、护士、教师等职务。

(8) 缺乏耐性和毅力 不适宜从事单调作业和长时间连续作业；不适于担任经理、统计员、检查工、装配工、排字工、装订工、包装工、测量工、传达、守卫、运输工等职务。

(9) 缺乏细心和忠实性 不适宜从事需要细心注意的作业和忠实工作的作业；

不适于担任药剂员、照相人员、精密机械工、精密装配工、精密检验工、印刷工、维修工、调整工、工具保管工、试验工、实验工、清理工、守卫、经理、出纳等职务。

（10）**缺乏沉着果断、行为轻率** 不适宜从事伴随有偶发事件或灾害的作业，需要在面临危机时能够正确果断行动的作业；不适于担任守卫、监视、消防、安全等方面职务，以及不适于担任火车司机、驾驶员、电工、电梯工作人员、起重机手、铸造工、锅炉工、医师等职务。

（11）**缺乏社交性，待人生硬，缺乏礼仪** 不适宜从事接触他人或需要了解他人心情的作业；不适于担任外交、销售、涉外、传达、招待、秘书、服务、教育方面的职务。

（12）**缺乏清洁感** 不适宜从事美丽制品和清洁食品的作业以及接触他人身体的作业；不适于担任制画工、食品工、炊事员、餐厅服务员、裁缝工、制药工、火药制造工、钟表工、包装工、理发师、美容师、护士等职务。

3.3.6.2 身体缺陷者不适宜从事的作业和职务

（1）**身体瘦弱或筋骨单薄** 不适宜从事体力作业或立姿作业；不适于担任手工加工、铸工、锻工、制罐工、搬运工、伐木工、木工、建筑工、矿工、纺织工、护士等职务。

（2）**近视、弱视** 不适宜从事需要好视力的作业；不适于担任精密机械工、仪表装配工、照相师、交通运输工作的船员、驾驶员、守卫等职务。

（3）**色盲** 不适宜从事需要辨别色彩的作业；不适于担任染色工、织布工、印刷工、化学实验工、画工、摄影师、玻璃工、工艺美术工、船员、火车司机、驾驶员、信号员等职务。

（4）**耳聋、耳背** 不适宜从事危险作业和用耳听（听觉）作业；不适于担任乐器工、调音师、锻工、仪表工、无线电工、电视装配工、建筑工、驾驶员、销售员、播音员、接线员、接待工作、护士、守卫等职务。

（5）**讲话缺陷** 不适宜从事需要口才的作业工作；不适于担任销售、外交、涉外、教育、播音主持、接待、接线员等职务。

（6）**味觉缺陷** 不适宜从事烟酒茶制造或其他需要品尝的作业；不适于担任饮食、糕点、酿造等食品制造方面的职务。

（7）**嗅觉缺陷** 不适宜从事药品、食品及原料、化妆品作业；不适于担任化妆品销售、药剂师、炊事员、厨师、化学试验工等职务。

（8）**呼吸器官疾病，包括变态反应** 不适于从事粉尘多的作业；易吸入酸、煤气、蒸气的作业；食物及烟酒制造作业或接触他人的作业；不适于担任手工加工、翻砂工、铸工、电工、钣金工、研磨工、镜片工、锻工、纺织工、化纤工、毛皮工、制鞋工、陶瓷工、水泥工、镀金工、矿工、食品制造工、糕点师、厨师、食堂服务员、护士、保姆等职务。

（9）**心脏病** 不适宜从事繁重作业、高空作业和立姿作业；不适于担任手工加工、翻砂工、铸工、锻工、制罐工、建筑工、搬运工等职务。

（10）**皮肤病** 不适宜从事粉尘和潮湿作业、酸碱等腐蚀作业；家具、烟、酒制造作业；接触人体的物品制造和接触他人的作业；不适于担任电池工、钣金工、电镀工、染色工、裱糊工、化学工、印刷工、酿造工、制刷工、毛皮工、瓦匠、石匠、雕刻工、药剂师、厨师、服装加工、洗涤工、护理工、美容师、理发师等职务。

（11）**体臭** 不适宜从事接待宾客的工作作业；不适于担任销售员、食堂或餐厅服务员等职务。

（12）**汗手或多汗症** 不适宜从事接触他人或物品的作业或汗迹易于损坏机械仪器的作业；不适于担任枪炮工、金银首饰工、机械工、磨镜片工、仪表工、电镀工，以及针织、装订、制帽、制衣、照相、厨师、理发、打字员等职务。

（13）**笨拙** 不适宜从事灵敏作业或两手作业；不适于担任绞车、木工旋床、车工、翻砂工、木型工、装配工、调整工、工具工、包装工、制图员、画工、雕刻工等职务。

（14）**脚疾（扁平足、肌肉麻痹、痉挛）** 不适宜从事立姿作业或长途行走作业；不适于担任搬运工、机械工、投递员、翻砂造型工、铸工、守卫等职务。

（15）**动作迟钝** 不适宜从事危险有害作业；不适于担任炉前工、铸工、造船工、炼钢工、建筑工、矿工等职务。

（16）**癫痫** 不适于在台阶和升降地势作业；不适宜从事搬运重物、使用机械、处理尖锐物体或处理有酸、烟火的作业；不适于担任搬运工、铸工、制罐工、机械工、化学处理工、电镀工、驾驶员等职务。

（17）**风湿症** 不适宜从事室外作业、浸水作业和潮湿作业；不适于担任洗涤工、染色工、皮革工、泥瓦匠、厨师、洒水工等职务。

（18）**疝气** 不适宜从事重体力劳动作业；不适于担任翻砂工、样板工、制罐工、铸工、搬运工等职务。

思考题

1. 列举疲劳的事例，说明疲劳对安全生产的影响。
2. 阐述疲劳产生的机理。
3. 简述疲劳的检测方法，具体说明 1 种方法。
4. 如何预防疲劳，做好安全生产？
5. 什么是应激，如何理解应激现象？
6. 应激源主要有哪些类别，如何看待这些应激源？
7. 如何正确理解应激效应，怎样控制应激行为。
8. 分析职业适应性与事故倾向性的区别，做好职务分析与职业适应性测评。
9. 了解事务类职务、技术和技能类职业，杜绝职业禁忌。

4 生产过程中人的不安全行为

美国心理学家勒温认为，人的行为受人的内在心理、生理因素与环境因素相互作用的影响。本章将从研究人的行为入手，探讨人的行为规律，预测并控制人的行为，减少不安全行为在生产过程中出现，保障企业的安全生产。

4.1 人的行为概述

4.1.1 行为的实质

人的行为是一个非常复杂的问题。一般人的行为是泛指人外观的活动、动作、运动、反应或行动。在许多情况下，人的行为是决定事故发生频率、严重程度和影响范围的重要因素。因此，探索行为的实质有利于改变和控制人的行为，从而减少事故发生率及其严重程度和影响范围。

关于行为的实质，是不同的心理学派研究和争论的焦点。早期行为主义心理学（behaviorism psychology）认为，行为是由刺激所引起外部可观察到的反应。如肌肉收缩、腺体分泌等，可简单归结为刺激（S）→反应（R）模式。近代"彻底的行为主义"者则把一切心理活动均视为行为。如斯金纳（B. F. Skinner）还把行为区分为 S 型（应答性行为）和 R 型（操作性行为），前者是指由一个特殊的可观察到的刺激或情境所激起的反应，后者是指在没有任何能够观察到的外部刺激或情境下发生反应。在此基础上，工业心理学家梅耶（R. F. Maier）提出下列模式：

$$S(刺激或情境)→O(有机体)→R(行为-反应)→A(行为完成)$$

他认为，刺激或情境，两者是不可分割的。在生产环境中，诸如光线、声音、温度等，乃至班组同事或管理人员的言行举止都可以形成刺激，刺激被人所感知，便成了情境。有机体是指个体由于遗传和后天条件而获得的个体的独特性、个性发展的成熟度、学习过的技术和知识需求、动机、态度、价值观等。行为-反应包括身体的运动、语言、表情、情绪、思考等。行为完成包括改变情境、生存活动，逃避危险、灾害及他人的攻击等。

梅耶认为，相同的行为（例如违反操作规程、缺乏劳动热情、工作散漫），可来自不同的刺激。如劳动用工制度、工资报酬和奖金、生产管理、个人因素等。因此，必须因人而异，根据具体情况予以解决。另一方面，相同的刺激在不同人身上，也可以产生不同的行为。例如，家庭纠纷对职工工作行为的影响可能有：①做白日梦，脱离实际，终日沉溺于幻想之中；②忽略安全措施，易出工伤事故；③不注意产品的质和量，生产效率下降；④作为一种摆脱，拼命地工作；⑤对管理人员的批评过于敏感以致采取不合作态度；⑥心情忧郁、烦闷、易和同事争吵。梅耶推而论之，认为相同的管理措施也会使职工产生许多不同的行为。解决的办法是提供咨询服务，上下沟通，帮助职工解决情绪上和适应上的问题。

德国心理学家莱文（K. Lewin）否定行为主义心理学派的刺激——反应模式，提出心理学的场理论。他认为人就是一个场，"包括这个人和他的心理环境的生活空间（LSP）"，行为是由这个场决定的。基本模式为：

$$B(行为) = f[P(人), E(环境)] = f(LSP)$$

上式表明，行为是人和环境的函数，行为是随人和环境的变化而变化的。根据莱文学说，一个人有了某种需要（包括物质的和精神的两方面），便产生一种心理紧张状态，称为被激励状态，这时人就会采取某种行为，以达到他的目的。当目的达到后，需要得到满足，心理紧张状态便解除了，随后又会有新的需要，激励人去进行达到新的目的的行为，如图 4-1 所示。

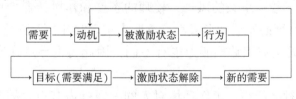

图 4-1　莱文的需要与激励模式

日本的鹤田根据莱文的模式，又提出了事故发生模式：

$$A(事故) = f[P(人), E(环境)] = f(LSP)$$

则事故的发生是由于人的因素和环境因素相互关联、共同作用的结果。

综上所述，人的行为实质就是人对环境（自然环境、社会环境）外在的可观察到的反应，是人类内在心理活动的反映。行为是人和环境相互作用的结果，并随人和环境的改变而改变。

4.1.2 人的行为个体差异和共同特征

4.1.2.1 人的行为个体差异

相同的行为可来自不同的原因，相同的刺激或情境却可以产生不同的行为，这主要取决于个体的差异。造成行为个体差异的主要原因有如下几方面。

(1) 遗传因素 人的体表特征在很大程度上受种族、亲代遗传的影响，如身高、身体尺寸、体格、体力等，虽也受环境因素（如营养、锻炼）的影响，但在某种程度上，受遗传的影响较大。体力和人体尺寸的差异与人的安全行为，在某些场合下往往会表现出来。如在发生异常事件时，值班者若是一个力气较小的女性，她虽然已觉察到危险，但因体力不够，扳不动制动闸，就无法阻止事态恶化。又如人的气质，在很大程度上受遗传因素的影响，俗话说："江山易改，禀性难移"，主要是指人的气质。人的气质虽受后天环境的影响也会发生改变，但与其他个性心理特征比较，气质则更难改变。如一个"慢性子"的人，一辈子可能也不会改变。由于气质使人的心理活动及外部表现都打上个人烙印，因此，气质的差异也必然带来行为个体差异。再如人的智力除受后天环境影响外，在一定程度上也受遗传影响，智力受遗传因素影响因人而异，少者占30%（即影响该人智商高低的因素30%来自遗传），多者达90%。因此，由遗传因素所决定的行为往往很难改变。

(2) 环境因素 环境是对人的行为影响最大的因素。环境的因素的影响表现在以下几方面。

① 家庭。家庭对人的行为有明显深刻的影响。特别是儿童时期，家庭教育和父母的言传身教，对其行为的发育、成长、形成有很大的影响。如一些破碎家庭给儿童心灵带来的创伤，常使儿童成长后有异常的行为，如残忍、厌世、轻生等。家庭是社会组成的基础，是人的主要生活环境之一，如若家庭关系处理不好，夫妻不和或经常陷入严重的家庭纠纷，因情绪波动而导致不安全行为，常是发生事故的重要原因。

② 学校教育。学校、班级的风气、教师的态度和作风，青少年时代的同学和朋友，对人的性格、态度的发展和形成都有重要影响。此外，人所受的教育不同，知识水平高低，对危险的预知和觉察能力也有不同，因此，也导致在安全行为上表现出个体差异。

③ 工作环境和社会经历。工作环境对人的习惯行为有很大的影响，如人的习惯性行为带有其职业特点。社会经历（包括工作经验）不同，常给人的行为带来差异。如与本工种直接有关的经验不同，常使人在处理异常事件时做出不同反应。社会阅历丰富的人，常为避免和领导争论而隐藏自己的观点。

④ 文化背景。文化背景不同，在一定程度上影响了人的观念和价值取向。如美国鼓励人才流动，工人一向以跳槽为荣，工人在退休前都曾在许多工厂干过。而日本却重视终身制，将企业或工厂视为"家族"，转到另一家企业或工厂，则视为"背叛"行为。

(3) 心理因素 主要指心理过程和个性心理。心理过程虽是人类共有的心理现象，但具体到个体而言，却往往表现出种种不同特征，因而造成个体行为的不同。再者，由于每个人的能力、性格、气质不同，需要、动机、兴趣、理想、信念、世界观不同，便构成了个体不同的特征。因而决定了每个人都有自己的行为模式，从而给行为带来千差万别的个体差异。

(4) 生理因素　人的身体状况不同，使得安全行为也有很大差异。一些需要通过辨别颜色确定信号的工种，如火车司机、汽车司机等，若对某种颜色色盲或色弱是危险的。又如手是人操纵机器的主要部位，手的大小与操作装置、安全装置的设计密切相关。若个别人手比一般人群的手过大或过小，在某些情况下，常是关系到个别人的安全行为，造成事故的因素。此外，患有某种疾病的人在从事某种作业时，亦可能会出现事故。如高血压患者不宜从事高空作业，有癫痫、癔症和皮肤对汽油过敏者不宜从事接触汽油作业。

由于每个人的上述因素各异，因此，人的行为（包括安全行为）也必然有所不同，从而表现出个体差异的特点。

4.1.2.2　人的行为共同特征

人的行为在个体之间尽管千差万别，但存在着一些共同行为特征。根据心理学家研究结果，人的行为共同的特征至少有：自发行为（自动自发而不是被动地被外力引发的行为）；有原因的行为（有一定原因产生的行为）；有目的的行为（为实现一定目标而进行的行为）；持久性行为（在目标没有达到之前，行为有时可能改变方式，但不会终止）；可改变的行为（经学习或训练而改变的行为）。下面主要讨论与安全有关的人的行为共同的特征。

(1) 人的空间行为（human proximics）　心理学家发现，人类有"个人空间"的行为特征，这个空间是以自己的躯体为中心，与他人保持一定距离，当此空间受到侵犯时，会有回避、尴尬、狼狈等反应，有时会引起不快、口角和争斗。与"个人空间"有关的距离有以下四种。

① 亲密距离。指与他人躯体密切接近的距离，此距离有两种，一种是接近状态，指亲密者之间的爱抚、安慰、保护、接触、交流的距离。此时身体可以接触或接近。二是正常状态（15～45cm），头、脚互不相碰，但手能相握或抚摸对方。

② 个人距离。指个人与他人之间的弹性距离。此距离也有两种，一是接近状态（45～75cm），是亲密者允许对方进入而不发生为难、躲避的距离。但非亲密者进入此距离时有强烈的反应。二是正常距离（75～100cm），是两人相对而立，指尖刚能接触的距离。

③ 社会距离。指参加社会活动时所表现的距离。接近状态为120～210cm，通常为一起工作的距离。正常状态为210～360cm，正式会谈、礼仪等多按此距离进行。

④ 公众距离。指演说、演出等公众场合的距离。其接近状态为360～750cm，正常状态在7.5m以上。

此外，人的空间行为还包括独处的个人空间行为。例如，从事紧张操作和脑力劳动时，都喜欢独处而不喜欢外界干扰。否则，注意力会分散，不但效率不高，有时还会发生差错或事故。

（2）**侧重行为**　人体的构造是完美的，通过胸骨和脊柱中线的矢状面，人体形态左右对称。但就内脏而言，心脏稍偏左，肝脏偏右，右肺由上、中、下三叶构成，左肺只有上、下两叶。因此右半身比左半身重。运动时由于呼吸加剧，由三叶构成的右肺比左肺扩张厉害。右侧的肋骨也比左侧高，使本来就偏右的肝脏更加右移，因而重心越来越倾向右边。因此有些学者认为，为了平衡，人常以右脚为支柱，造成身体微微右弯，所以习惯使用右手。但最主要的，还是人的大脑。大脑由左右两侧构造完全相同的半球构成，因为大多数人的优势半球是左半球，左半球支配右侧，所以大多数人的惯用侧是右侧。

侧重行为还表现在楼梯的选择上。日本的应用心理学家藤泽伸介在一个建筑物的T形楼梯（左右楼梯距离相等，都能到达同一地点）作观察，发现上楼梯的人，左转弯者占66%，向右转弯者只占34%。而性别、是否带物品、物品持于何侧、哪只脚先迈步等都不是选择左右方向的决定因素。他认为，心脏位于左侧，为了保护心脏，同时用右手的人习惯用有力的右手向外保持平衡，所以常用左手扶着楼梯（或左边靠向建筑物，心理上有所依托）向上走；此外，用右手者右脚有力，表现在步行形态上就是左侧通行。所以无论从生理上还是心理上，左侧通行对人来说，都是稳定的、理想的。因此，左侧通行的楼梯在发生灾害（如火灾）时，对人的躲避行为是有好处的。

（3）**捷径反应**　在日常生活和生产中，人往往表现出捷径反应，即为了少消耗能量又能取得最好效果而采用最短距离行为。例如伸手取物，往往是直线伸向物品，穿越空地往往走对角线等。但捷径反应有时并不能减少能量消耗，而仅是一种心理因素而已。如同时可以从天桥或地道穿越马路，即使二者消耗的能量差不多，但多数人宁愿走地道。乘公共汽车，宁愿挤在门口，由于人群拥挤消耗能量增多，而不愿进入车厢中部人少处。这都是心理上的捷径反应，实际上并不能节省能量。

（4）**躲避行为**　当发生灾害和事故时，人们都有一些共同的避难行动特征，这些行动特征构成了躲避行为。如发生恐慌的人为了谋求自身的安全，会争先恐后地谋求少数逃离机会，但有高度责任感和组织训练有素的人会挺身而出，指挥惊慌失措的群众，面对异常的情况，采取必要的措施。心理学家通过实验研究表明，沿进来的方向返回，奔向出入口等，是发生灾害和事故躲避行为的显著特征。

如对火灾躲避行为的特征是：

① 以最短路线奔向出入口；

② 向火烟伸延的方向逃离；

③ 选择障碍物最少的路线走；

④ 顺着墙向亮处走；

⑤ 按左转弯的方向走；

⑥ 沿进来的方向返回；

⑦ 随着人流走；

⑧ 沿走惯的道路和出口走；

⑨ 向着地面方向走（高楼向下，地下室向上）。

对于飞来的物体打击，心理学家曾作过试验，对前方飞来的物体打击，约有80%的人会发生躲避行为，有20%的人未作反应或躲避不及。其结果如表4-1所示。

表 4-1　躲避方向的特点

躲避方向	物　体　飞　来　方　向			合　计
	由左前方	由正前方	由右前方	
左侧/%	19.0	15.6	16.1	50.7
躲避不及/%	3.0	10.4	7.3	20.7
右侧/%	11.3	7.4	9.9	28.6
合计/%	33.3	33.4	33.3	100
左右侧比率	1.68	2.1	1.62	1.77

由表4-1可见，躲避方向的左右侧比率虽很低，但向左躲避为向右躲避的1.17倍。对正前方的飞来物，比率却高至2.1倍，即向左侧躲避的人为向右侧的两倍以上。这是因为大多数人惯用右侧，右手、右脚较强劲，因此向左侧躲避的倾向就较明显。

但对上方有危险物落下时，实验研究指出，有41%的人只是由于条件反射采取一些防御姿势。如抱住头部或上身向后仰想接住落下物或弯下腰等。有42%的人不采取任何防御措施，只是僵直地呆立不动（不采取措施的人大多数是女性），只有17%的人离开危险物落下地区，向后方或两侧闪开，并以向后躲避者居多。

由此可见，人对于自头顶上方落下的危险物的躲避行为，往往是无能为力的。因此在工厂和建筑工地，被上方落下的物体（如机械零件、钢筋等）撞击死的事故屡见不鲜。因此，在一些作业场所（如建筑工地、钢铁和化工企业等），头戴安全帽是最低限度的安全措施。如果突然出现落下物，必须采取行动，哪怕只偏离落下点半步也可。其次，就是尽量缩小与危险物接触的表面积，采取身体蜷曲的姿势，千万不可用伸手企图去接住落下物。

（5）从众行为　人遇到突然事件时，许多人往往难以判断事态和采取行动。因而使自己的态度和行为与周围相同遭遇者保持一致，这种随大流的行为称为从众行为或同步行为。女性由于心理和生理的特点，在突然事件时，往往采取与男性同步的行为。一些意志薄弱的人，从众行为倾向强，表现为被动、服从权威等。有人做过试验，当行进时前方突然飞来危险物体，如前方两人同时向一侧躲避，跟随者会不自觉向同侧躲避。当前方两人向不同侧躲避时，第三人往往随第二人同侧躲避。

（6）非语言交流（non-verbal communication）　靠姿势及表情而不用语言传递意愿的行为称为非语言交流（也称体态交流）。人表达思想感情的方式，除了语言、文字、音乐、艺术之外，还可以用表情和姿势来表达，这也是一种行为。有人指出，人脸可以作出约25万种不同表情，人体可以作出约1000多种姿势。因此，可根据人的表情和姿势来分析人的心理活动。

在生产中也广泛使用非语言交流，如火车司机和副司机为确认信号呼唤应答所用的手势，桥式类型起重机或臂架式起重机在吊运物品时，指挥人员常用的手势信号、旗语信号和哨笛信号，都属于非语言的行为。在航运、地勤人员导航、铁道等交通部门广泛使用的通讯信号标志，工厂的安全标志，从广义上来说，也属于非语言交流行为的范畴。

4.1.3 人不安全行为的心理与生理因素分析

4.1.3.1 情绪水平失调

生产中人不安全行为的心理因素之一就是人的情绪水平失调。关于情绪的研究已有 50 余年的历史。美国心理学家普拉切克认为情绪由三个维度组成，强度、相似性和两极性。并给出了锥形模型，如图 4-2 所示。在一个倒置的锥体上，垂直方向表示强度，最强的情绪在锥体的顶部，最弱的情绪在锥体的底部。如憎恨比厌恶强，厌恶比厌烦强。锥体被切成八个扇形，分别代表狂喜、悲痛、警惕、惊奇、狂怒、恐惧、接受和憎恨八种基本情绪。

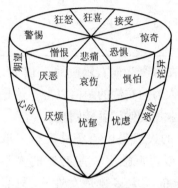

图 4-2 情绪的三维度锥形模型

由于人是社会的人，周围发生的一切都会影响人的情绪变化。这种情绪变化的外表现是表情动作，内部则使心脏、血管、呼吸、内分泌腺等发生生理变化。这时，人的意识范围变窄，判断力降低，失去理智和自我克制能力。近代研究表明，人的大脑中枢分布有两种情绪中枢，即快乐中枢和痛苦中枢。快乐中枢反映积极兴奋的刺激，能调动人体内部器官释放潜能。但激动情绪也会使某些机能下降，产生不安全行为。如重要的节假日前夕，往往事故增多，而且常发生重大伤亡事故。痛苦中枢反映人对客观事物的消极抑制刺激，使各器官活力下降。过高或过低的情绪激动水平，使人的动作准确度仅在 50% 以内，注意力无法集中，不能自控。

情绪既然影响行为，这就要求一定的行为要与一定的情绪水平相匹配。不同性质的劳动要求不同的情绪水平，如从事脑力劳动时，就要求相对较低的情绪水平。从组织管理上和个体主观上若能注意创造健康稳定的心理环境并用理智控制不良情绪，由情绪水平失调导致的不安全行为就可以大幅度降低。

4.1.3.2 个性对不安全行为的影响

显然，一些个性有缺陷的人，如思想保守、容易激动、胆小怕事、大胆冒失、固执己见、自私自利、自由散漫、缺乏自信等，对人的不安全行为特别是在出现危险情况时会产生不利影响。因此在分配工作时，关键岗位最好不要安排个性有缺陷的人单独工作，这些人应该在有人指导下一起工作。个性对不安全行为的影响主要表现在以下两方面。

（1）态度的影响 态度是指对人和事的看法在其言行中的表现。态度可定义为在某种情况以一种特定方式表现的倾向。在此定义下心理学中最棘手的问题之一是，言行是否一致，想的和做的是否一样？态度和意念、行为意图及行为有一定的关系。

态度就是一个人对某事、某人或工作满意不满意。意念是把一个物体、一个人或情况（不论真假）的信息联系起来做出的想法，如认为一个防护罩会起妨碍作用。行为意图是如果将来出现某种情况时，一个人准备如何做的打算，如高处作业时应该想到使用安全带。行为是指实际行动，如告诉工人应该戴安全帽并实际监督他戴上安全帽。

(2) 动机的影响 动机是用来说明人们要努力达到的目的，以及用来追求这些目的的动力。心理学家已指出了不同的动机理论，特别是劳动中的动机，动机不同可能对安全产生不同的效果。

① 经济动力。该理论认为一旦工作计划确定以后，人们的工作动力是金钱。按照这种观点，人的工作动力是为了挣到更多的钱，如有些计件工资的工人，为了提高产量、多得报酬而发生事故的例子，以及由个人承包的汽车司机因超时劳动或违章多载客而造成事故都屡见不鲜。

② 社会动力。该理论认为人的工作动力不是金钱而是社会需要。他们认为自己的工作有价值。是为了人类的利益和社会的需要。对于有一定危险但社会必需的工作，只有具有这种动力的人才能承担。

③ 自我实现动力。即"需要层次理论"，人在工作中有自我成长的要求。工作的动机是逐步提高的，其最终目的是要使自己在事业上获得成就。为了实现这一动机，就会考虑到自己在工作中的安全，离开了安全，就不可能有事业的成就。

④ 综合动力。现代动机理论努力把各种理论中有价值的部分结合起来，并认识到人与人之间的动机有差别，而且一个人在不同时间也有差别。对人的鼓励需要尽可能与每个人的情况相结合，这个理论还认识到人的系统要比早期所假定的系统复杂得多，其中期望得到报酬在动机中占重要地位，因为一个人在决定做任何事时，总是想达到最大的个人所得，不会做出对自己不利的决策。

如果人们了解到要费很大努力才能增加报酬或增加的报酬实际上与付出的劳动无关时，这时人的行为就不会受到报酬的影响。在这种情况下，人的工作动力也会受到影响，当出现危险情况时，这种人主动去排除危险的可能性不大。但当他们认为消除危险的重要意义时，也可能会积极参加。

综上所述，人的行为受各种因素的影响，可靠和良好的个性、正确的态度和正确的动机才能保证安全生产。在工作中应该依靠这些人作为生产骨干去帮助有缺陷的工人来共同维护生产的安全。

4.1.3.3 人的行为退化

人只有在一定环境条件下才能达到最佳的行为。人行为具有灵敏性和灵活性，人行为易受许多因素的影响。与机器不同，人的行为在比较宽的环境条件下会出现一种缓慢而微妙的减退，但要完全损坏是比较少的。人的行为在出现下列情况时会减退：

① 劳动时间太长而产生疲劳；

② 由于干扰了每天的生活节律，在不能有效地发挥体能作用的时间内劳动；

③ 失去完成任务的动力；

④ 缺乏鼓励，结果激励下降；

⑤ 在包括体力和心理的矛盾、威胁条件下工作，或在威胁人体的自我平衡或应付机能的条件下劳动而产生应激反应。

4.1.3.4 人的注意力问题

在调查人的不安全行为对伤亡事故的影响时，往往要探究人的注意力问题。"漫不经心"、"心不在焉"、"不注意"等造成的事故屡见不鲜。但是发生事故时不能把原因简单地归咎于某人的不注意，许多情况下除非玩忽职守者，并非人们故意制造不注意，谁都不会自始至终地集中注意力。不注意是人的意识活动的一种状态，是意识形态的结果，不是原因。单纯提倡注意安全是不够的，虽然是必要的。仅靠提醒工作人员，注意安全作为搞好安全工作的主要杠杆则是一种非科学的精神主义安全管理法。

有关注意的问题在前面已经详细讨论过，此处不再述及。

4.2 人的行为失误

4.2.1 人的行为失误概述

4.2.1.1 人失误的概念

人的不安全行为是导致许多事故的直接原因。在安全生产中研究不安全行为的发生原因与预防措施具有重要意义。但是到目前为止，对不安全行为本身的概念还有许多争议，也没有一个严格科学的定义。

青岛贤司曾指出，从发生事故的结果来看，确实已经造成了伤害事故的行为是不安全的，或者说，可能造成伤害事故的行为是不安全行为。然而，如何在事故发生之前判断人的行为是否是不安全行为，则往往很困难。人们只能根据以往的事故经验，总结归纳出某些类型的行为是不安全行为，供安全工作人员参考。

与工业安全领域长期使用的术语"人的不安全行为"不同，在现代安全研究中采用了术语"人失误（human error）"。按系统安全的观点，人也是构成系统的一种元素，当人作为一种系统元素发挥功能时，会发生失误。与人的不安全行为类似，人失误这一名词的含义也比较含蓄而模糊。现在对人失误的定义很多，对其含义加以解释。其中比较著名的论述有以下两种。

① 皮特（Peters）定义人失误是人的行为明显偏离预定的、要求的或希望的标准，它导致不希望的时间拖延、困难、问题、麻烦、误动作、意外事件或事故。

② 里格比（Rigby）认为：所谓人失误，是指人的行为的结果超出了某种可接

受的界限。换言之，人失误是指人在生产操作过程中，实际实现的功能与被要求的功能之间的偏差，其结果可能以某种形式给系统带来不良的影响。根据这种定义，斯文（Swain）等人指出，人失误发生的原因有两个方面：一是工作条件设计不当，即规定的可接受的界限不恰当造成的人失误；二是由于人的不恰当行为引起的失误。

综合上面两种论述，人失误是指人的行为的结果偏离了规定的目标，或超出了可接受的界限，并产生了不良的影响。关于人失误的性质，许多专家学者进行了研究，其中约翰逊关于人失误问题做了如下的论述：

① 人失误是进行生产作业过程中不可避免的副产物，可以测定失误率；

② 工作条件可以诱发人失误，通过改善工作条件来防止人失误比对人员进行说服教育、训练更有效；

③ 关于人失误的许多定义是不明确的，甚至是有争议的；

④ 某一级别人员的人失误，反映较高级别人员的职责方面的缺陷；

⑤ 人们的行为反映其上级的态度，如果凭直觉来解决安全管理问题，或靠侥幸来维持无事故的纪录，则不会取得长期的成功；

⑥ 惯例的编制操作程序的方法有可能促使人失误发生。

实际上，不安全行为也是一种人失误。一般来讲，不安全行为是操作者在生产过程中发生的、直接导致事故的人失误，是人失误的特例。一般意义上的人失误，可能发生在从事计划、设计、制造、安装、维修等各项工作的各类人员身上。管理者发生的人失误是管理失误，这是一种更加危险的人失误。

4.2.1.2　人失误的分类

在安全工程研究中，为了寻找人失误的原因，以便采取恰当措施防止发生人失误，或减少人失误发生概率，对人失误进行分类，其中下面两种分类方法比较流行。

① 里格比按人失误原因将人失误分为：随机失误、系统失误和偶发失误三类。

a. 随机失误（random error）。由于人的行为、动作的随机性引起的人失误。例如，用手操作时用力的大小，精确度的变化，操作的时间差，简单的错误或一时的遗忘等。随机失误往往是不可预测、不能重复的。

b. 系统失误（system error）。由于系统设计方面的问题或人的不正常状态引起的失误。系统失误主要与工作条件有关，在类似的条件下失误可能发生或重复发生。通过改善工作条件及职业训练能有效地克服此类失误。系统失误又有两种情况：一是工作任务的要求超出了人的能力范围；二是在正常操作条件下形成的下意识行动、习惯使人们不能适应偶然出现的异常情况。

c. 偶发失误（sporadic error）。偶发失误是一些偶然的过失行为，它往往是事先难以预料的意外行为。许多违反操作规程、违反劳动纪律等不安全行为都属于偶发失误。

应该注意，有时对人失误的分类不是很严格的，同样的人失误在不同的场合可能属于不同的类别。例如，坐在控制台前的两名操作工人，为了扑打一只蚊子而触动了控制台上的启动按钮，造成了设备误运转，属于偶发失误。但是，如果控制室里蚊子很多，又无有效的灭蚊措施，则该操作工人的失误应属于系统失误。

② 按人失误的表现形式，把人失误分为如下三类。

a. 遗漏或遗忘（omission）。

b. 做错（commission），其中又可分为几种情况：弄错、调整错误、弄颠倒、没按要求操作、没按规定时间操作、无意识的动作、不能操作。

c. 进行规定以外的动作（extraneous acts）。

除上述两种分类方法外，还有按工作性质进行人失误分类的 HIF（human initiated failure）分类法，以及 PSTE（personnel subsystem test evaluation）分类法等。

4.2.1.3 从心理学角度看人失误的原因

认知心理学认为，"感觉（信息输入）-判断（信息加工处理）-行为（反应）"构成了人体的信息处理系统，所谓不安全行为就是由于信息输入失误导致判断失误而引起的误操作。按照"感觉-判断-行为"的过程，可对产生不安全行为的典型因素作如下的分类。

1）感觉（信息输入）过程失误　如没看见或看错、没听见或听错信号，产生的原因主要有：

① 信号缺乏足够的诱引效应。即信号缺乏吸引操作者的注意转移的效应。注意是心理活动对一定对象的指向和集中，人不可能一直不停地注意某一对象，另一方面工作环境中有许多因素迫使人们分心。所以，为确保及时发现信号，仅依赖操作者的感觉是不够的，关键在于信号必须具备较高的诱引效应，以期有效地引起操作者的注意。

② 认知的滞后效应。人对输入信息的认知能力，总有一个传递滞后时间。如在理想状况下，看清一个信号需 0.3s，听清一个声音约需 1s，若工作环境由于其他因素干扰，这个时间还要长些。若信息呈现时间太短，速度太快，或信息不为操作者所熟悉，均可能造成认知的滞后效应。因此，在有些人机系统中，常设置信号导前量（预警信号），以补偿滞后效应。

③ 判别失误。判别是大脑将当前的感知表象的信息和记忆中信息加以比较的过程。若信号显示方式不够鲜明，缺乏特色，则操作者的印象（部分长时记忆和工作记忆）不深，再次呈现则有可能出现判别失误。

④ 知觉能力缺陷。由于操作者感觉通道有缺陷（如近视、色盲、听力障碍），不能全面感知知觉对象的本质特征。

⑤ 信息歪曲和遗漏。若信息量过大，超过人的感觉通道的限定容量，则有可能产生遗漏、歪曲、过滤或不予接收现象。输入信息显示不完整或混乱（特别是噪声干扰），在这种情况下，人们对信息的感知将以简单化、对称化和主观同化为原则，对信息进行自动的增补修正，其感知图像成为主观化和简单化后的假象。此外，人的动机、观念、态度、习惯、兴趣、联想等主观因素的综合作用和影响，亦会将信息同化改造为与主观期望相符合的形式再表现出来。如小道消息的传播，越传越走样，

就是一个很好的例子。

⑥ 错觉。这是一种对客观事物不正确的知觉，它不同于幻觉，它是在客观事物刺激作用下的一种对刺激的主观歪曲的知觉。错觉产生的原因十分复杂，往往是由环境、事物特征、生理、心理等多种因素引起的，如环境照明、眩光、对比、物体的特征、视觉惰性等都可引起错觉。

2）判断（信息加工处理）过程失误。正确的判断，来自全面的感知客观事物，以及在此基础上的积极思维。除感知过程失误外，判断过程产生失误的原因如下。

① 遗忘和记忆错误。常表现为：没有想起来、暂时记忆消失、过程中断的遗忘，如在作业时，突然因外界干扰（叫听电话、别人召唤、外环境的吸引等）使作业中断，等到继续作业时忘记了应注意的安全问题。

② 联络、确认不充分。常见有如下情况：联络信息的方式与判断的方法不完善、联络信息实施的不明确、联络信息表达的内容不全面、信息的接收者没有充分确认信息而错误领会了所表达的内容。

③ 分析推理失误。多因受主观经验及心理定势影响，或出现危险事件所造成的紧张状态所致。在紧张状态下，人的推理活动受到一定抑制，理智成分减弱，本能反应增加。有效的措施是加强危险状态下安全操作技能训练。

④ 决策失误。主要表现为延误做出决定时间和决定缺乏灵活性。这在很大程度取决于个体的个性心理特征及意志的品质。因此，对一些决策水平要求较高的岗位，必须通过职业选拔，选择合适的人才。

3）行为（反应）过程失误　常见的行为过程失误的原因主要如下。

① 习惯动作与作业方法要求不符。习惯动作是长期在生产劳动过程中形成的一种动力定型，它本质上是一种具有高度稳定性和自动化的行为模式。从心理学的观点来看，无论基于什么原因，要想改变这种行为模式，都必然有意识地和下意识地受到反抗，尤其是紧急情况下，操作者往往就会用习惯动作代替规定的作业方法。减少这类失误的措施是机器设备的操作方法必须与人的习惯动作相符。

② 由于反射行为而忘记了危险。因为反射（特别是无条件反射）是仅仅通过知觉，无需经过判断的瞬间行为，即使事先对这一不安全因素有所认识，但在反射发出的瞬间，脑中却忘记了这件事，以致置身于危险之中。反射行为造成的危害的情况很多，特别是在危险场所，以不自然姿势作业时，一旦偶然的恢复自然状态，这一瞬间极易危及人身安全。如有一埋头伏案设计的电器工程师忽然想起要测一下变电站电机的相应尺寸，于是没换工作服而又穿着长袖衫到低矮的变电间屈身蹲下去实测，头上有高压线，正当测量时，右手衣袖脱卷，他下意识地举起右手企图用左手卷上右衣袖，结果右手指尖触及电线而触电死亡。因此，对进入危险场所必须有足够的安全措施，以避免反射行为造成伤害。

③ 操作方向和调整失误。操作方向失误主要原因有：有些机器设备没有操作方向显示（如风机旋转方向），或设计与人体的习惯方向相反。操作调整失误的原因主要是，由于技术不熟练或操作困难，特别是当意识水平低下或疲劳时这种失误更易发生。

④ 工具或作业对象选择错误。常见的原因有：工具的形状与配置有缺陷（如形状相同但性能不同的工具乱摆乱放），记错了操作对象的位置、搞错开关的控制方向（如有一井下巷道装岩机司机，要"前进"却按了"后退"的按钮，致使装岩机后退将其挤压于岩壁而致死），误选工具、阀门及其他用品。

⑤ 疲劳状态下行为失误。人在疲劳时由于对信息输入的方向性、选择性、过滤性等性能低下，所以会导致输出时的程序混乱，行为缺乏准确性。

⑥ 异常状态下行为失误。人在异常状态下特别是发生意外事故生命攸关之际，由于过度紧张，注意力只集中于眼前能看见的事物，丧失了对输入信息的方向选择性能和过滤性能，造成惊慌失措，结果导致错误行为。如井下火灾或爆炸，高层建筑失火，高炉事故等，缺乏经验的人，常会无目的地到处奔跑或挤向安全出口，拥挤不堪，使灾害扩大，故平时应进行实况演习和自救训练。此外，如睡眠之后，处于朦胧状态，容易出现错误动作。高空作业、井下作业由于分辨不出方向或方位发生错误行为。低速和超低速运转机器，易使人麻痹，发生异常时，直接伸手到机器中检查，致使被转轮卷入等。

4.2.2 与人行为有关的事故模式

人失误会导致事故，而人失误的发生是由于人对外界刺激（信息）的反应失误造成的。威格里沃思（A. Wigglesworth）曾经指出，人失误构成了所有类型伤害事故的基础。他把人失误定义为"错误地或不适当地回答一个外界刺激"。在生产操作过程中，各种刺激不断出现，若操作者对刺激做出了正确、恰当的回答，则事故不会发生。如果操作者的回答不正确或不恰当，即发生失误，则有可能造成事故。如果客观上存在着发生伤害的危险，则事故能否造成伤害取决于各种机会因素，即伤害的发生是随机的。

为研究事故的发生过程，将事故的因果关系按照事物本身发展规律进行逻辑抽象，用简单明了的形式表达出来，作为事故分析和预测的基础，这种形式就是事故模式。事故的模式有很多种，研究事故发生过程中以人的行为为主因的事故模式，称为"与行为有关的事故模式"，以区别于其他事故模式。与行为有关的事故模式常用逻辑框图表示。

心理学家为探索行为在事故发生过程中的因果关系，曾提出过许多种与行为有关的事故模式，这些模式在不同程度上都说明了事故发生时，人的行为在某些方面至少有某些共同的规律和特征。研究与行为有关的事故模式，其意义是多方面的。

① 从个别到抽象，把同类事故逻辑抽象为模式，可以深入研究导致伤亡事故的机理，对减少伤亡事故具有指导意义。

② 可以阐明以往发生过的事故的原因及其影响因素，找出对策，预防类似事故发生。

③ 根据事故模式可以增加安全生产的理论知识，积累安全信息，进行安全教育，用以指导安全生产。

④ 各种模式既是一种安全原理的图示，又是应用了系统工程、人机工程学、安全心理学的原理进行分析的方法。

⑤ 从逻辑框图模式可以向数学模型发展，由定性分析向定量分析发展，从而为事故的分析、预测、制订预防对策打下基础。

研究与行为有关的事故模式在安全生产中的作用如图 4-3 所示。

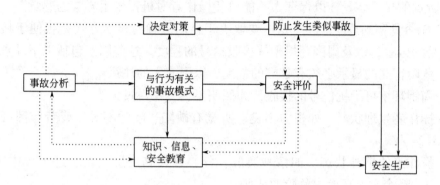

图 4-3　与行为有关的事故模式在安全生产中的作用

4.2.2.1　瑟利的事故决策模式

1969 年瑟利（J. Surry）根据行为主义心理学的刺激-反应公式提出了"事故决策模式"（accident decision model）。他认为，在事故的发展过程中，人的决策包括三个过程，即人对危险的感觉过程、认识过程以及行为响应过程。在这三个过程中，若处理正确，则可以避免事故和损失；否则，则会造成事故和损失。瑟利的事故决策模式如图 4-4 所示。

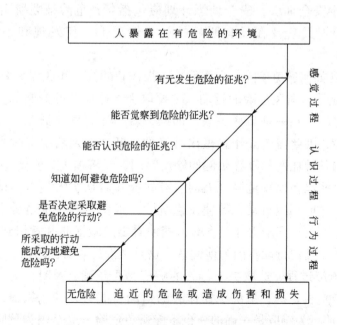

图 4-4　瑟利的事故决策模式

（1）感觉过程 感觉是行为的起点，感觉过程一般有两个步骤。

1）有无发生危险的征兆 有明显征兆的危险易被觉察，但有些危险不易被人的感官所觉察，如煤矿中的沼气（甲烷）因其理化特性是无色、无臭，空气中积聚的浓度不能被人的感觉所觉察，必须借助于甲烷检测仪。因此，一切不易为人觉察的危险，必须通过能为人所觉察的形式表达出来，如机器、设备系统必须装有必要的视觉、听觉的显示装置，以保证人不能单凭操作者对机器发生异常的感觉。

2）能否觉察到危险征兆 这主要取决于显示装置的显示方式是否便于接收、操作者本身的因素，以及周围环境干扰接收信号的程度。这些因素包括以下几点。

① 危险征兆的显示必须有足够的强度，以引起人的注意。

② 周围环境可干扰信号的接收，如照明不良，噪声过大等。

③ 操作者生理状况，如视力不良、听觉有缺陷、嗅觉不灵、疲劳等都可以妨碍接收信号。

④ 操作者的精神状态，如精神涣散、分心或大脑皮层兴奋、过于集中于某事、过于专心，都会忽略环境中危险的征兆。

⑤ 简单、单调、重复节律的工作极易因厌烦导致注意力下降，如在高速公路长时间驾驶可因疲劳或厌烦而使注意力不集中，没有觉察到危险。

这些都说明了影响人注意危险征兆的因素是很多的，必须从人-机-环境三方面原因加以考察。

（2）认识过程 这是关键性的过程，只有认识到危险，才能谈得上采取避免危险的行动。这过程包括三个步骤。

① 能否认识危险征兆。主要取决于操作者对观察危险征兆是否有充分的思想准备，能否在信号显示异常的瞬间完成观察，并能正确理解信号的含义。这在很大程度上取决于安全训练，安全训练计划应包括各种危险征兆所引发的危险后果（造成的伤害和损失）及在没有明显的征兆情况下如何发现和识别可能出现的危险。

② 是否知道如何避免危险。主要取决于操作者的技术和训练水平及安全知识。

③ 是否决定采取避免危险的行动。主要取决于操作者的判断和责任感。危险征兆和发生危险之间存在一种概率关系，即操作者明知有危险征兆，但有时并不意味着即将发生危险，因此需要操作者做出准确的判断。在判断中有时尚需考虑避免与危险行为有关的各种耗费和效益（例如停产时间、经济损失、安全等）。由于有这样一种概率关系，所以在出现危险征兆时，有些操作者认为发生危险的概率不大，心存侥幸，不积极采取相应行动，致使发生危险。责任感是决定是否采取行动的又一重要因素，有些人由于安全责任感不够，即使看出危险征兆并意识到必须采取行动，他们也可能不采取任何行动，因为他们认为这是别人的职责，与己无关。

（3）行为响应过程 这取决于行为的响应是否正确、及时，是否为操作者能力所及。行为响应是否正确，取决于操作者的运动技能（迅速、敏捷、准确、熟练技术）。有时，即使行为响应是正确的，也不能避免危险。这是因为危险发生有其随机变异性，同样的行为引起的效果受随机变异性的影响。例如，人的反应时间平均为

900ms，1s 或更短的反应时间可以避免的危险，在大多数情况下都可以避免，但由于人的运动响应系统本身固有的变异性，有时反应时间会超过临界时间（1s），这时危险就成为不可避免的了。又如某类事故出现危险征兆至发生危险的时间若为 2s，容许做出避免危险行动的时间为 1.5s，人行为响应时间为 900ms，这样，只要行为反应正确，便可避免危险。但是如果出现危险征兆至发生危险的时间发生变异，若只有几百毫秒，少于人的反应时间，那么，即使人的行为正确也不能阻止危险发生。此外，操作者的能力有限，有些危险远非操作者的能力所能控制，即使行为响应正确、及时，亦无济于事。

（4）**认识与实际危险的表现**　瑟利的模式比较完整地描述了人在控制事故中的心理过程及客观因素。瑟利还发现，客观存在的危险与操作者主观上对危险的估量常常不一致，这是危险的真正根源，主要表现为两种形式。

① 认识落后于客观实际的危险　表现为低估了实际的危险而冒险作业。其根源可能有，一是缺乏经验，对事态的发展速度及强度认识不足，延误了响应的时间；二是存在侥幸心理，因而做出迟缓的响应。

② 认识超前于客观实际的危险　表现为过高估计客观的危险，过早地在危险还无任何可能的情况下就做出反应，因而影响了生产的正常进行。其根源主要是经验不足、鲁莽胆怯。

因而在设计警报装置时，警告时间必须恰当，既不能过晚，使人来不及反应；亦不能过早，造成不必要混乱。必须根据要求做出反应的时间和显示的适当超前时间而定。

4.2.2.2　以人失误为主因的事故模式

威格里沃思（A. Wigglesworth）以人失误为主因的事故模式是 20 世纪 50 年代流行较广、影响较大的一种模式。威格里沃思认为，人的失误是操作者"错误的或不恰当的响应刺激"引起的。图 4-5 是威格里沃思提出的以人失误为主因的事故模式。由图可见，在人的操纵过程中，各种"刺激"（信息）不断出现，需要操作者接收、辨别、处理和响应，若操作者响应正确或恰当，事故就不会发生；反之，若操作者出现失误，并且客观上存在不安全因素或危险时，是否发生伤害事故则取决于机遇，既可能造成伤害事故也可能发生无伤害事故。尽管这个模式在描述事故原因时突出了人的不安全行为，但却不能解释人为什么会有失误，忽略了使人造成失误的客观原因。在我国，以往受这种事故模式的影响很深，具体表现在对事故的分析、处理和对策上，过分强调事故都是人的失误（诸如工人操作失误，管理监督失误，计划设计失误、领导决策失误等）造成的，侧重追究人的责任（特别是操作者的责任），忽视创造本质安全的物质条件，没有确定人与物两大因素在事故中的辩证关系。实际上，若不能正确对待生产过程中物的因素（包括机器、设备、工具、原材料及作业环境），很难想像能够控制事故的发生，最低限度地减少伤亡事故。

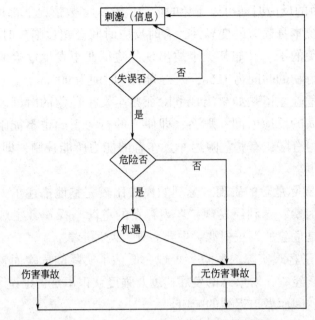

图 4-5　威格里沃思的以人失误为主因的事故模式

4.2.2.3　事故顺序模式

拉姆西（M. J. Ram sey）在 1978 年曾由消费生产的潜在危险导出在工作环境和其他环境中一种与行为有关的事故模式，称为"事故顺序模式"（accident sequence model），如图 4-6 所示。

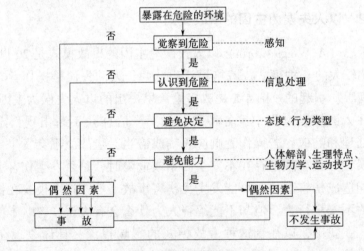

图 4-6　事故顺序模式

拉姆西认为个体在有潜在危险环境中活动时，能否发生事故，取决于一个顺序模式。第一步是对危险的感知，如果不能觉察到危险或没有意识到有发生事故的可能，事故发生率当然会增加。如果危险被个体感知，那么第二步就是决定采取什么对策的问题。能不能采取有效的对策，在很大程度上取决于个体的态度（如对工作有无责任感、对事故的态度）和先天性获得和后天条件形成的行为类型（主要指个性心理特征）的影响，如有些人喜欢冒险，有些人心存侥幸，有些人对事故满不在乎，甚至个别人想借小事故作为休息手段。如果个体决定采取对策避开这种危险，下一步则取决于个体有无这样做的能力。个体能力取决于：人体的解剖学特点、生理特点（即人体测量学的特点），诸如人体高度、眼高、肩高、肘高、前臂长、手长、上肢展开宽、下肢长度、坐高等人体各部尺寸；生物力学的特点，如重心、旋转角度和半径、转动惯量等；人的脑力、感觉系统的反应特性和运动技巧，以及与运动技巧有关的其他特性，如经验、练习、训练和反应时间等。即使个体具有避免危险的能力，包括经过严格的避免危险能力的训练和练习，有丰富的经验，甚至具有最好的安全意愿和最迫切的需要，也不能保证百分之百地避免事故，只能说在某种程度上可以减少出现事故的概率，因为这里存在着一个偶然性的问题，常言道，"人有失手，马有失蹄"，就是这个意思。偶尔性为什么会给人的工作带来事故？前苏联心理学家德米特利耶娃等认为，这可能与个人心理、生理参数一时性的降低有关，当心理、生理参数降低到容易发生"危险"的程度，便会造成行为不当，因而发生事故。如某电子管厂一位检验电子管的工程师，30年来工作一贯兢兢业业，一日不慎在工作中触电死亡，这不能不归因于个人心理、生理参数降低的偶然性。当然，由于偶然性的存在，即使没有认识到危险，没有采取措施或措施不力，有时亦不会发生事故。

拉姆西的模型明确指出，考虑事故中影响行为的因素，应把注意力集中于与人的因素有关的各个方面，如有关危险信息的显示应符合要求，机器与环境的设计（如控制器、保护装置、工作空间等）应有助于避免事故，报警装置应符合要求，并应对人员加强面对危险时采取正确行为的训练。

4.2.3　人行为失误的控制与预防对策

4.2.3.1　建立与维持兴趣

兴趣是人积极探索事物的认识倾向，是人的一种带有趋向性的心理特征。它可使人对某事物格外关注，并具有向往的心情。从而调动人从事某项活动的积极性和创造性，达到控制和减少人的失误。

（1）兴趣的特征　人的兴趣特征有很大的差异，这种差异可以从以下几个方面来加以分析。

① 兴趣的倾向性。兴趣总是指向于一定的对象和现象。人们的各种兴趣指向什么，往往各不相同。由于兴趣指向的内容具有社会制约性，所以人的兴趣有高尚和低级之分。

② 兴趣的广度。人们的兴趣范围有大小。有的人兴趣广泛，有的人兴趣狭窄。兴趣广泛者往往生气勃勃，广泛涉猎知识，视野开阔。兴趣贫乏者接受知识有限，生活易单调、平淡。人应该培养广泛的兴趣，但是必须有中心兴趣，否则兴趣博而不专，结果只能是庸庸碌碌，一无所长。中心兴趣对于人们能否在事业上做出成绩起着重要作用。

③ 兴趣的持久性。人对各种事物的兴趣,既可能是经久不变,也可能是变幻无常。人在兴趣的持久性方面会有很大差异。有的人缺乏稳定的兴趣,容易见异思迁,喜新厌旧;有的人对事物有稳定的兴趣,凡事力求深入。稳定而持久的兴趣使人们在工作和学习过程中表现出耐心和恒心,对于人们的学习和工作有重要意义。

④ 兴趣的效能。兴趣能否对活动产生效果,往往因人而异。有些人的兴趣仅局限于对感兴趣的事物的感知上,浅尝辄止,不做进一步的探索和掌握。有的人则相反,把兴趣作为行动的动机,积极进行相应的活动,并产生实际的效果。这样的兴趣是有效能的兴趣。

(2) 兴趣与其他心理现象的关系　首先,兴趣和需要有密切联系。人的兴趣是在需要的基础上,在生活、生产实践中形成和发展起来的。同时,已经形成的深刻而稳定的兴趣,不仅反映着已有的需要,还可滋生出新的需要。在现实生活中,人们并不是对每种事物都可能感兴趣的。如果没有一定的需要作为基础和动力,人们常常对某些事物漠不关心。相反,如果人们有某种需要,则会对相关信息和活动反应积极,久而久之,可以发生兴趣。如有的人对外语毫无兴趣,可是为了出国学习而努力学习外语,从而可能逐渐培养起对学习外语的兴趣。

兴趣和认知、情绪、意志有着密切的联系。人对某事物感兴趣,必然会对相关的信息特别敏感;兴趣可使人感知更加灵敏清晰,记忆更鲜明,思维更加敏捷,想像更加丰富,注意力更加集中和持久。兴趣还可以使人产生愉快的情绪体验,使人容易对事物产生热情和责任感。稳定的兴趣还可以帮助人们增强意志力,克服工作中的困难,顺利完成工作任务。

兴趣和能力也有密切联系。能力往往是在人对一定的对象和现象有浓厚的兴趣中形成和发展起来的,能力也影响着兴趣的进一步发展。

(3) 兴趣与安全

① 兴趣在安全生产中的作用。在生产操作过程中,一个人对所从事的工作是否感兴趣,与他在生产中的安全问题密切相关。人若对所从事的工作感兴趣,首先会表现在对兴趣对象和现象的积极认知上,对兴趣对象和现象的积极认知,会促使人对所使用的机器设备的性能、结构、原理、操作规程等作全面细致的了解和熟悉,以及对与其操作相关的整个工艺流程的其他部分作一定的了解。在操作过程中,他会密切关注机器设备等是否处于正常状态。这样,如果机器设备、工艺流程或周围环境出现异常情况,他会及时察觉,及时做出正确判断,并迅速采取适当行动,因而往往能把一些事故消灭于萌芽状态。对所从事的工作感兴趣,还表现在对兴趣对象和现象的喜好上。对于本职工作的喜好,可以使人在平淡、枯燥中感受到乐趣,因而在工作时情绪积极,心情畅快、良好的情绪状态有助于保持精力旺盛,减少疲劳感,以及操作准确和及时察觉生产中的异常情况。

对所从事的工作感兴趣,也表现在对兴趣对象和现象的积极求知和积极探究上。曾经有人说过,热爱是最好的老师。兴趣可促使人积极获取所需要的知识和技能,达到对于本职工作所需知识和技能的丰富和熟练,从而不断提高他的工作能力。这样,不但可以提高工作效率,而且有助于对操作过程中出现的各种异常情况都有能力采取相应措施，防止事故的发生。

这里所说的兴趣，指的是稳定持久的兴趣、有效能的兴趣，而且最好还是直接兴趣。那种因一时新奇而产生的短暂而不稳定的兴趣，不仅对生产与安全无益，而且往往还有害。因为新奇感过后，人更容易产生厌倦感。同时，因对这项工作产生厌倦，他可能会把兴趣转移到别的事物上去，见异思迁，这对于搞好本职工作往往会有消极影响。那种仅满足于对感兴趣的客体的感知，浅尝辄止，不求甚解的兴趣，也无益于做好工作。有时候，这种兴趣还可以混淆生产管理人员的视线。因为别人以为他对这工作感兴趣，事实上他的这种兴趣对于搞好生产是没有什么实际作用的。

直接兴趣，是对工作本身感兴趣。如果一个人是因为功利目的而希望干某项工作，他的工作动机不正确，就不能保证他在工作时的心理状态一定有益于安全生产。例如，有一汽车驾驶员，只是觉得当司机挣钱多、门路广才从事这项工作。在这种功利思想的支配下，他没有认真钻研驾驶技术，也没有认真贯彻行车安全的有关规定，经常不顾疲劳，多要任务。有一次，他在夜间行车时过度疲劳，操纵失常，撞倒了一个行人，造成人员死亡事故，他本人也因此受到法律制裁。

② 兴趣的培养与安全。在工矿企业从事一般的生产性劳动都是比较平淡和枯燥的，而且若以功利标准来衡量，这样的职业经济收入少，也不容易出名。许多人在一般情况下都很难自觉地对这样的工作产生兴趣。然而，对本职工作是否感兴趣又密切关系着生产中的安全问题，这就需要培养兴趣。

培养对本职工作的兴趣，首先要端正劳动态度。人可以根据自己的条件和能力选择适宜的职业。只要有理想，有抱负，肯付出辛勤劳动，从事平凡的职业一样可以做出好成绩。反之，即使谋取到了"热门"、"抢眼"的工作，也会庸庸碌碌，一事无成。

培养普通劳动者的职业兴趣，除采取一定的思想教育手段外，更主要的要搞好企业的经营管理，提高企业效益，让职工更多地看到并得益于自己工作的成绩和意义，促使他们激起并保持高度的劳动积极性，产生对本职工作的兴趣。

4.2.3.2 安全教育与培训

(1) 安全教育与培训的心理学意义和应注意的心理效应

1) 安全教育与培训的心理学意义 安全教育与培训是职工教育与培训的内容之一。企业为适应生产的发展和培养人才的需要，对职工运用学习心理进行训练、进修、参观等各种形式，有计划地提高职工的素质，以期达到强化职工的优良心理和促进职工能力的发展，增进所需知识和技能的目的，使职工能胜任现职工作，并为将来担任更重要的工作创造条件。安全与职工的素质有密切的联系，很难想像，素质不高的职工队伍，对安全工作会予以重视。因此，安全教育与培训的目的就是提高职工的安全心理素质和安全技能。安全教育与培训的心理学具体意义有以下几点。

① 运用学习心理学增进培训效果。学习心理是从心理学的观点，研究怎样使参加培训的人员提高学习的兴趣，增加他们的学习记忆能力和提高学习效果。因此在举办培训班时，应考虑采用何种教学方式，培训教材应如何安排，怎样制定学习进

度，对学习成绩优良者如何给予奖励，如何将学习到的知识具体应用到工作中去等。在制定和执行培训计划时，都需要从学习心理的角度予以考虑，以期增进职工的学习效果。

② 有计划地增进职工的知识和技能，减少职工的个体差异。职工的能力和技能是有个体差异的，通过培训，增进职工所需知识和技能，担任同性质和程度工作的职工可以获得具有同等程度所需的知识和技能，因而在一定程度上可以减少职工知识技能及工作效率上的个体差异。

③ 提高职工优良的心理素质和能力。职工优良的心理素质，如对安全的正确态度、心理上有足够的承受能力、应变能力，都是保证安全生产必不可少的，因此安全教育与培训就是要提高职工优良心理素质。能力也是一种心理因素，是完成某种活动（包括安全生产）的必要条件。心理学研究表明，在训练水平、知识水平、培训时间等相同条件下，人的能力的大小与工作效率、防止事故的效果有一定的联系。因此，安全教育与培训必须重视提高职工的优良心理素质，特别要重视职工能力的培训。

④ 应用心理学原理指导技能训练。从心理学角度来说，技能是通过反复练习而巩固下来的，已经自动化、完善了的动作方式，是一种通过复合条件反射逐渐形成的对该项作业的动力定型，使从事该作业时各器官系统相互配合得更为协调、反应更加迅速、能耗较少、作业更迅速准确。心理学的研究证明，人的每一个技能动作，都是根据对刺激物的感知所做出的反应，都是在大脑皮层中枢神经系统的控制和调节下完成的，技能动作的反应速度和准确性，对于任何工种的工作效率和安全来说，都是十分重要的。因此，用心理学原理指导技能训练与安全教育与培训密切相关。

2）安全教育与培训应注意的心理效应　安全教育与培训要遵循心理科学的原则，并注意下列心理效应。

① 吸引参与。心理学研究表明，人对某项工作参与的程度越大，就越会承担更多的责任，并尽力去创造绩效。参与，还会改变人们的态度，因为参与可以使人对某项工作或事物增进认识，又能转变人们对某一事物的情感反应，从而导致积极行为。因此，在安全教育与培训中应注意如何吸引职工参与，如参与规章制度、工作方案、操作规程的制定，让职工畅所欲言，热烈讨论，使安全教育成为职工自己的事。

② 引发兴趣。兴趣是人力求认识某种事物或爱好某种活动的倾向，若人对某种事物或某项活动发生兴趣，就会促使他去接触、关心、探索该事物或热情地从事该活动。因此，在安全教育与培训中必须运用各种生动活泼的形式引起职工的兴趣，使职工积极参与。如开展安全知识竞赛、安全操作比赛、电化教育等。

③ 首因效应。也称第一印象。根据美国心理学家阿希（S.E. Asch）的研究，首因效应作用很强，持续的时间也长，比以后得到的信息对于事物整体印象产生的作用更强。这是因为人对事物的整体印象，一般都是以第一印象为中心而形成的。因此，在安全教育中狠抓新进厂职工（包括外厂调入的职工，以及来本厂进行培训和实习的人员等）的入厂安全教育与培训，有非常重要的意义，因为他们刚到一个新的工作环境，第一印象对他们有着深刻的影响，甚至可以影响以后很长一段时间的

安全行为和态度。

④ 近因效应。是与首因效应相反的一种现象。指在印象形成或态度改变中，新近得到的信息比以前得到的信息对于事物的整体印象产生更强的作用。这就提示了安全教育必须持之以恒，常年不懈，不能过多指望首因效应和一些突击的活动。尤其是一些新入厂的职工，除受到首因效应影响外，车间、班组的气氛，老职工对安全的态度，对他们的安全态度和行为影响更大。

⑤ 逆反心理。所谓逆反心理是指在一定条件下，对方产生和当事人的意志、愿望背道而驰的心理和行动。按通俗的说法，就是"你要我这样做，我非要那样做；你不准我做的事，我非要去做不可"。因此，在安全教育与培训中要求对方做到的，应以商讨、鼓励、引导、建议的方式提出意见，除正面教育，尊重对方，不伤害对方的自尊心，态度不宜粗暴，以免对方产生逆反心理。

⑥ 反馈作用。反馈在安全教育与培训中有很重要的作用。英国心理学家柯翰（A. Cohen）曾研究了反馈在安全教育与培训中的效果。某车间生产环境中有一种有害物质（一种可疑致癌物），为减小其危害，对工人进行减少接触该物质的训练，经初步训练后，指导者对接受训练的每位人员，每日访问 1 ~ 2 次，并给予鼓励，还将观察到的在操作中存在的问题反馈给他们，同时让一些观察者站在远处，记录训练前后工人接触该物质的不安全行为的次数，发现通过反馈后，工人不安全行为从 57% 降至 36%，近而说明了反馈在安全教育与培训中的作用。

（2）**人的行为层次与安全教育培训**　拉斯姆逊（J. Rasmussen）把生产过程中人的行为划分为三个层次：即反射层次的行为，规则层次的行为和知识层次的行为，见图 4-7。

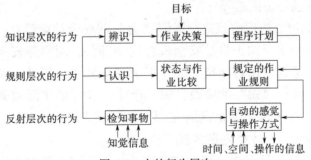

图 4-7　人的行为层次

① 反射层次的行为。发生在外界刺激与以前的经验一致时，这时的信息处理特征是，知觉的外界信息不经大脑处理，下意识的行为。熟练的操作就属于反射层次的行为。反射层次的行为一方面可以节省信息处理时间，准确而高效地工作，可以迅速地采取措施应对紧急情况；另一方面，操作者由于不注意而错误地接受刺激，操作对象，程序变更，仪表、设备人机学设计不合理而发生失误。

② 规则层次的行为。发生在操作比较复杂时，操作者首先要判断该按怎样的操作步骤操作，然后再按选定的步骤进行操作。进行规则层次的行为时，操作者可能由于思路错误或按常规办事，或由于忘记了操作程序、省略了某些操作、选错了替代方案而失误，长期的规则层次行为形成习惯操作而不大用脑思考，在出现异常情

况的场合容易发生失误。

③ 知识层次的行为。是最高层次的行为。它发生在从事新工作、处理没有经历过的事情时，人们要观察情况，判断事物发展情况，思考如何采取行动，经过深思熟虑后才行动。进行知识层次的行为时，操作者受已有的知识、概念所左右，可能做出错误的假设或推论，或对事故原因与对策的关系考虑不足而发生失误。设备的安装、调试和检修都属于知识层次的行为。

根据生产操作特征对人的行为层次的要求，安全教育与培训相应地有三个层次的教育与培训，即操作层次的教育与培训、规则层次的教育与培训和知识层次的教育与培训。

反射操作层次教育与培训是通过反复进行操作训练，使手脚熟练地、正确地、条件反射式地操作。规则层次的教育与培训是教育操作者按一定的操作规则、步骤进行复杂的操作。经过这样教育培训，操作者牢记操作程序、可以不漏任何步骤地完成规定的操作。知识层次的教育与培训使操作者不只学会生产操作，而且要学习掌握整个生产过程、生产系统的构造、工作原理、操作的依据及步骤等广泛的知识。生产过程自动化程度越高；知识层次的教育与培训越显得重要。在进行安全教育与培训时，要针对各层次行为存在的问题，采取恰当的弥补措施。

（3）安全教育的过程 安全教育可以划分为三个阶段：安全知识教育，安全技能教育和安全态度教育。

① 安全教育的第一阶段应该进行安全知识教育。使人员掌握有关事故预防的基本知识。对于潜藏的、人的感官不能直接感知其危险性的不安全因素的操作，对操作者进行安全知识教育尤其重要，通过安全知识教育，使操作者了解生产操作过程中潜在的危险因素及防范措施等。

② 安全教育的第二阶段应该进行所谓"会"的安全技能教育。安全教育不只是传授安全知识，传授安全知识只是安全教育的一部分，而不是安全教育的全部。经过安全知识教育，尽管操作者已经充分掌握了安全知识，但是，如果不把这些知识付诸实践，仅仅停留在"知"的阶段，则不会收到较好的实际效果。安全技能是只有通过受教育者亲身实践才能掌握的东西。也就是说，只有通过反复地实际操作、不断地摸索而熟能生巧，才能逐渐掌握安全技能。

③ 安全态度教育。是安全教育的最后阶段，也是安全教育中最重要的阶段。经过前两个阶段的安全教育，操作人员掌握了安全知识和安全技能，但是在生产操作中是否实施安全技能，则完全由个人的思想意识所支配。安全态度教育的目的就是使操作者尽可能自觉地实行安全技能，搞好安全生产。

安全知识教育、安全技能教育和安全态度教育三者之间是密不可分的，如果安全技能教育和安全态度教育进行得不好的话，安全知识教育也会落空。成功的安全教育不仅使职工懂得安全知识，而且能正确地、认真地落实安全行为。

（4）安全技能训练 安全技能是人为了安全地完成操作任务，经过训练而获得的完善化、自动化的行为方式。由于安全技能是经过训练获得的，所以通常把安全技能教育叫做安全技能训练。

　　技能是人的全部行为的一部分，是自动化了的那一部分。它受意识的控制较少，并且随时都可以转化为有意识的行为。技能达到一定的熟练程度后，具有了高度的自动化和精确性，便称为技巧。达到熟练技巧时，人员就会有条件反射式的行为。

　　在日常安全工作中经常会遇到所谓习惯动作的问题。技能与习惯动作是不相同的。

　　首先，技能根据需要可以发生或停止，随时都可以受意识的控制。而习惯动作是无目的地伴随一些行为发生的完全自动化了的动作，需要很大的意志努力和克服情绪上的不安才能控制它、停止它。

　　其次，技能是为达到一定目的，经过意志努力练习而成的。而习惯动作往往是无意中简单地重复同一动作而形成的。

　　再者，一般的技能都是有意义的、有益的行为。习惯动作则可能有益，也可能有害。职工中不利于安全的习惯动作必须努力克服。

　　安全技能训练应该按照标准化作业要求来进行。

　　① 技能的形成及其特征。技能的形成是阶段性的，技能的形成包括掌握局部动作阶段、初步掌握完整动作阶段、动作的协调及完善阶段。这三个阶段相互联系又相互区别。各阶段的变化主要表现在行为的结构、行为的速度和品质以及行为调节方面。

　　在行为结构的变化方面，动作技能的形成表现为许多局部动作联合为完整的动作，动作之间的互相干扰、多余动作逐渐减少。智力技能的形成表现为智力活动的各环节逐渐联系成一个整体，概念之间的混淆现象逐渐减少以致消失，解决问题时由开展性推理转化为简缩推理。

　　在行为的速度和品质方面，动作技能的形成表现为动作速度的加快、动作的准确性、协调性、稳定性和灵活性的提高。智力技能的形成表现为思维的敏捷性、灵活性、思维的广度和深度，以及思维的独立性等品质的提高。

　　在行为的调节方面，动作技能的形成表现为视觉控制的减弱和动觉控制的增强，以及动作紧张的消失。智力技能的形成表现为智力活动的熟练，大脑劳动消耗的减少。

　　② 练习曲线。技能不是生下来就有的，而且通过练习逐步形成的。在练习过程中技能的提高可以用练习成绩的统计曲线表示。这种曲线叫做练习曲线。利用练习曲线可以探讨在技能形成过程中，工作效率、行为速度和动作准确性等方面的共同趋势。

　　大量的研究表明，练习的共同趋势具有如下特征。

　　a. 练习成绩进步先快后慢。一般情况下，在练习初期技能提高较快，以后则逐渐慢下来。这是因为，在练习开始时，人们已经熟悉了他们的任务，利用已有的经验和方法可以进行训练。而在练习的后期，任何一点改进都是以前的经验所没有的，必须付出巨大的努力。另外，有些技能可以分解成一些局部动作进行练习，比较容易掌握，在练习后期需要把这些局部动作形成协调统一的动作，比局部动作复杂、困难、成绩提高较慢。

b. "高原"现象。在技能形成过程中，往往会出现成绩提高的暂时停顿现象，即"高原"现象。在练习曲线上，中间一段保持水平，甚至略有下降，经越"高原"后，曲线又继续上升。产生"高原"现象的主要原因是技能的形成需要改变旧的行为结构和方式，代之以新的行为结构和方式，在没有完成这一改变前，练习成绩会暂时处于停顿状态。由于练习兴趣的降低，产全厌倦、灰心等消极情绪，也会导致"高原"现象。

c. 起伏现象。在技能形成过程中，一般都会出现练习成绩时而上升时而下降，进步时快时慢的起伏现象。这是由于客观条件，如练习环境、练习工具、指导等方面的变化，以及主观状态，如自我感觉、有无强烈动机和兴趣、注意的集中和稳定、意志努力程度和身体状况等方面的变化而影响练习过程。

③ 训练计划。练习是掌握技能的基本途径。但是，练习不是简单、机械地重复，它是有目的、有步骤、有指导的活动。在制订训练计划时，要注意以下问题：

a. 循序渐进。可以把一些较困难、较复杂的技能划分为若干简单、局部的部分，练习、掌握了它们之后，再过渡到统一、完整的行为。

b. 正确掌握对练习速度和质量的要求。在练习的开始阶段可以慢些，力求准确。随着进展，要适当加快速度，逐步提高练习效率。

c. 正确安排练习时间。在练习开始阶度，每次练习时间不宜过长，各次练习之间的时间间隔可以短些。随着技能的提高，可以适当延长每次练习时间，各次练习之间的间隔也可以长些。

d. 练习方式要多样化。多样化的练习方式可以提高人们的练习兴趣，增加练习积极性，保持高度注意力。但是，花样太多，变化过于频繁可能导致相反结果，影响技能形成。

4.3 人的可靠性研究简介

4.3.1 人的可靠性研究方法简介

在生产过程中，人在操作时会出现一些失误，但从控制论的角度来说，在人-机-环境系统中人又是最灵活的要素，因为人的思维、预见性和处理异常事件的能力，是任何机器（包括计算机）都无法比拟的。因此，人的可靠性研究，是保证安全和避免事故的重要措施。人的可靠性是一个抽象的概念，常用可靠度作为衡量的尺度。

所谓人的可靠性是指人在规定条件下和规定时间内，完成规定功能的能力。可靠度是指人在规定条件下和规定时间内，完成规定功能的概率。可靠度是对人的可靠性的度量，关于人的可靠度的研究，称为人的可靠性研究。为了说明人的可靠度，许多学者提出了一些人的可靠度计算方法，但由于人的可靠度往往受人自身生理和心理状态、工作性质及环境因素等影响，因此这些计算方法只能作为参考，尚待进一步完善。目前最常用的方法如下。

(1) **操作性数据表**　操作性数据表最早由美国测量学会（American institute of measurement，AIP）提出。他们认为，无论是连续性操作或间断性操作，都可分解为若干个操作成分（task elements，或称作业元素、操作单元），如果操作成分的差错因素是相互独立的，那么操作成分的可靠度就等于这些差错因素的乘积。学会组织了一批专家对电子设备行业进行了观察和评估，共观察和评估了 164 种主要部件操作的可靠度，将所获数据进行统计处理，列成"操作性数据表"，根据该表所列参数，即可算出电子设备行业某种作业的可靠度和操作该作业的平均需要时间。

(2) **人的差错率预测法**（technique for human error，THERP）　用于预测和评价与系统特性有关的人员差错所造成的系统差错。人体差错率预测法就是将作业人员的作业工序分解成基本作业因素，求出基本作业的作业因素可靠度，根据作业因素可靠度，求出作业工序的操作可靠度，即可求出人体差错率（操作不可靠度）。THERP 法包括五个阶段：

① 赋予系统故障具体定义；

② 确定人的操作与系统功能之间的关系；

③ 分别估计每种操作成分的可靠度；

④ 确定人的差错后果造成系统故障的概率；

⑤ 提出把系统故障率降低到最低允许范围的措施。

(3) **行为主义心理学可靠度估量法**　该法认为人的可靠度与输入的可靠度、判断决策的可靠度以及输出的可靠度有关。此外，人的可靠度还受许多因素的影响，如作业紧张程度、单调性、不安全感、生理和心理状况、训练和教育情况、社会影响及环境因素等。因此，对人的可靠度必须采用一个修正系数加以修正，才能更符合实际。

(4) **操作人员动作树模型**（OAT 法）　该法根据事件发生后，人员对异常事件的认知、判断、动作选择及实施等一系列事件序列的进程，来估计人员在事件序列中成功的概率。

(5) **成功似然指数法**（SLIM 法）　这是一种专家系统（expert systems），它是基于专家判断并用计算机程序合成的评估方法。其中，有关事件发生的效绩形成因子（PSF）的权重值有较大的主观性。

(6) **成对比较法**（PC 法）　成对比较法是借用心理物理学领域的一项技术，它与 SLIM 有相似之处，如有两项任务，则要求专家判断哪项任务人员最易产生差错。若有 n 项任务，则要求专家作出 $2(n-1)/2$ 种比较，把这些比较综合起来，便可得出人员差错概率。

(7) **其他**　如人员差错评价和减少法（HEART）；混合矩阵法（CM）、绝对概率判断法（APJ）。

有关各种方法的详细情况请参阅可靠性工程有关专著。

4.3.2 危险事件判定技术简介

4.3.2.1 危险事件判定技术

危险事件判定技术（critical incident technique，CIT）是国外研究航空安全时进行心理分析所创，是一种新的事故预测方法，20世纪80年代曾风靡美国，对安全工作起了很大作用。这种方法是依据数理统计原理和工业心理学的行为抽样原理，从一个统计总体中，用分层随机抽样法，选出"在场人"和"当事人"的不安全行为的资料作为样本，判断总体的安全状况。因为这种方法属于行为抽样研究方法，因此必须遵循行为抽样研究方法所依据的基本原理——概率理论、正态分布理论、随机原理。必须保证一个工作日的每段时间都有可能被选作观测时间，通过分层随机抽样所获的样本有足够的代表性。因此，研究时必须考虑置信度、精确度和需要的样本数及观测次数。

危险事件判定技术在安全中有以下作用：

① 鉴别和确定事故危险源、事故隐患、预测事故；

② 确定与事故关联最频繁的机器、设备、工具和材料，确定最有可能引起人身伤害和健康的工作与环境；

③ 发现各部门及工种中安全和健康问题的性质、严重程度以及影响范围；

④ 发现不安全行为和不安全状态，为制定事故预防对策和对工人进行安全教育提供依据；

⑤ 揭示人-机-环系统中薄弱环节，提出改进安全管理的建议；

⑥ 通过采取安全措施前后分析比较，能够比较客观地评价安全工作的效果；

⑦ 把大量非工伤事故和未遂事故资料包括在事故原因判断体系中，从而使统计资料更加精确可靠。

4.3.2.2 应用危险事件判定技术分析不安全行为

危险事件判定技术包括观察法和访谈法两部分。

（1）观察法　通过观察工人实际操作，计算出现不安全行为的频率。具体步骤如下。

1）试验观测

① 确定观测对象、内容和方法

a. 进行分层抽样。根据危险出现的类型、频率、严重程度及其他被认为对样本代表性有重要影响的因素，先把总体分层，在每层中随机抽取样本，以保证能够取得代表处于不同类型危险状态中的样本，每单位的观测样本应不少于20人。这样取样的目的在于能够取得代表处于不同类型危险状态中的样本。如按车间、工作班次、男女工比例先进行主要分层，再按设备或类型进行次要分层。

b. 根据有关资料（如工艺过程、操作条件资料、环境资料、本单位和同行业中曾经发生过的事故资料等），找出研究对象中潜在的不安全行为，列出最易于导致关键性行为的检查表。表 4-2 是一种操作机床的不安全行为检查表。

表 4-2 操作机床的不安全行为检查表

序号	不安全行为	序号	不安全行为
1	无人协助，单人在机床上夹外径大或很重的零件	14	用手消除铁屑
2	在砂轮机上磨刀具或车削飞溅性材料零件时不带护目镜	15	使用已磨损的内六角扳手或其他不良工具操作
3	机车运转时，用手或钩子伸进卡盘清除铁屑	16	机床运转时，调换刀具
4	扳手、工具等放在机床危险部位或容易堕落处	17	没有夹紧夹具中的零件
5	模具夹上机床时未检查，引起螺栓松动滑落	18	使用钻床时，没有夹紧钻头
6	用手触摸旋转零件的切削快口	19	钻孔时，不用夹具而是用手拿零件
7	不加工的零件放在机床工作台上	20	不穿戴规定的防护用品（穿宽大衣服、衣袖过长、不带袖套；女工头发露出帽外、穿高跟鞋、凉鞋）
8	磨削加工时，砂轮或零件不退够就开车	21	机床运转时，无人照管或远距离操作（柔性制造系统 FMS、柔性加工单元 FMC、计算机辅助制造 CAM 不在此例）
9	擅自增大切削量或提高转速	22	机床运转时，与他人嬉闹
10	零件和刀具靠得很近时装拆	23	机床运转时，用量具测量零件
11	车削零件时，刀具断屑性能不良，铁屑过长窜过刀架	24	戴手套操作机床
12	用纱绳或不准确的夹具吊装零件	25	使用性能不良的卡盘或卡盘选择不当
13	加工完毕后，不等机床停止运转，伸手取零件	26	操作时操作者站立不当

② 选择试验观测的随机抽样观察时间，规定试验观察所需的次数。

a. 为保证观测时间能均匀分布在每个小时内，采用按小时分层的随机抽样观测时间，每个工作日测取 8 次读数。如上班时间是 8~17 点，12~13 点休息 1h，那么可以随机地在随机数表上找到 8 个读数，如 1:25，1:55，6:15，2:35，8:05，3:10，12:10，7:15；把小时数去掉，保留分钟数加到相应的小时间上，得到随机抽样的观测时刻为，8:25，9:55，10:15，11:35，13:05，14:10，15:10，16:15。

b. 为保证样本大小足够大，至少进行为期 6 天试验观测。

③ 计算不安全行为出现的频率。参见表 4-3。

表 4-3 试验观测中不安全行为数据汇总表

						车间：金工车间			日期：××××年 4 月 4~9 日

日 期	操作安全人数 N_1	有不安全行为人数 N_2	不安全行为百分比/%	日观测累积总数 N	不安全行为累积总数 N_2'	不安全行累积百分比/%
4/4	140	54	28.8	194	54	13.0
5/4	124	54	30.0	372	108	26.0
6/4	98	60	38.0	530	168	40.5
7/4	120	72	37.5	722	240	57.8
8/4	125	91	42.1	938	331	79.7
9/4	104	84	44.7	1126	415	100.0

2）正式观测

① 根据试验观测结果得出的不安全行为的频率，按下式计算正式观测所需的观测次数。

$$N = \frac{4 \times (1-P)}{S^2 P}$$

式中　N——观测总次数；

　　　P——不安全行为平均百分比；

　　　S——精确度；

　　　4——采用置信度为95%的系数。

例　根据试验观测中不安全行为平均百分比（$P = 36.9\%$），若选择置信度为95%，精确度为±10%，求所需观测总次数。

解：

$$N = \frac{4 \times (1-P)}{S^2 P} = \frac{4 \times (1 - 0.369)}{0.1^2 \times 0.369} = 685$$

答：所需观测总次数为685次。

② 根据计算结果，确定观测的天数、每天观测次数、每次观测人数。如上例，若每周进行三天的观测，每天观测8次、每次观测人数不少于29人，则每周观测总次数 $N = 29 \times 8 \times 3 = 696$ 次，能满足测取读数大于685次的要求。

③ 利用随机数表，选择每日观测时间。每天的观测时间的选择方法同试验观测，必须保证每天观测时间不同。

④ 进行实际观测，做好记录、填入数据汇总表（同试验观测所用数据汇总表，即表4-3），计算出不安全行为的频率。

⑤ 按不同的研究目的；可对观测结果作进一步分析。

（2）访谈法　通过口头问卷法对工人进行访问与谈话，判定不安全行为，其步骤如下。

1）随机分层抽样　初步确定样本含量和对象。

2）结构访谈　询问被调查对象，请他们回忆和叙述自己的或目睹的不安全行为，同时可以发给被调查者典型的不安全行为和不安全状态目录，让他们照目录列举的内容思考，也可以不加限制地提出一些问题，使被调查者畅所欲言。当被调查者想到的都谈出来后，再按事先准备好的口头问卷，采用标准的指导语按一定条目次序对受试者进行系统地询问，系统地追究他们可能已经忘记的其他事件。把被调查者反映的危险事件资料加以分析，判断与之有关的不安全行为和不安全状态，然后按原因类别加以分类。

举例叙述

被调查者：几乎所有人都不会在冲床上正确工作，我自己也一样。冲床是不能乱摆弄的设备，当你在机台上放一个零件时，你应该把脚从踏板开关上移开，可是没有人这样做，人们工作时始终把脚放在踏板上，他们已经习惯把脚放在踏板开关上了，而且总是处于半踏状态，可是这样只要稍微加点压力就会出差错。

调查者：你见过因为这样做而造成的事故吗？

被调查者：我见过压碎了一把送取零件的小钳子。

调查者：你认为这类情况出现得很频繁吗？

被调查者：哦，相当多……，算起来大约每个月有一次。

分析与小结：工人在操纵冲床时，习惯于把脚放在踏板开关上，这种情况常会由于工人无意中踏动开关而形成事故。

代号　不安全行为

50　采取不安全位置或不安全姿势

3）爱德华变形方案　这是爱德华（D. S. Edwards）在 20 世纪 80 年代调查美国 19 家大型工厂时所创。为每个被调查者准备一组 50 张卡片，卡片的正面印有不安全行为或不安全状态的简要情况，指导被调查者读这些内容，并想想是否看见别人做过这件事或自己做过这件事。如果有人做了这件事，就把卡片放在右边，否则就放在左边，把没有人做过的那堆卡片收回，然后指导被调查者把剩下的卡片翻到背面，回答卡片背面上的问题，他们首先回答在上个月里看见过多少次这样的不安全行为或状态，接着让他们回想他们最近看到过的实例，并回答有关这个实例的下述问题：

① 你认为为什么这是不安全行为或不安全状态？

② 你认为它们的危险程度如何？（把危险程度分为五级：0 级不能引起事故；1 级可能造成轻伤；2 级可能造成重伤；3 级可能造成死亡；4 级可能引起人员死亡和重大财产损失）。

并用问卷法调查工人与管理人员的安全态度和他们对危险情况感知的程度。

4）确定样本含量　根据被调查者相继说出新的（不重复的）事件数作累积频数分布图，根据累积频数分布图估计样本大小是否合适。例如，在某厂调查 20 个人的过程中，有 12 个人说出了全部事件（不重复）的 75.3%，14 个人说出了其中的 88.1%，17 个人说出了其中的 94.1%，18 个人说出了其中的 97.4%，所以调查 18 个人就可以得到从全部 20 个人那里得到的全部资料的 90% 以上，调查这 20 个人就已经够了。

5）分析　把调查的每件危险事件分析之后，再把全部调查内容汇总起来，进行综合分析，以便采取恰当的预防措施。

4.3.3　行为控制图及其在安全中的作用

行为控制图同其他控制图（如质量管理控制图、事故控制图）一样，它是一个标有控制界限的坐标图，其横坐标为观测日期，纵坐标为不安全行为百分比，用以分析比较不安全行为平均百分比 P 值变化情况，不仅可用于衡量行为水平，还可以观察采取某种安全措施（如安全培训）后不安全行为的水平，以推断安全措施是否有效和可行。行为控制图的作图步骤如下。

（1）将观测读数汇总；

（2）按下式求观测期间不安全行为平均百分比和上、下控制限：

$$P = \frac{N_2'}{N} \times 100\%$$

$$UCL = P + 1.96\sqrt{\frac{P(1-P)}{N}} \times 100\%$$

$$LCL = P - 1.96\sqrt{\frac{P(1-P)}{N}} \times 100\%$$

式中　N_2'——观测期间不安全行为累积总数；

　　　N——观测期间观测累积总数；

　　　P——观测期间不安全行为平均百分比；

　　UCL——上控制限；

　　LCL——下控制限。

（3）绘制行为控制图，如图 4-8 所示。

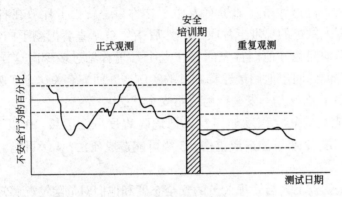

图 4-8　行为控制图

例　某厂第一周正式观测的 $N_2' = 269$，$N = 909$，第二周至第四周 $N_2' = 510$，$N = 3096$，因不安全行为未见显著改善，对全体人员进行了为期一周的安全培训，再重复抽样观测，$N_2' = 122$，$N = 1303$，问所进行的安全培训是否有效果？

解：（1）根据第一周正式观测的读数确定 P、UCL、LCL。

① $P = \dfrac{N_2'}{N} \times 100\% = \dfrac{269}{909} \times 100\% = 29.6\%$

② $UCL = P + 1.96\sqrt{\dfrac{P(1-P)}{N}} \times 100\%$

$$= 0.296 + 1.96\sqrt{\frac{0.296(1-0.296)}{909}} \times 100\% = 32.6\%$$

③ $LCL = P - 1.96\sqrt{\dfrac{P(1-P)}{N}} \times 100\%$

$$= 0.296 - 1.96\sqrt{\frac{0.296(1-0.296)}{909}} \times 100\% = 26.6\%$$

（2）根据第二周到第四周的读数，求出：

① $P = \dfrac{N_2'}{N} \times 100\% = \dfrac{510}{3096} \times 100\% = 16.5\%$

② $UCL = P + 1.96 \sqrt{\dfrac{P(1-P)}{N}} \times 100\%$

$= 0.165 + 1.96 \sqrt{\dfrac{0.165(1-0.165)}{3096}} \times 100\% = 17.8\%$

③ $LCL = P - 1.96 \sqrt{\dfrac{P(1-P)}{N}} \times 100\%$

$= 0.165 - 1.96 \sqrt{\dfrac{0.165(1-0.165)}{3096}} \times 100\% = 15.2\%$

(3) 根据重复观测的数据确定 P 值和上、下限：

① $P = \dfrac{N_2'}{N} \times 100\% = \dfrac{122}{1303} \times 100\% = 9.4\%$

② $UCL = P + 1.96 \sqrt{\dfrac{P(1-P)}{N}} \times 100\%$

$= 0.094 + 1.96 \sqrt{\dfrac{0.094(1-0.094)}{1303}} \times 100\% = 11.0\%$

③ $LCL = P - 1.96 \sqrt{\dfrac{P(1-P)}{N}} \times 100\%$

$= 0.094 - 1.96 \sqrt{\dfrac{0.094(1-0.094)}{1303}} \times 100\% = 7.8\%$

从上述 P、UCL 及 LCL 可见，第一周观测后，由于工人心理上有所警戒，故不安全行为平均百分比在 2~4 周有所降低。从重复抽样观测的读数可以看到，经过一周培训后，不安全行为平均百分比显著下降，经与第一周的读数作显著性测验比较，两者差别有显著性，由此说明，采取的安全措施是可行的、有效的。

4.3.4 世界卫生组织神经行为功能核心测试组合方法

世界卫生组织（WHO）神经行为功能核心测试组合方法（neurobehavioral core test battery，NCTB）是一种成套的测试行为的方法，最早用于研究职业危害因素对机体行为的影响，尤其是一些神经毒物，如重金属、有机溶剂及农药等的低剂量所引起的神经系统功能性改变。这套方法由于可以反映人类的基本行为功能，且测试手段规范、简单易行、不受文化程度、性别等因素影响，指标有一定敏感性、可信度和有效度，因此近年来，在安全上亦广泛用于人的行为的安全性评价。

NCTB 由 7 个分测验组成，每一分测验各自测试一个方面的行为功能，各从不同侧面反映出机体的整体行为功能。

（1）心境状态的特征（profile of mood state，POMS） 该测验采用问卷法，用以测定受试者一周内的心境和情绪。问卷列有 65 个形容词，分别描述紧张——焦虑（T）、忧郁——沮丧（D）、愤怒——敌意（A）、有力——好动（V）、疲惫——惰性（F）、困惑——迷茫（C）六个方面的情感。每一方面程度又可分为五个等级：0 级一点也无，1 级略有一点，2 级有一些，3 级相当多，4 级非常多。通过 POMS 问卷了解受试者近一周内的心境。心境不佳常是导致不安全行为的原因之一。

（2）**简单反应时**　从外界刺激出现到操作者根据刺激信息作出反应完成之间的时间间隔称为反应时。反应时根据刺激-反应情境的不同可分为简单反应时和选择反应时。如果呈现的刺激只有一个，被试只在刺激出现时作出特定的反应，这时获得的反应时为简单反应时。当有多种刺激信号，刺激与反应之间表现为一一对应的前提下，呈现不同刺激时，要求做出不同的反应，这时获得的反应时称为选择反应时。

简单反应时用以测定受试者视觉感知到手部运动的反应时间，这是心理学经典的测验方法。

（3）**数字广度**　这是韦克斯勒成人智力量表（WAIS）和韦克斯勒记忆量表（WMS）中的一个语言分测验项目，用以测定受试者听觉记忆及注意力集中程度，这两项心理素质尤其是后者常与事故有一定关联。测试分两部分，即顺叙和倒叙。主试者用清晰的语调，以每秒读一个数字的速度，依次读出 2~9 位数字的序列，要求受试者立即按顺序或倒序加复述。

（4）**圣他·安娜手工敏捷度测验**　主要测试手的操作敏捷度及眼-手快速的协调能力。测试器材为一木板，木板凿有 48 个孔，每孔嵌有下部是方形、上部是圆形的栓，栓子表面漆成半红半白，要求受试者在 30s 内，尽快逐一将栓子提起，按水平方向转 180° 后，再嵌入原孔内，分别测验利手及非利手的操作速度及眼手协调功能。有些不安全行为常与操作速度过慢及眼手协调功能不良有关。

（5）**数字译码测验**　主要测试视觉感知、记忆、模拟学习及手部反应的能力。这亦是韦克斯勒成人智力量表的一个分测验项目。"试卷"上方列有 1~9 数及其相应的符号，试卷下方为一串随机排列的 1~9 数字，测验时，要求受试者尽快在每个数字下面的空格里，逐个的填上相应的符号，测试限时 90s。

（6）**本顿视觉保留测验**　主要测试几何图形辨别能力及短时视觉记忆。该测验含 20 张（10 对）图片，每一对的第一张图片上画有一个几何图形，让受试者看 10s，然后再看第二张图，也看 10s，让受试者指出第二张图片中四个几何图形，哪一个与第一张图片上的图形完全相同。

（7）**目标瞄准追踪测试**　测试手部运动的速度及准确性。该测验源于 Fleischman 的心理运动测试组合。测验材料为一张印有许多圆圈的"试卷"和一支铅笔。测验时，让受试者按"试卷"标明的走向，用铅笔逐个地在圆圈中心打个点，越快越好。

以上介绍的 NTCB 是世界卫生组织发起、由国际有关专家反复研制、联合编制的一种简单易行的行为测试方法，在行为的安全性评价方面有重要意义，但它在实际测验中还存在许多问题，尚待进一步探索。

4.3.5　神经行为评价系统

人的安全行为在一定程度上受到感知觉、心理运动能力、感知-运动协调能力、信息处理能力、判断能力、运动能力等心理、生理特征的影响，从而影响事故的概率。虽然上述特征对安全行为的影响在一定程度上取决于操作者所从事工作的性质、复杂程度以及现场情景，但是对上述特征进行测定，无疑有助于行为的安全性评价。

从芬兰心理学家翰尼仑（H. Hanninen）在 20 世纪 70 年代初期采用成套心理行为学方法观察工作场所化学毒物对工人健康影响以来，至今已有多种行为测试方法问世，由于各种测试组合结构不一，测试方法多为问卷测验或纸笔测验，测试过程没有统一规范，因此所获结果难以进行比较。世界卫生组织推荐的神经行为核心测验组合（NTCB），虽然在测试的规范化和资料可比性方面迈进了一大步，但仍未能完全克服人工测试所存在的固有缺点，尤其是主试者的偏见所引起的系统误差。美国学者贝克（E. L. Baker）和列兹（R. Lets）为克服人工测试的缺点，经过长时间的研究和探索，创立和发展了一套较为完善的"计算机处理的神经行为评价系统"（computer administered neurobehavioral evaluation system，NES），从而推动了行为测试向程序化、规范化和定量化方向发展。使用计算机测试的主要优点是：

① 客观、规范和定量化。全部测试皆由计算机程序控制，从而消除了由于主试者偏移所带来的系统误差；

② 高效、精确。使操作、测试、结果贮存和分析融为一体，每次测试所给的刺激更均匀、准确，还可立即提供被测试者的测试结果；

③ 信息及时反馈。若受试者对测验的指导语不理解，操作不当时，能通过人-机对话及时反馈，指导正确操作；

④ 灵活。NES 包括多种神经行为功能测试项目，可根据不同工种、不同研究目的，加以选择和组合；

⑤ 新颖。较之传统的纸笔测验，问卷测验令受试者有新鲜感，乐于尝试。

受试者对计算机使用的熟练程度对某些分测试会有一定影响，因此，必须严格选择观察组和对照组，并应在测试前进行培训。计算机处理的神经行为评价系统测试项目如表4-4所示。

表 4-4 计算机处理的神经行为评价系统测试项目

所反应的行为功能		测试项目
知觉-运动：	运动速度	指叩
	视运动速度	简单反应时
		连续操作测试
	运动协调	眼手协调
	译码速度	符号数字译码
	视知觉	图案比较
记忆和学习：	视记忆	视觉保持测试
		图案记忆
	短时记忆	数字广度
		记忆扫描
	学习/记忆	系列数字学习
	联想记忆	联想学习
		联想回忆
认知：	词汇能力	AFQT 词汇测试
	计算	横向加法
	精神适应性	注意转移
心境		心境量表（POMS）

下面以 NES 中的两个分测试为例进行说明。

（1）**眼手协调测试**　要求受试者用操纵杆跟踪视觉显示终端（VDT）上出现的一个大的正弦波图形。在屏幕上有一正弦曲线，左边有一光标从左向右水平移动，要求受试者用操纵杆使光标沿正弦曲线运动。根据光标移动轨迹，统计垂直距离误差（平均绝对值、均方根值），以评价眼手协调操作精确度。

（2）**简单反应时**　当屏幕出现一个大的"0"，要求测试者立即按键。信号的出现间隔时间是随机的，分别为 2.5～7.5s 不等。记录受试者反应时间和延误（超过一定时间未反应即作为延误）的次数。

NES 在安全工作中的应用，我国目前尚处于探索阶段，尚待今后进一步实践和研究。

 思考题

1. 如何理解人的行为？
2. 阐述德国心理学家莱文的"刺激-反应"模式。
3. 人的行为个体差异的主要原因是什么？
4. 如何看待人的空间行为特征。
5. 分析情绪水平与不安全行为的关系。
6. 分析人的行为失误与安全的关系。
7. 如何理解并正确使用瑟利的事故决策模式。
8. 阐述兴趣对安全的意义与作用。
9. 分析安全教育与培训在提升安全行为水平的作用。
10. 人的行为层次模型对安全教育与培训有何指导意义？
11. 简述人的可靠性研究。
12. 简述危险事件判定技术分析不安全行为的程序。
13. 如何绘制行为控制图？
14. 简述世界卫生组织神经行为功能核心测试组合方法。

5 生产环境因素与安全

本章所讨论的生产环境因素主要是指与生产过程密切相关的照明、颜色（色彩）、噪声与振动、生产环境的微气候条件（如温度、湿度、气压、通风量、风速）等，这些生产环境因素常常是导致事故发生的潜在因素。下面将从安全心理的角度分析这些生产环境因素对安全的影响及预防对策。

5.1　生产环境

从心理学的角度来说，所谓"环境"就是指人的生活场所或影响人的事物的整体或其中一部分。环境又可分为内环境和外环境，内环境是指发生在个体体内的整个过程，外环境是指围绕着主体，并对主体的行为产生某种影响的外界一切事物。外环境又可分为社会环境与物理环境两类，这两类环境因素对安全生产都有巨大影响。这里主要讨论与生产过程相关的物理环境，即生产环境。

人的行为是与人们对环境的认识相关联的，格式塔学派（Gestalt psychology，又称完形心理学派）心理学家特别重视物理环境作为刺激物在感觉、知觉过程中的作用。他们认为，物理环境对感觉、认识过程产生刺激对心理状态也会产生重要的影响，这些影响被称为物理环境的感觉特性。这种特性可以认为是人的身体组织，特别是感觉器官对物理环境做出反应的属性。由于人的行为是在环境的空间里进行的，行为的信息可以说是对环境空间的认识，这些信息大部分是依靠视觉获得的。在眼睛可以看到的范围内，首先进行的是根据视觉得来的对客体的知觉，而听觉可以获取眼睛所看不见的信息，可以起到视觉的辅助作用，特别在安全上，听觉具有引起人们注意的重要作用。例如，从后方传来的汽车喇叭声、岔道口的警铃声等。对环境的感知，除了视觉和听觉外，还有嗅觉、味觉、皮肤感觉的触摸觉、压痛觉、振动觉和温度感觉等。物理环境的信息通过这些感觉通道传递到人的大脑，大脑把这些信息进行分析、综合、加工，因而产生了一系列的心理过程和相应的行为。例如环境的温度和湿度，不论是过高或过低，都会让人产生一种不舒服的感觉，从而影响人的情绪，影响工效，增加不安全因素。适宜的温度和湿度给人舒适的感觉，对提高工效和减少事故发生率都是非常有益的。因此，研究环境对人的心理状态的影响时，必须要重视与人的行为功能有关的物理环境。

生产环境即从事生产活动的外环境，既可以是大自然的环境，也可以是按生产工艺过程的需要而建立起来的人工环境，人的生产环境是重要的物理环境之一。在生产环境里，由于机器的转动、物体的破碎、矿石的冶炼、金属加热、物质的分解与合成、化学反应、物理变化等，使生产环境中产生诸如高温辐射、噪声、振动、毒物、粉尘等许多职业性有害因素，再加上生产环境中的其他一些因素，如通风、采光、照明、色彩等，这些物理环境因素都直接或间接地影响人的心理状态和生理功能，从而影响人们作业的安全性、舒适性和工作效率。因此，要保证人-机-环系统的安全，有效地进行生产活动，就必须研究生产环境对人心理的影响，并对生产环境加以控制，消除对心理的不良影响，创造一个舒适的生产环境。

5.2 生产环境的采光、照明与安全

人在进行生产活动时，主要是通过视觉接受外界的信息，并由此做出选择而产生一定的行为。根据有关研究表明，约有 80% 的外界信息是通过人的视觉而获得。在生产环境中的光源有两种，一种是自然光（阳光），另一种是人造光（灯光）。把室外的阳光用于作业场所的照明，称为采光。人造光主要是指用电光源发出的光，用于弥补自然光的不足，即平常所说的照明。生产环境中采光与照明的好坏直接影响视觉对信息的接收质量，进而影响人在生产过程中的安全心理和安全行为。工作精度、机械化程度越高，对采光与照明的要求也越高。

我国大部分地区，每年 11 月、12 月和次年 1 月三个月中昼短夜长，经常需要人工照明，但照度（照度是被照物的单位面积上所接受的光通量，单位是勒克司，lx。）值较低。据统计，这一时期事故率较高，照度不良是事故发生的重要原因之一。

国内外的最新研究表明，照明与事故具有相关性。在特定的单元作业中，事故的多少与亮度成反比关系。事故频数高于平均数的单元作业，往往是在亮度较低的场所发生的。例如，在矿山井下，具有最高事故指数的作业，集中在照明不良的凿岩、岩层支护、运输及装载作业上。克鲁克斯研究指出，在射束亮度、半阴影亮度、底板亮度和环境高度与事故频率的多元回归中，得出的结论是，井下生产环境越亮，事故频率越低。可见，照明是安全生产的潜在关键因素。又如对国内一家工厂的调查表明，当照度由 20lx 增至 50lx 时，四个月时间，工伤事故的次数由 25 次降至 7

次，差错件数由 32 件降至 8 件，由于疲劳而缺勤者从 26 人降至 20 人。再如国外对交通事故的调查也表明，改善道路照明，一般可使交通事故减少 20%～75%。反之，不良的采光和照明，除令人感到不舒适、工作效率下降外，还因操作者无法清晰地看清周围情况，容易接受模糊不清甚至是错误的信息并导致错误的判断，很容易发生工伤事故。研究资料表明，环境因素引起的工伤事故中，约有 1/4 是由于照明不良所致。以上充分说生产环境的采光和照明对于减少生产事故，保证人-机-环系统的安全具有非常重要的意义。

我国工业生产中既没有充足照明的习惯，在安全事故分析中又极少重视和记录照明因素，这是急需改进的。

5.2.1 与生产环境照明设计有关的视觉机能特点

照明对人的工作效率、安全和舒适的影响主要取决于它对人的视觉机能的心理、生理效应。如人在黑暗的环境中，表现为活动能力降低，忧虑和恐惧。在光线充足或照明良好的环境，人则有积极的情绪体验，因此必须根据人的视觉特点来设计生产环境的照明。

(1) **视功能** 视功能是指人对其视野内的物体的细节进行探测、辨别和反应的功能。视功能常以速度、精度或觉察的概率来定量表示。视功能与照明有很大关系，照明的照度若低于某一阈值，将不能产生视功能。超过某一阈值，开始时，随照度的增加，视功能改善很快，但照度增至一定程度后，视功能改善水平维持不变，即使再增加照度也不能改善视功能。因此，不适当增高照度，除浪费能源外，还会产生眩光、照度不均匀，造成视觉干扰和混乱，反而使视功能下降。此外，还必须注意光线的方向性和漫反射，以避免杂乱的阴影造成错觉。

(2) **视觉适应** 视觉适应是人眼在光线连续作用下感受性发生变化的现象，也即人视觉适应周围环境光线条件的能力。适应可使感受性提高或降低，是人适应环境的心理和生理反应，它包括暗适应（人从明亮环境走入黑暗环境时，视觉逐步适应黑暗环境的过程）和明适应（人在由黑暗环境进入明亮环境的时候，刚开始时人的眼睛不能辨别物体，要经过几十秒的时间才能看清物体，这种过程称之为明适应）两种。在生产环境中，必须要考虑视觉的适应问题。如果作业区和周围环境反差过大，就会出现暗适应或明适应的问题，使工作效率降低，并可造成操作者失误或导致事故。因此，作业区与周围环境的照明、作业的局部照明与一般照明均应有一定的比例。例如，对夜间行车而言，驾驶室及车厢的照明设计应使用弱光，使驾驶员增强适应，以确保安全。

(3) **闪烁** 如果光的波动频率足够低时，就会从视野（视野是指头部和眼球不动时，眼睛看正前方所能看到的空间范围）内某个光源或某个照射面观察到光的波动，这种现象称为"闪烁"。闪烁会使人感到烦恼，并且使视觉疲劳加剧。

(4) **炫光** 当视野内出现过高的亮度或过大的亮度对比时，人就会感到刺眼，影响视度（物体具有一定的亮度才能在视网膜上成像，引起视觉感觉。这种视觉感觉的清楚程度称之为视度）。这种刺眼的光线叫做炫光。如晴天的午间看太阳，会感到不能睁眼，这就是由于亮度过高所形成的炫光使眼睛无法适应之故。

炫光按产生的原因可分为三种，即直射炫光、反射炫光和对比炫光。直射炫光是由炫光源直接照射引起的，直射炫光与光源位置有关。反射炫光是光线经过一些光滑物体表面反射到眼部造成的。对比炫光是物体与背景明暗相差太大所致。

炫光的视觉效应主要是使暗适应破坏，产生视觉后像，使工作区的视觉效率降低，产生视觉不舒适感和分散注意力，易造成视疲劳，长期下去，会损害视力。有研究表明，做精细工作时，眩光在 20min 之内就会使差错明显增加，工效显著降低。

5.2.2 根据心理特征的照明设计原则

（1）**自然采光** 在设计车间建筑物时应最大限度的考虑使用自然光，最好采用综合采光（即同时采用侧方、上方的采光）。因为单独采用侧方采光或上方采光，都会使室内照度不均匀，既会影响工作效率，又容易发生事故。当自然采光不能满足视觉要求时，应采用人工照明补充。

（2）**适宜的照度和好的光线质量** 作业照明应在工作地点与周围环境形成适宜的照度和好的光线质量，这是对照明的一般要求。生产场所的照明分为三种，即自然照明、人工照明和自然及人工混合照明。按范围又可分为全面照明、局部照明以及全面与局部结合的综合照明。

① 适宜的照度。有些国家规定，一般照明的照度不小于 500lx，全面照明的照度在 $500 \sim 1000$lx 时较好。常用的照度标准可参照表 5-1。

表 5-1 常用的照度标准

环　　境	照度/lx	环　　境	照度/lx
晚间的公共场所(室外)	$20 \sim 50$	电子或钟表工业	$2000 \sim 5000$
短时间使用的场所(室内)	$50 \sim 100$	微电子工业	$7000 \sim 15000$
仓库或过厅	$100 \sim 200$	特种外科手术	$15000 \sim 20000$
演讲厅或无精度要求的车间	$200 \sim 500$	铸造车间	500
办公室或正常精度要求的车间	$500 \sim 1000$	教室、阅览室	700
检验工作、车床工作	$1000 \sim 2000$	理发店	1000

局部照明和一般照明必须协调，一般照明的照度不应过分低于局部照明，也不应与局部照明相同，更不允许高于局部照明。一般照明的照度应不低于混合照明（一般照明和局部照明组成的照明）总照度的 $5\% \sim 10\%$，并且其最低照度应不少于20lx。

② 好的光线质量。物体与背景的对比度、光的颜色、炫光和光源的照射方向均属于光的质量。

为了看清物体，应使其背景更暗一些，即有一定的对比度。若识别物体的轮廓，应使对比度尽可能大些，如白纸黑字，如果是白底黄字或红底黑字既不利于识别也令人厌倦。但在观察物体细部，如识别颜色、组织或质地时，应使物体与背景之间的对比度最小，这时才能看清细部结构。

要注意室内作业区与环境照明之比，参见表 5-2。表中为最大允许限度，若超出限度，会影响工作效率，容易发生事故。对于生产车间、工作面或工件的照度与它们之间的间隙区的照度，二者之比应为 1.5:1 左右。

表5-2 室内各部分照度比最大允许值

对 比 特 征	办公室	车 间
工作区与其周围环境（墙壁、天花板、地板、桌面、机具）	3:1	5:1
工作区与较远周围环境	10:1	20:1
光源与背景之间	20:1	40:1
视野范围内各表面间	40:1	80:1

光源方向十分重要，避免作业面和通道产生阴影，因为作业面和通道的阴影常会造成事故。正确选择照明方向，可消除阴影和反射，在照明设计安装时应予考虑。如顶光安装的位置应在 2α（α 为光的入射角）角范围内。α 角的大小取 25°以下为最好。

同时注意防止灯光直射和眩光的产生。为保护眼睛不受灯光的直射和防止眩光，在直射式和扩散式照明时，需限制光源亮度，提高灯的悬挂高度和采用带有一定保护角的灯具以及其他防止眩光的措施。如办公桌不宜面对窗户，侧射、背射、半透明窗帘、百叶窗都是避免眩光的好方法。

(3) 保证照度的稳定性和均匀性

① 稳定性。作业照明的电压应不低于其额定电压的 98%。电压改变 1%，光子流就改变 3%~5%，若要使照度稳定，光子流的变化不应超过 10%。

② 均匀性。对于一般工作，如果作业场所较大，对于整个工作面上的照度设计应满足：

$$\frac{平均照度}{最小（最大）照度}\leqslant 3\left(\leqslant\frac{1}{3}\right)$$

$$\frac{两光源之间间隙地带照度}{光源直接下方照度}\leqslant 0.5$$

如果照度不稳定（闪烁或忽暗忽明）或分布不均匀，不仅有碍视觉，而且不易分辨前后、深浅和远近，以致影响工效和发生事故。

(4) 安全要求 照明设备应符合其他安全措施的要求，如不应有造成电击和火灾的危险，符合用电安全要求，符合事故照明要求。事故照明的光源应采用能瞬时点燃的白炽灯或卤钨灯，照度不应低于作业照明总照度的 10%，供人员疏散用的事故照明的照度应不少于 5lx。

5.3 生产环境的色彩与安全

颜色是光的物理属性，人可以通过颜色视觉从外界环境获取各种信息。人类生活的世界，色彩斑斓，无论家庭、办公室、服务场所或车间，恰如其分的颜色及其颜色配置，会收到意想不到的效果。事实上，颜色不是可有可无的装饰，鉴于它对人的生理和心理都会产生影响，可以作为一种管理手段，提高工作质量、效率，促进安全生产。

人辨别物体表面的颜色，主要取决于光源的颜色、在不同光线照射下，物体表面反射和吸收光线的状况、人眼视网膜上的感光细胞的机能状态。色觉是由不同波长的光线所引起的。不同波长的光具有一定的颜色，在照射到物体表面后，由于表面分子结构不同，反射和吸收的情况也不同，从而使物体呈现不同的颜色。

5.3.1 色彩的意义

色彩的感觉在一般美感中是最大众化的美感形式。颜色作用于我们的感觉，引起心理活动，改变情绪，影响行为。"明快"的颜色引起愉悦感；"抑郁"的颜色将会导致很坏的心境。人们对色彩的感觉及其评价可能会有某些不同，这种"最大众化的美感形式"有其共性。正确巧妙地选择色彩，可以改善劳动条件，美化作业环境。合理的色彩环境可以激发工人的积极情绪，消除不必要的紧张和疲劳，从而提高工作效率并有利于安全生产。

色彩的运用必须非常谨慎，色彩选择不当，同样能造成较大的危害。如把墙壁和车床漆成低沉的深绿色，并围上黑色的边框，结果造成工人头痛和产生忧郁症。工作环境的色彩必须绚丽多姿，在主色外还应适当采用辅助色，使色彩具有多样性。这样才能减轻工人的疲劳感觉，提高工作效率。使用单一的色彩，即使是生理最佳色彩，也不会获得好的效果。如英国一家纺织厂，厂方希望使用色彩提高劳动效率，把车间墙壁全部漆成天蓝色，天花板漆成不透明的乳白色。经三个月后，发现对生产指标并无任何实质性改变。心理学家对此进行研究后发现，虽然大多数人都喜爱天蓝色，并感到体力负荷有所减轻，视觉感觉良好。但蓝色对人的心理作用来说，它属于清冷和消极的颜色，对工人情绪的影响却明显是消极的。因此，车间粉刷天蓝色太多，并不能激励人的劳动热情。可见，在生产环境中若色彩运用不当，将不能起到促进生产和安全的预期效果。

(1) 常见颜色的象征意义

① 红色。热烈、喜庆、欢乐、兴奋。使人感到温暖、热血沸腾，但是红色太多，亦会令人烦躁不安，引起神经紧张。红色使人联想到血与火。红色象征革命、热情。

② 橙色。兴奋、华丽、富贵。给人愉快的感觉，使人激动，知觉度增强。使人联想到太阳、橙子、橘子。橙色象征光明、快活与健康。

③ 黄色。温和、干净、富丽、醒目、明亮。引人注目，令人心情愉快、情绪安定。使人联想到明月、葵花。象征明快、希望、向上。室内家具及墙壁的颜色曾流行浅黄色。

④ 绿色。自然、舒适、镇静、安定，减轻用眼疲劳，增强人眼的适应性。使人联想到树和草，象征安全与和平。绿色给人以新春嫩绿的勃勃生机，造成自然美的心理效应。如在医院的病房里常涂以嫩绿色，使之增添活力和生机，鼓励病人与疾病抗争，夏日里，家中卧室也可用淡绿，增加清新怡人的气氛。

⑤ 蓝色。空旷、沉静、舒适，有镇静、降温之效。使人联想高高的蓝天、宽阔的海洋。象征沉着、清爽、清静。此外，蓝色还令人产生纯朴、端庄、稳重、沉静的心理感受。在校学生常着装"学生蓝"，使人产生洁静感。

⑥ 紫色。镇静、含蓄、富贵、尊严。偶尔也令人产生忧郁的情绪。使人联想到葡萄、紫丁香、紫罗兰。象征优雅、温厚、庄重。如许多国家把紫色作为最高官阶服饰用色。

⑦ 白色。纯洁高尚、晶莹凝重，对多愁善感的人又意味着忧伤、寒冷。使人联想到白雪、白云、白浪滔滔。象征纯洁、明快、清静。如医护人员、售货员等常穿白色工作服，使人产生清洁、幽雅的感觉。白色的反射率很大，也能提高亮度和降低色彩饱和度。

⑧ 黑色。庄重、力量、坚实、忠心耿耿。使人联想到煤炭和钢铁。象征沉重、稳重、忧郁。如 1916 年至 1924 年美国福特汽车制造厂生产的充斥全世界的"T"型小汽车，所采用的颜色即是黑色。

⑨ 浅灰色。轻松、平和。如服装常用浅灰色。

（2）**颜色中的常见色对生理与心理的作用**　正确选择颜色，有益于视觉、生理、心理、工效、安全。通过颜色调节，可以增加明亮程度，提高照明效果；标识明确，识别迅速，便于管理；注意力集中，减少差错、事故，提高工作质量；赏心悦目，精神愉快，减少疲劳；环境整洁、明朗、层次分明，满足人们的审美情趣。颜色中的常见色对生理与心理作用如表 5-3 所示。

表 5-3　颜色中的常见色对生理与心理作用

作用＼颜色	热烈	兴奋	温暖	轻松	尊严	华丽	突出	接近	富贵	安慰	凉爽	幽雅	干净	安静	沉重	遥远	寒冷	忧郁
红	√	√	√			√	√								√			
橙		√	√			√	√		√									
橙黄	√	√				√	√	√										
黄	√	√	√	√			√	√					√					
紫					√	√									√			
紫红		√	√	√					√									
黄绿			√	√										√				
绿										√	√			√	√	√		
绿蓝				√										√	√	√		
天蓝				√							√		√			√		
浅蓝				√						√	√		√			√		
蓝										√						√		
白				√		√								√				
浅灰				√										√				
深灰															√			√
黑															√			√

5.3.2　生产环境的色彩应用

生产环境的色彩应用要考虑工作特点、颜色意义及其对人的生理、心理影响等因素。颜色可以构造成赏心悦目的环境，可以创造出庄严肃穆的气氛，也可以造成色彩缤纷的景致。生产环境在色彩应用时，其基本原则如下：

① 利用色彩创造最好的视觉条件；

② 利用色彩使注意力集中；

③ 使用色彩编码；

④ 促进工作场所整洁；

⑤ 利于预防生产事故；

⑥ 利于减少环境污染因素的不良心理作用。

(1) 工作场所色彩设计、应用原则　工作场所的颜色调节是一个将零零散散的不同色调，整合为协调、划一又具有一定意义的颜色系列，这是一个系统的安排。在配置时要考虑两点，首先，整个布置是暖色还是冷色；其次，要有对比，并能产生适当、协调、渐变的效果。如法国有一家工厂的冲压车间，吸音的天花板为乳白色，墙壁为天蓝色贴面，柱子为浅咖啡色，设备是从上至下渐深的黄绿色，整个车间是冷色调，令人感到安静、稳定、祥和、舒适、分明、美观又协调一致。

① 运用光线反射率。运用颜色的反射率可以增强光亮，提高照明装备的光照效果，节省光源。与此同时，使光照扩散，室内光线较为柔和，减少阴影，避免炫目。从生理、心理角度上来说是最佳的色彩是浅绿、淡黄、翠绿、天蓝、浅蓝和白、乳白色等，能达到明亮、和谐的效果。室内的反射率在各个方位并不是完全一样的，如天棚、墙壁、地板等依次渐弱，可按表5-4的建议数据进行设计。

表5-4　室内反射率分配建议

方　位	天　棚	墙	地　板	机器与设备
反射率/%	70~80	50~60	15~20	25~30

② 合理配色。室内的颜色不能单调，否则会产生视觉疲劳。采用几种颜色且使明度从高至低逐层减弱，使人有层次感与稳定感。一般上方应设置较明亮的颜色，下方可设置得暗些。若不是按这种方式进行颜色组合，会产生头重脚轻的负重感，导致疲劳。

颜色的选用，应与工作场所的用途与性质相适宜。颜色的应用在于可借人的视错觉来突出或掩盖工作场所的特征，改变对房间的印象。如对面积大但天棚较低的室内配色时，要注意天棚在视野内占的比例相当大，可将天棚涂以白色或淡蓝色，令人产生在万里晴空之下的广阔感，千万不能涂灰色，即使是浅灰色，否则，有如在万里乌云之中，令人压抑。合理利用色觉特性可以使小房间显得大些（如明亮的颜色）；天棚显得高些（如反射率大的颜色）；使狭长变得宽些（如明度高的冷色系颜色）等。

③ 颜色特性的选择

a. 明度。任何工作房间都要有较高的明度。由于人眼的游移特性，常会离开工作面而转向天花板、墙壁等处，假若各区间的明度差异很大，视觉就会进行自身的明暗调节，致使眼睛疲劳。

b. 彩度。彩度高将给人眼以强烈的刺激，令人感到不安。天棚、墙壁等用色不宜彩度过高，除非警戒色，一般在设计时都要避免使用彩度高的颜色。

c. 色调。春夏秋冬四季的变化，给颜色调节带来了自然的契机，工作与生活的空间可以根据变化而适时地调节。色调的选择必须结合工作场所的特点和工作性质的要求。如应考虑如何恰当地改变人们对温度、宽窄、大小、情绪、安全、舒适、疲劳等心态，以及某些影响生理过程的需要。表 5-5 是某些工作场所颜色调节应用实例，可供参考。

表 5-5 工作场所颜色调节应用实例

场 所	方 位			
	天 棚	墙 壁	墙 围	地 板
	标准色①			
冷房间	4.2Y9/1	4.2Y8.5/4	4.2Y6.5/2	5.5YR5.5/1
一 般	4.2Y9/1	7.5GY8/1.5	7.5GY6.5/1.5	5.5YR5.5/1
暖房间	5.0G9/1	5.0G8/0.5	5.0G6/0.5	5.5YR5.5/1
接待室	7.5YR9/1	10.0YR8/3	7.5GY6/2	55YR5.9/3
交换台	6.5R/2	6.0R8/2	5.0G6/1	5.5YR5.5/1
食 堂	7.5GY9/1.5	6.0YR8/4	5.0YR6/4	5.5YR5.5/1
厕 所	N9.5	2.5PB8/5	8.5B7/3	N8.5
更衣室	5Y9/2	7.5G8/1	8BG7/2	N5
车 间	7.5GY9/2	7.5GY8/2	10GY5.5/2	
办公室	7.5GY9/2	7.5GY8.5/2	7.5GY7.5/2	
诊疗所	N9	6.5B8/2	5YR6/3	
走 廊	7.5GY9/2	7.5GY9/2	7.5YR7.5/3	

① 标准色是根据孟塞尔（A.H.Mnnsell）颜色立体模型定义的，其标示方法：HV/C（即色调明度/彩度）。例：标号为10Y8/10的颜色，是色调介于Y与GY的中间，明度值为8，彩度为10的颜色。

（2）机器设备用色 机器设备配色在厂房竣工进行室内装饰时就应同时考虑相关问题。机器设备的主要部件、辅助部件、控制器、显示器的颜色应按规范的要求配色，尤其主要部件和可动部分应涂以特殊颜色，使其在机器的一般背景上凸现出来，同时将高彩度配置在需要特别注意的地方。这是"防误"的一个具体措施。

具体应注意以下几点要求。

① 与设备的功能相适应。如医疗设备、食品工业和精细作业的机械，一般用白色或奶白色。一般工业生产设备外表和外壳宜采用黄绿、翠绿和浅灰等色。国外有学者主张采用驼色，一段时间，驼色已成为国际机器设备、工作台和面板流行色彩。

② 与环境色彩协调一致。如军用机械、车辆为了隐蔽，常用绿色或橄榄绿色。

③ 危险与示警要醒目。如消防设施一般用大红色，彩度较大。

④ 突出操纵装置和关键部位。按钮、开关、加油处等均应使用不同的色彩编码，为操作方便创造条件。如绿色按钮表示"启动"，红色按钮表示"停止"等。

⑤ 显示装置要异于背景用色。引人注目，以利识读。

⑥ 异于加工材料用色。长时期加工同一种颜色的材料，若材料颜色鲜明，机器配灰色；若材料颜色暗淡，机器配之以鲜明色彩。装置与装饰机器设备时，宜将劳动和工作场地的具体条件相协调作为出发点，考虑有关环境、设备的配置，符合劳动的性质及其特定作业程序。

（3）**工作面用色** 工作面的颜色取决于其加工对象的颜色，如上述"机器要异于加工材料用色"，形成颜色对比，加强视觉识别能力。若背景与加工物件色彩相近，则不易辨认。因此，加工物件、机器、工作台面的色彩与亮度必须有显著的差异，才能使人的注意易于集中，易于辨别细小部件。如在纺织厂，机器和纺织品在色彩上要有明显差别，以使工人发现织物上的毛疵，以保证产品质量。

（4）**标志用色** 标志作为一种特殊的形象语言，旨在传递信息。颜色编码是这种信息传递的重要方式。在交通与生产等方面各种颜色所表示的一般含义如下。

① 红色。停止、禁止、高度危险、防火。如机器上的紧急按钮；不许吸烟；危险标志色；消防车及其用具。

② 橙色。危险色。工厂里常涂在齿轮的外侧面，引起注意。航空障碍塔和海上救生船等涂橙色。

③ 黄色。明视觉好，可唤起注意。用于要求小心行动的警示信号。如推土机等工程机械用此配色，尤其黄与黑相间的条纹，效果更佳。

④ 绿色。安全、正常运行。如紧急出口、十字路口的绿灯。

⑤ 蓝色。警惕色。如修理中的机器、升降机、梯子等的标志色。

⑥ 红紫色。放射性危险标志色。

⑦ 白色。道路、整理、准备运行。还用作三原色的辅助颜色。

⑧ 黑色。用作文字、符号、箭头等标记。还用作白色、橙色的辅助色。

上述颜色的含义具有普遍意义，正确选用有利于信息的显示与传递，使人一目了然。常用管道颜色标志如表5-6所示。

表 5-6　常用管道的颜色标志示例

管道种类	颜色	标准色	管道种类	颜色	标准色
水	青	2.5PB5/6	酸	橙	—
汽	深红	7.5B3/6	碱	紫	2.5P5/5
空气	白	N9.5	油	褐	7.5YR5/6
氧	蓝	—	电气	浅橙	2.5YR7/6
煤气	黄	2.5Y8/12	真空	灰	—

（5）**业务管理用色** 借助颜色，可以提高工作效率，减轻工作人员的疲劳。如带有颜色卡片的分类，可相应缩短时间40%。对标有颜色刻度的作业时间可缩短26%。为了快速传递、交流、反馈信息，可将颜色运用于报表、文件、图形、卡片、证件以及符号、文字之中，易于辨识。生产与运作管理中也可利用颜色表明作业进度。如甘特图或网络图的有色标识，令人一目了然。

有的工厂办公室设置了三色示意盘。红色表示工作紧张、繁忙，绿色表明正常工作状态，黄色则意味着等待新任务。文书工作时可将文件夹各夹层巧妙地贴上五彩缤纷的标签，便于识别、利用。诸如此类的实际用色，数不胜数。

此外，在城市建设、交通运输、公共场所和社会服务等方面，时时处处离不开颜色。如现代医院手术室内的工作装一改以往的纯白色调，转为灰蓝或粉白，色彩柔和，可以转化病人的情绪。有些特殊的病房还将白色演绎为家庭卧室的协调色，以改变病人心态，有利于恢复健康。有的儿童医院候诊大厅的墙壁上绘满了森林绿树、红花、绿草，也能调节患病儿童的情绪，产生一种精神力量。

值得注意的是，不同的组织或业务系统，颜色的使用会有不同的含义。但在同一系统中，应该使用统一的颜色编码系统，以防由于对信息标识误认导致错误的判断。在管理工作中，巧用颜色调节手段，未必会付出很大的代价，但对于提高工作生活质量、提高管理水平却易见成效。

（6）其他方面用色　色彩的不同特性可在某种程度从心理上减轻对环境污染因素的不良感受，但不能从根本上改善劳动条件。下述心理学方法只能在环境条件接近卫生标准时才能起作用。

① 若选择饱和度高、明度低的色彩（如红色、青紫色）可在某种程度上减轻空气中毒物和粉尘污染的不良感觉。

② 运用色彩的"冷"、"暖"特性，可以"改变"对室内温度的感觉，如在高温车间墙壁、顶棚以及工作服均应选择具有高反射系数的浅淡颜色，在低温的工作场所涂刷朱红色等。

③ 在噪声较大的车间要避免明度高的色彩，采用明度低的色彩可减轻噪声的某些不良作用。

④ 在全面机械通风系统的送风口挂上彩色纸带，让纸带随风飘舞，可减低工人对通风系统的烦闷感觉。

总之，色彩不仅可以美化环境，而且也是影响工作效率与安全生产的一个重要因素。随着人们对色彩认识的逐步深化，对色彩的开发利用也必将更加广泛。

5.4　生产环境的噪声、振动与安全

5.4.1　生产环境中的噪声与安全

噪声通常是指一切对人们生活和工作有妨碍的声音，或者说凡是使人烦恼的、讨厌的、不愉快的、不需要的声音。噪声与人们的心理状态有关，不单独由声音的物理性质决定。同样的声音有时是需要的，而有时便成为噪声。噪声对人生理、心理的影响在第二章中已经讲述。本节主要从噪声与安全的关系角度讨论噪声。

5.4.1.1　噪声的分类

按不同的分类标准，对噪声有不同的分类，常见的分类有三种。
（1）按噪声源特性分类
① 工业噪声。工业生产产生的噪声。其中工业噪声按其产生方式不同又可分为：
a. 空气动力性噪声　是由于气体压力发生突变产生振动发出的声音，如鼓风机、

汽笛、压气排放声等发出的声音；

b. 机械性噪声　是由于机械的转动、撞击、摩擦等而产生的声音，如风铲、车床、织布机、球磨机等发出的声音；

c. 电磁性噪声　是由于电磁交变力相互作用而产生的，如发电机、变压器等发出的声音。

② 交通噪声。交通过程中产生的噪声。

③ 社会噪声。社会活动和家庭生活引起的噪声。

（2）按照人们对噪声的主观评价分类

① 过响声。很响的使人烦躁不安的声音，如织布机的声音。

② 妨碍声。声音不大，但妨碍人们的交谈、学习。

③ 刺激声。刺耳的声音，如汽车刹车音。

④ 无形声。日常人们习惯了的低强度噪声。

（3）按噪声随时间变化特性分类

① 稳定噪声。声音强弱随时间变化不显著，其波动小于 5dB。

② 周期性噪声。声音强弱呈周期变化。

③ 无规律噪声。声音强弱随时间无规律变化。

④ 脉冲噪声。突然爆发又很快消失、其持续时间小于 1s，间隔时间大于 1s，声级变化大于 40dB 的噪声。

5.4.1.2　噪声的评价指标及允许标准

噪声对人的危害主要取决于噪声特性，因此引出了许多评阶方法、指标和控制标准。噪声控制标准一般分为三类：第一类是基于对劳动者的听力保护而提出来的，我国《工业企业噪声卫生标准》属于此类，它以等效连续声级、噪声暴露量为指标；第二类是基于降低人们对环境噪声的烦恼程度提出来的，我国的《城市区域环境噪声标准》《机动车辆噪声标准》属于此类，此类标准以等效连续声级、统计声级为指标；第三类是基于改善工件条件，提高作业效率而提出的，如《室内噪声标准》，该类标准以优选语言干扰级、噪声评价数等为指标。下面简要介绍几个噪声评价指标。

（1）等效连续声级　A 声级较好地反映了人耳对噪声频率特性和强度的主观感觉，它是一种较好的连续稳定的噪声评价指标，但经常遇到的是起伏的不连续的噪声，这就很难测定 A 声级的大小，为此需要用接触噪声的能量平均值来表示噪声级的大小。等效连续声级定义为，在声场某一定位置上，用某一段时间能量平均的方法，将间歇出现变化的 A 声级，用一个 A 声级来表示该段时间内噪声级的大小。

（2）统计声级　如街道、住宅区的环境噪声和交通噪声，往往是不规则的、大幅度变动的，为此常用统计声级来表示，统计声级是指某一段时间内 A 声级的累计频率的百分比。如 $L_{10}=70$dB（A）表示整个统计测量时间内，噪声级超过 70dB（A）的频率占 10%；$L_{50}=60$dB（A）表示噪声级超过 60dB（A）的频率占 50%；$L_{90}=50$dB（A）表示噪声级超过 50dB（A）的频率占 90%。实际上 L_{10} 相当于峰值平均噪声级，L_{60} 相当于平均噪声级，L_{90} 相当于背景噪声级。一般测量方法是选定一段时间，每隔 5s 读取一个值，然后统计 L_{10}、L_{60}、L_{90} 等指标。如果噪声级的统计特征符合正态分布，那么等效连续声级与统计声级之间存在固定的相关关系。

(3) **优选语言干扰级** 由于 0.5Hz~2kHz 的频率范围的噪声对语言干扰最大，因此选取 500Hz、1kHz、2kHz 中心频率的声压级的算术平均值评价噪声对语言的干扰程度，称为优选语言干扰级。根据优选语言干扰级可以确定语言交流的最大距离，见表 5-7。

表 5-7 语言干扰级与语言交流最大距离

语言干扰级 /dB	最大距离/m		语言干扰级 /dB	最大距离/m	
	正常	大声		正常	大声
35	7.5	15	55	0.75	1.5
40	4.2	8.4	60	0.42	0.84
45	2.3	4.6	65	0.25	0.5
50	1.3	2.4	70	0.13	0.26

(4) **噪声暴露量 (噪声剂量)** 人在噪声环境中工作，噪声对听力的损害不仅与噪声强度有关，而且与噪声暴露时间有关。噪声暴露量综合考虑噪声强度与暴露时间的累积效应。

(5) **噪声评价数** 对于室内活动场所的稳态环境噪声，国际标准化组织推荐用 NR 曲线来评价噪声对工作的影响。NR 的具体求法是，对噪声进行倍频程分析，一般取 8 个频带 (63~8000Hz) 测量声压级，根据测量结果在 NR 曲线上画频谱图，在该噪声的 8 个倍频带声压级中找接触到的最高一条 NR 曲线之值，即为该噪声的评价数 NR。噪声评价数 NR 曲线对于控制噪声也很有意义。如标准规定办公室的噪声评价数为 NR30，那么室内环境噪声的倍频带声压级均不能超过 NR30 曲线。

为了保护劳动者的身心健康，在技术条件允许和符合经济原则的条件下，应该将工业企业的噪声控制得越低越好。我国医学界、劳动保护部门、环境保护部门等单位经过长期的调查研究，制定了我国《工业企业噪声卫生标准》。它规定了工业企业的生产车间和作业场所的工作地点噪声标准为 85dB (A)，现有工业企业经努力暂时达不到标准时，可以适当放宽至 90dB (A)。标准还规定每天工作 8h 允许连续噪声的噪声级不得超过 85dB (A)，如果时间减半，允许噪声声级提高 3dB (A)，即 88dB(A)。但是不论暴露时间多长，最高限度为 115dB (A)。具体标准可以参照《工业企业噪声卫生标准》。

5.4.1.3 噪声的控制

(1) **控制噪声源** 控制噪声源是消除与降低噪声的根本措施，首先应研制和选择低噪声的设备，改进生产加工工艺，提高机械设备的加工精度和安装技术，使发声体变为不发声体，或发出的声音减小，实践证明用这种改革生产工艺来控制声源的办法是有效的，如用油压打桩机取代气压打桩机，噪声强度可下降 50dB。另外，封闭噪声源也是消除噪声的一个有效途径。常用隔音材料将噪声源限制于局部范围，将噪声源与周围环境隔离。

（2）控制噪声传播

① 合理布局厂区。在新建或扩建、改造老厂房时，应充分考虑噪声对周围环境的影响，噪声车间应远离行政办公场所与居民区，并保持一定的距离，周围建隔声墙、防护林、草坪，建筑物内墙、天花板、地面等处可装上性能良好的吸声材料。

② 控制噪声传播途径的措施

a. 吸声　用多孔吸声材料做成一定结构，安装在室内墙壁上或吊在天花板上，吸收室内的反射声，或安装在消声器或管道内壁上，增加噪声的衰减量。多孔吸声材料多以玻璃棉、矿渣棉、聚氨酯泡沫塑料等加工成木屑板、甘蔗纤维板、吸声砖等，一般可以降低室内噪声6～10dB（A）。

b. 隔声　采用隔声性能良好的墙、门、窗、罩等，把声源或需要保持安静的场所与周围环境隔绝起来，在吵闹的车间内为了保证工人不受干扰，可以开辟一个安静的环境，如建立隔音操作间、休息室等，也可以用隔音间、隔音罩将产生噪声的机器密封起来，降低声源辐射。

c. 消声　在产生噪声的设备上安装消声器，可以消除机械气流噪声，使机械设备进出气口噪声降低25～50dB。

d. 隔振与阻尼　隔振就是在机械设备下面安装减振器或减振材料，以减少或阻止振动传到地面，常用的减振器有弹簧类、橡胶类、软木、毡板、空气弹簧和油压减振器等。减振阻尼就是用阻尼材料涂刷在薄板的表面，以减弱薄板的振动，降低噪声辐射。常用沥青、塑料、橡胶等高分子材料做阻尼材料。

（3）**个体防护**　要加强对接触噪声工人的教育，认识噪声对人体的危害，并传授有关个体防护用品的使用方法。护耳器是个体防护噪声的常用工具，主要种类有耳塞、防声棉、耳罩、帽盔等，一般用软橡胶或塑料等材料制成。不同材料不同种类的护耳器对不同频率噪声的衰减作用不同，见表5-8。

表5-8　护耳器对不同频率噪声的衰减作用/dB

护耳器种类	噪声频率/Hz						
	125	250	500	1000	2000	4000	8000
干棉毛耳塞	2	3	4	8	12	12	9
湿棉毛耳塞	6	10	12	16	27	32	26
玻璃纤维耳塞	7	11	13	17	29	35	31
橡胶耳塞	15	15	16	17	30	41	28
橡胶耳套	8	14	2	34	36	43	31
液封耳套	13	20	33	35	38	47	31

5.4.1.4　音乐调节

好的音乐环境能使劳动者减少不必要的精神紧张，缓解单调感和精神疲劳，掩蔽噪声，避免烦恼，提高作业效率。需要指出的是，音乐调节对保护人的听力不起任何作用，仅是一种心理缓解。

1921年美国的盖特沃得（E. L. Gatewood）曾成功地用音乐使建筑业的制图工作提高效率。第二次世界大战时，为了使工业生产增产，产生了"背景音乐"（back-ground music）和"产业音乐"（industrial music）。其中英国的BBC广播电台播放的"Music While You Work"获得好评；1943年美国的MUZAK公司开始发行"背景音乐"（BGM）；1960年日本也创作了"产业音乐"曲目。

音乐不仅可以缓解噪声对人的心理影响，而且还能医治某些精神创伤或疾病。在美国就有利用这种心理疗法为患者治病的实例。

为了取得良好的掩蔽作用，应根据噪声强度调节音量。强度低时，音乐的声级要比噪声高3~5dB（A）；强度高［80dB（A）以上］时，音乐声级要比噪声低3~5dB（A），由于人耳对乐曲旋律的选择作用，强度较低的乐曲反而掩蔽了强度较高的噪声。

构成音乐的六要素是响度、音调、音色、节奏、旋律和速度。为了使音乐能产生良好的心理效果，一般情况下，响度变化±10dB以内；音调为100~6000Hz的低音调；音色以弦、木管、钢琴和节奏性乐器的和声谐和音为主，避免歌唱性、打击乐和铜管乐的音色；节奏要单调柔和；旋律以明快平稳的快乐气氛为主，避免起伏过大有刺激性；速度以每分钟（60±10）拍为主的轻快型。这样的音乐一般称为"气氛音乐"（mood music）。对于作业车间应主要考虑速度的适宜性，节奏与旋律稍提高刺激性；若是办公室应考虑节奏的适宜性，稍增加抑制性；若是商店、医院应考虑旋律为主，商店可以增加刺激性，而医院则应充分考虑抑制性。

日本早稻田大学横沟克己教授根据实验提出，车间以体力劳动为主，不需要强调注意力时，以节奏柔和、速度较快而轻松的音乐为好；而单调乏味的工作，应让作业者听一些有娱乐性的音乐。相反，需要集中注意力的工作场所，应尽量配以节奏单调柔和、旋律平稳、不分散注意力的音乐；脑力劳动时，则应以速度稍慢、节奏不明显、旋律舒畅和平静的音乐为好。

音乐不能从上班开始连续播放，因为，首先同一内容的音乐会使人腻烦；其次在一周内根据作业播放一些内容不同的音乐是比较困难的。根据横沟的实验，对于手工作业，上午上班不久，由于作业者尚未出现疲劳，即使播放音乐也不能明显提高作业效率；但在夜班，即便是轻松的工作，播放音乐后作业效率可增加17%。一般白天播放时间约为作业时间的12%，夜班约占作业时间的50%为宜。音乐内容要适合大多数作业者的喜爱，然而根据实验，对不同工种，同一内容音乐的作用是不同的。

5.4.2　生产环境中的振动与安全

5.4.2.1　振动对人的心理影响

（1）对视认知能力的影响　振动的物体振幅较大时，由于视野抖动不稳定，可影响视觉准确度和仪表认读的正确率。振动频率为3~4Hz时，人眼肌的调节能力失调，物体在人眼底视网膜成像开始模糊，使视觉的准确性下降，并随着振动频率增加继续下降。人体接触振动时，人的视觉认知能力也有类似的现象，尤其是振动频率与人的头部、眼睛的固有频率接近时，共振所致的视认知能力下降会更加明显。振动频率为 8 ~ 10Hz 时，由于头部、颈部共振引起眼球被动运动，从而使视力下降；振动频率高于 20 ~ 25Hz，可引起眼的共振（眼球固有频率为 18 ~ 50Hz）。

(2) 对人的运动操作能力的影响 振动可使人的运动操作能力降低。在实际作业中，常见于飞机驾驶员、雷达站工作人员等的操作。低于 20Hz 的振动，运动操作工作效率的降低与传递到机体的振动强度有关，振动越强烈，工效越低下。研究结果表明，低频率（5 ~ 25Hz）、低加速度（0.2 ~ 0.3g）的振动，能降低人从事某些精密控制作业的效能。振动的方向对不同方向的操纵活动也有影响。振动振幅越大，对追踪操作能力的影响也越大。实验结果表明，受垂直振动的人，其手眼协调动作时间随着振动频率的变化而变化，尤其在 3Hz 时此种手眼协调能力下降较明显。此外，有人认为，在振动环境条件下，人的追踪操纵能力下降与人的视敏度下降也有着一定的关系。

(3) 振动对信息加工能力的影响 一些研究结果表明，振动对人的信息加工能力影响不大。但有些学者认为，振动对信息加工能力的影响主要是干扰了视觉，从而影响知觉。虽然如此，有的研究者指出，5Hz、低加速度的垂直振动有助于长时间从事监视工作的人员保持警觉。

(4) 振动对人的舒适性的影响 当全身振动频率低于 1Hz、加速度小于 0.3g 时，对人有一定的松弛作用，但随着振动频率和加速度增高，可引起人体不适感。在 2 ~ 20Hz、1g 加速度时，最常见的症状有眩晕、恶心、呕吐、平衡失调等。实验结果也证明，受垂直振动时，人的平衡能力降低，而且与振动频率有一定的关系。

振动对人的心理的影响与振动的基本物理参量（如频率，振幅等）有一定联系，主要是影响认知能力和运动协调能力，从而影响工效和安全。

5.4.2.2 振动的分类

振动对人的影响分为局部性和全身性两种。局部振动是手持工具的振动，操纵器对手、脚的振动。全身性振动是通过人体的支撑面，如脚或座位传到人体全身的振动。乘坐飞机、火车时人体受到的振动属于全身振动。

(1) 全身振动具有更大的影响 人体是一个弹性系统，身体各部位都有较固定的共振频率，当脏器发生强烈共振时，会受到伤害，功能破坏，甚至被撕裂。汽车司机常患有胃等脏器下垂、消化不良等症，是与受车辆振动伤害有关。在航天事业中，防止全身性振动更具有重要的意义。

在工业生产中，造成严重后果的全身振动极为少见。

(2) 局部振动最为普遍 长期接触振动工具可影响神经系统、血管、骨骼及软组织功能改变或器质性改变。振动病（也叫雷诺氏征）已成为冶金工业中危害较大的 8 种职业病之一。患者自觉症状为手麻、发僵、疼痛、四肢无力、关节痛及神经衰弱综合征等。

5.4.2.3 振动的防护

(1) 劳动组织措施 制定合理的劳动制度，适当安排工间休息，尽可能实行轮换工作制，不连续使用振动工具，经常保养和维修机器，使之处于正常工作状态。另外，新工人上岗前应进行技术培训，熟练操作工具，减少静力作业成分。

(2) **技术措施**　改革工艺设备和操作方法，提高作业的自动化程度，用新工艺、新方法取代传统工艺，如采用液压机、焊接、高分子黏合剂等新工艺代替风动工具铆接。尽可能采取减振措施，如改变风动工具的排风口方向，对一些机器设备安装减振装置。固定设备的总体减振目的是防止物体振动在固体中传递，方法是在设备下边加减振器。为了预防全身振动，建筑厂房时，要建防振地基，振动车间应建在楼下。

由于寒冷可促使振动病发作，所以振动车间温度应该保持在16℃以上。

(3) **卫生保健措施**　实行作业前体检，凡患有中枢神经系统疾病、明显的自主神经功能失调、各种血管病变、心绞痛、高血压、心肌炎等疾病者不宜从事振动作业。从业人员也应定期体检，以便早期发现振动引发的病变，对于反复发作并逐渐加重的人员应调离振动作业。

合理使用劳动保护用品，加强个人防护，工作时佩戴双层衬垫无指手套或防振弹性手套，既可减振，又可以达到手部保暖的目的。

5.5　生产环境的微气候条件与安全

研究生产环境的微气候条件，主要是保障人在生产过程中热平衡。使劳动者的身心愉悦，具有较高的工作效率，达到安全生产。生产环境的微气候条件主要是指工作场所空气的温度、湿度和空气的流速。这三个参数分别反映了热量传递的对流、蒸发和辐射三种途径。

5.5.1　人体的热交换与平衡

人的体温一般波动很小，为了维持生命，人体要经常对36.5℃的目标值进行自动调节。人体通过新陈代谢不断地从摄取的食物中制造能量，这些能量除用于生理活动和肌肉做功外，其余均转换为热能。人要保持体温，体内的产热量应与对环境的散热量及吸热量相平衡。如果达不到这种平衡，则要随着散热量小于或大于产热量的变化，体温上升或下降，使人感到不舒服，甚至生病。人体的热平衡方程式为：

$$S = M - W - H$$

式中　S——人体单位时间贮热量；

　　　M——人体单位时间能量代谢量；

　　　W——人体单位时间所做的功；

　　　H——人体单位时间向体外散发的热量。

当 $M > W + H$ 时，人感到热；当 $M < W + H$ 时，人感到冷；当 $M = W + H$ 时，人处于热平衡状态，此时，人体皮肤温度在36.5℃左右，人感到舒适。

人体单位时间向外散发的热量 H，取决于人体的四种散热方式，即辐射、对流、蒸发和传导热交换。

人体单位时间辐射热交换量，取决于热辐射的强度与面积、服装热阻值与反射率、平均环境温度和皮肤温度等。

人体单位时间对流热交换量，取决于气流速度、皮肤表面积、对流传热系数、服装热阻值、气温及皮肤温度等。

人体单位时间蒸发热交换量，取决于皮肤表面积、服装热阻值、蒸发散热系数及相对湿度等。蒸发散热主要是指从皮肤表面出汗和由肺部排出水分的蒸发作用带走热量。在热环境中，增加气流速度，降低湿度，可加快汗水蒸发，达到散热目的。

人体单位时间传导热交换量取决于皮肤与物体温差和接触面积的大小及传导系数。不知不觉的散热可能对人体产生有害影响。因此需要用适当的材料构成人与物接触点（桌面、椅面、控制器、地板等）。

5.5.2 人体对微气候环境的主观感觉

衡量微气候环境的舒适程度是相当困难的，不同的人有不同的估价。一般认为，"舒适"有两种含义，一种是指人主观感到的舒适；另一种是指人体生理上的适宜度。比较常用的是以人主观感觉作为标准的舒适度。

（1）**舒适的温度** 人主观感到舒适的温度与许多因素有关，从客观环境来看，湿度越大，风速越小，则舒适温度偏低；反之则偏高。从主观条件看，体质、年龄、性别、服装、劳动强度、热习服❶等均对舒适温度有重要影响。因此，在实践中，所谓舒适温度是对某一温度范围而言。生理学上常用的规定是：人坐着休息，穿着薄衣服，无强迫热对流，未经热习服的人所感到的舒适温度。按照这一标准测定的温度一般是 $(21 \pm 3)℃$。影响舒适温度的因素很多，主要有季节（舒适温度在夏季偏高，冬季偏低）、劳动条件、衣服（穿厚衣服对环境舒适温度的要求较低）、地域（人由于在不同地区的冷热环境中长期生活和工作，对环境温度习服不同；习服条件不同的人，对舒适温度的要求也不同）、性别、年龄等。一般女子的舒适温度比男子高 0.55℃；40 岁以上的人比青年人约高 0.55℃。

（2）**舒适的湿度** 舒适的湿度一般为 40%～60%。在不同的空气湿度下，人的感觉不同，温度越高，高湿度的空气对人的感觉和工作效率的消极影响越大。有关研究证明，室内空气湿度 $\phi(\%)$ 与室内气温 $t(℃)$ 的关系为：

$$\phi = 188 - 7.2t \qquad (12.2 < t < 26)$$

（3）**舒适的风速** 在工作人数不多的房间里，空气的最佳速度为 0.3m/s；而在拥挤的房间里为 0.4m/s。室内温度和湿度很高时，空气流速最好是 1～2m/s。有关工作场所风速可参阅采暖通风和空调设计规范。

5.5.3 微气候环境的综合评价

研究微气候环境对人体的影响，不能仅考虑其中某个因素，还要受温度、湿度、

---

❶ 热习服是指人长期在高温环境下生活和工作，相应习惯热环境之意。

风速和热辐射等多种因素的综合影响。目前，评价微气候环境有四种方法或指标。

（1）**有效温度（感觉温度）**　有效温度是美国采暖通风工程师协会研究提出的，是根据人在不同的空气温度、湿度和空气流速的作用下产生的温热主观感受所制定的经验性温度指标。在已知干球温度、湿球温度和气流速度，就可以根据有效温度图求出有效温度。此指标使用比较方便，其缺点是在一般温度条件下过高估计了高湿度的影响，而在高温情况下又低估了风速、高湿度的不利作用。德国的工效学标准采用该指标。当有效温度高时，人的判断力减退。当有效温度超过32℃时，作业者读取误差增加，到35℃左右时，误差会增加4倍以上。不同作业种类的有效温度参见表5-9。

表5-9　不同作业种类的有效温度

作业种类	脑力作业	轻作业	体力作业
舒适温度/℃	15.5~18.3	12.7~18.3	10~16.9 21.1~23.9
不适温度/℃	26.7	23.9	↓

（2）**不适指数**　不适指数是由纽约气象局1959年发表的一项评价气候舒适程度的指标，它综合了气温和湿度两个因素。不适指数可由下式求出：

$$DI = (t_d + t_w) \times 0.72 + 40.6$$

式中　DI——不适指数；
　　　t_d——干球温度，℃；
　　　t_w——湿球温度，℃。

日本学者研究认为，日本人感到舒适的气候条件与美国人有所区别。表5-10为美国人和日本人对不同的不适指数和不适主诉率。

表5-10　不适指数与不适主诉率

不适指数	不适主诉率/%		不适指数	不适主诉率/%	
	美国人	日本人		美国人	日本人
70	10	35	79	100	70
75	50	36	86	难以忍耐	100

通过计算各种作业场所、办公室及公共场所的不适指数，就可以掌握其环境特点及对人的影响。不适指数不足之处是没有考虑风速。

（3）**三球温度指数（WBGT）**　它是指用干球、湿球和黑球三种温度综合评价允许接触高温的阈值指标。

当气流速度小于1.5m/s的非人工通风条件时，采用下式计算：

$$WBGT = 0.7WB + 0.2GT + 0.1DBT$$

当气流速度大于1.5m/s的人工通风条件时，采用下式计算：

$$WBGT = 0.63WB + 0.2GT + 0.17DBT$$

式中　WB——湿球温度，℃；
　　　GT——黑球温度，℃；

DBT——干球温度，℃。

若操作场所和劳动强度在时间上是不恒定的，则需计算时间加权平均值。

关于 WBGT 的允许热暴露阈值，ISO 7243—1982（E）只提出了一个参考值。美国工业卫生委员会推荐的各种不同的劳动休息制度的三球温度指数阈值参见表 5-11。

表 5-11　允许接触高温的阈值（WBGT）/℃

劳动/休息/%	劳动强度			劳动/休息/%	劳动强度		
	轻	中	重		轻	中	重
持续劳动	30	26.7	25.0	50%劳动,50%休息	31.4	29.4	27.9
75%劳动,25%休息	30.6	28.0	25.9	25%劳动,75%休息	32.4	31.1	30.0

（4）**卡他度**　卡他温度计是一种测定气温、湿度和风速三者综合作用的仪器。卡他度一般用来评价劳动条件舒适程度。卡他度 H 可通过测定卡他温度计的液柱由 38℃降到 35℃时所经过的时间（t）而求得。

$$H = F/t$$

式中　H——卡他度；

F——卡他计常数；

t——由 38℃降至 35℃所经过的时间，s。

卡他度分为干卡他度和湿卡他度两种。干卡他度包括对流和辐射的散热效应。湿卡他度则包括对流、辐射和蒸发三者综合的散热效果。一般 H 值越大，散热条件越好。工作时感到比较舒适的卡他度见表 5-12。

表 5-12　较舒适的卡他度

卡 他 度	劳 动 状 况		
	轻劳动	中 等 劳 动	重 劳 动
干卡他度	>6	>8	>10
湿卡他度	>18	>25	>30

5.5.4　微气候环境对人体的影响

（1）**高温作业环境对人体的影响**　一般将热源散热量大于 84kJ/（m²·h）的环境叫高温作业环境。高温作业环境有三种类型：

a. 高温、强热和辐射作业　其特点是气温高，热辐射强度大，相对湿度较低；

b. 高温、高湿作业　其特点是气温高、湿度大，如果通风不良就会形成湿热环境；

c. 夏季露天作业　如农民劳动、建筑等露天作业。

高温作业环境对人的影响包括以下几个方面。

① 高温环境使人心率和呼吸加快。人在高温环境下为了实现体温调节，必须增加血输出量，使心脏负担加重，脉搏加速，因此心率可以作为热负荷的简便指标。另据研究，长期接触高温的工人，其血压比一般高温作业及非高温作业的工人高。

② 高温作业环境对消化系统具有抑制作用。人在高温下，体内血液重新分配，引起消化道相对贫血，由于出汗排出大量氯化物以及大量饮水，致使胃液酸度下降。

在热环境中消化液分泌量减少，消化吸收能力受到不同程度的抑制，因而引起食欲不振、消化不良和胃肠疾病的增加。

③ 高热环境对中枢神经系统具有抑制作用。高热环境下大脑皮层兴奋过程减弱，条件反射的潜伏期延长，注意力不易集中。严重时，会出现头晕、头痛、恶心、疲劳乃至虚脱等症状。

④ 高温环境下人的水分和盐分大量丧失。在高温下进行重体力劳动时，平均每小时出汗量为 0.75 ~ 2.0L，一个工作日可达 5 ~ 10L。高温工作影响效率，人在 27 ~ 32℃下工作，其肌部用力的工作效率下降，并且促使用力工作的疲劳加速。当温度高达 32℃以上时，需要较大注意力的工作及精密工作的效率也开始受影响。

在工业生产方面，人们早就发现一年四季气温变化与生产量的升降有密切关系。曾有学者研究美国金属制品厂、棉纺厂、卷烟厂等工人的工作效率，发现每年隆冬与盛夏时生产量均降低。又据英国方面研究发现，夏季里装有通风设备的工厂，生产量较之春秋季降低 3%，但缺少通风设备的同类工厂，在夏季生产量降低 13%。另外，事故发生率与温度有关，据研究，意外事故率最低的温度为 20℃左右；温度高于 28℃或降到 10℃以下时，意外事故增加 30%。

(2) 低温环境对人的影响　人体在低温下，皮肤血管收缩，体表温度降低，使辐射和对流散热达到最低程度。在严重的冷暴露中，皮肤血管处于极度的收缩状态，流至体表的血流量显著下降或完全停滞，当局部温度降至组织冰点（-5℃）以下时，组织就发生冻结，造成局部冻伤。此外，最常见的是肢体麻木。特别是影响手的精细运动灵巧度和双手的协调动作。手的操作效率和手部皮肤温度及手温有密切关系。手的触觉敏感性的临界皮温是 10℃左右，操作灵巧度的临界皮肤温度是 12 ~ 16℃之间，长时间暴露于 10℃以下，手的操作效率会明显降低。甚至出现误操作。

5.5.5　改善微气候环境的措施

5.5.5.1　改善高温作业环境

高温作业环境的改善应从生产工艺和技术、保健措施、生产组织措施等几个方面入手加以改善。

（1）生产工艺和技术措施

① 合理设计生产工艺过程。在进行生产工艺设计时，要切实考虑到作业人员的舒适问题，应尽可能将热源布置在车间外部，使作业人员远离热源，否则热源应设置在天窗下或夏季主导风向的下风头，或热源周围设置挡板，防止热量扩散。

② 屏蔽热源。在有大量热辐射的车间，应采用屏蔽辐射热的措施。屏蔽方法有三种：直接在热辐射源表面铺上泡沫类物质；在人与热源之间设置屏风；给作业者穿上热反射服装。

③ 降低湿度。人体对高温环境的不舒适反应，很大程度上受湿度的影响，当相对湿度超过 50%时，人体通过蒸发散热的功能显著降低。工作场所控制湿度的唯一方法是在通风口设置去湿器。

④ 增加气流速度。高温车间，通风条件差，影响工作效率。气温越高，影响越大。此时，如果增加工作场所的气流速度，可以提高人体的对流散热量和蒸发散热量。高温车间通常采用自然通风和机械通风措施以保证室内一定的风速。高温环境下，气流速度的增加与人体散热量的关系是非线性的，在中等以上工作负荷，气流速度大于 2m/s 时，增加气流速度，对人体散热几乎没有影响。因此，盲目地增加气流速度是无益的。

（2）保健措施

① 合理供给饮料和补充营养。高温作业时作业者出汗量大，应及时补充与出汗量相等的水分和盐分，否则会引起脱水和盐代谢紊乱。一般每人每天需补充水 3～5kg，盐 20g。另外还要注意补充适量的蛋白质和维生素 A、B$_1$、B$_2$、C 和钙等元素。

② 合理使用劳保用品。高温作业的工作服，应具有耐热、导热系数小、透气性好的特点。

③ 进行职工适应性检查。因为人的热适应能力有差别，有的人对高温条件反应敏感。因此，在就业前应进行职业适应性检查。凡有心血管器质性病变的人，高血压、溃疡病、肺、肝、肾等病患的人都不适应于高温作业。

（3）生产组织措施

① 合理安排作业负荷。在高温作业环境下，为了使机体维持热平衡机能，工人不得不放慢作业速度或增加休息次数，以此来减少人体产热量。作业负荷越重，持续作业时间越短。因此，高温作业条件下，不应采取强制性生产节拍，应适当减轻工人负荷，合理安排作息时间，以减少工人在高温条件下的体力消耗。

② 合理安排休息场所。作业者在高温作业时身体积热，需要离开高温环境得到休息，恢复热平衡机能。为高温作业者提供的休息室中的气流速度不能过高，温度不能过低，否则会破坏皮肤的汗腺机能。温度在 20～30℃之间最适用于高温作业环境下，身体积热后的休息。

③ 职业适应。对于离开高温作业环境较长时间又重新从事高温作业者，应给予更长的休息时间，使其逐步适应高温环境。

5.5.5.2 改善低温作业环境

① 做好采暖和保暖工作。应按照《工业企业设计卫生标准》和《工业企业采暖、通风和空气调节设计规范》的规定，设置必要的采暖设备。调节后的温度要均匀恒定。有的作业需要和外界发生联系，外界的冷风吹在作业者身上很不舒适，应设置挡风板，减缓冷风的作用。

② 提高作业负荷。增加作业负荷，可以使作业者降低寒冷感。但由于作业时出汗，使衣服的热阻值减少，在休息时更感到寒冷。因此工作负荷的增加，应以不使作业者出汗为限。

③ 个体保护。低温作业车间或冬季室外作业者，应穿御寒服装，御寒服装应采用热阻值大、吸汗和透气性强的衣料。

④ 采用热辐射取暖。室外作业，若用提高外界温度方法消除寒冷是不可能的；

若采用个体防护方法，厚厚的衣服又影响作业者操作的灵活性，而且有些部位又不能被保护起来。还是采用热辐射的方法御寒最为有效。

5.5.5.3 推荐的环境微气候

在热环境中，高湿或低湿都会增加机体的热负荷，比同样空气温度正常湿度的环境有更热的感觉。当气温大于皮温时，气流速度加大，促使人体从外界环境吸收更多的热，使人更觉炎热。在寒冷的冬季，低温高湿，气流速度大，则会使人体散热过多，令人更觉寒冷，从而引起冻伤。

当空气流速为 0.15m/s 时，即有空气清新感觉。在室内，即使空气温度适宜，若空气流速接近于零，也会使人产生沉闷的感觉。工作场所的风速以不超过 2m/s 为宜。空调车间若使用循环风，循环空气中至少应加入 10% 新鲜空气。德国劳动保护与事故研究所推荐的生产环境微气候，见表 5-13。

表 5-13 德国劳动保护与事故研究所推荐的生产环境微气候

劳动类别	空气温度/℃			相对湿度/%			空气最大流速/(m/s)
	最低	最佳	最高	最低	最佳	最高	
办公室工作	18	21	24	30	50	70	0.1
坐着轻手工劳动	18	20	24	30	50	70	0.1
站着轻手工劳动	17	18	22	30	50	70	0.2
重劳动	15	17	21	30	50	70	0.4
最重劳动	14	16	2	30	50	70	0.5

 思考题

1. 阐述生产环境的主要因素。
2. 分析采光与照明对心理过程的影响。
3. 阐述视觉机能的特点。
4. 如何衡量光线的质量？
5. 阐述色彩在心理过程中的意义。
6. 如何在生产环境中应用色彩？
7. 分析噪声、振动与安全的关系。
8. 如何进行噪声控制？
9. 分析振动对心理的影响。
10. 什么是生产环境的微气候条件？
11. 人对微气候环境的主观感觉主要体现在哪三个方面？
12. 简述改善微气候环境的措施。

6 激励与安全生产

激励是指激发人的动机使其朝向所期望的目标前进的心理活动过程。从安全生产的角度而言，激励主要指如何调动劳动者安全生产的积极性问题。本章将重点讨论激励与安全生产的有关问题。

6.1 激励概述

6.1.1 激励的基本特征

（1）**激励应有具体的对象**　在劳动生产过程中，激励的对象是企业的每一个职工，企业的每一个职工都有其自己需要以及自我价值所决定的个人目标。企业为了有效地运行，必须对职工进行激励，以求实现企业的目标。从广义上讲，企业的激励也包含着对企业内的群体（例如，车间、班组、科室）的激励，这是因为企业作为一个系统，是由许多具有不同特点和功能的群体所组成，它们以不同形式组合才能形成企业系统的整体功能和特点，企业内各群体被激励的水平，也决定着企业的协调发展。

（2）**激励是人的动机激发循环**　当人有某种需要时，心理上就会处于一种激励状态，形成一种内在的驱动力（即动机），并导致行为指向目标，当目标达到后，需要得到满足，激励状态解除，随后又会产生新的需要。可以认为，激励是人的动机激发循环的重要外界刺激。但是人被激励的动机强弱不是固定不变的，而且激励水平与许多因素有关，如职工的文化构成、人的价值观、企业目标的吸引力、激励的方式等。

（3）**激励的效果可由人的行为和工作绩效予以判断**　企业对职工进行激励，其动机激发的程度，只能由外显的行为和绩效表达出来，这是因为人的行为及其结果是由动机所推动的。例如，在企业安全生产中，企业运用激励机制，激发职工的安全动机，从而使职工认真遵循安全操作规程，一丝不苟地进行安全生产活动，并为实现企业安全生产目标做出绩效。因此，激励与行为之间存在着某种因果关系。

一般讲，企业的目标与职工的个人目标之间存在着一致性与矛盾性两方面的倾向，企业要有效地运行，并实现其整体目标，必须对职工的个人目标与企业目标之间进行调整和控制，以达到目标一致化，这种目标一致化的过程，就要靠组织的激励机制及其实施来完成。企业通过激励，可充分挖掘职工的工作潜力，发挥其工作能力，提高工作效率。研究表明，按时计酬，职工的能力仅发挥20%～30%，若职工受到充分的激励时，其能力的发挥可高达80%～90%，即相当于激励前的3～4倍。通过激励可进一步激发职工的创造性。在国内外许多企业中，通过设置合理化建议奖和技术革新奖，企业从而获得明显效益。此外，激励作为一种重要手段对增强企业内部的结合力和凝聚力也是极其重要的，它不仅可避免人才流失，而且可吸引有利于企业发展的人才，促进企业的发展，在企业竞争的环境中，还能提高企业的应变能力。

6.1.2 激励的过程

每个人行为的产生不是无缘无故的，必定经历一个复杂的过程。首先，任何行为的产生全都是由动机驱使。关于动机，许多人有一种错误的认识，即动机是人的一种个性特质，有些人有而有些人没有。因此在实践中，则认为如果某一员工没有动机，则无法对他产生激励。所有人的所有行为都有动机，只是每个人的行为动机有所差别，而且每个人的动机还可能因时、因地而有差别，这样就产生了动机与环境的关系，动机受环境的影响和制约。

其次，动机是以需要为基础的。实际上动机的最终来源是人的需要。不论是否意识到需要的存在，动机都是因需要而产生的。人的需要很复杂，一方面，人的需要分为基本需要和第二位的需要。基本需要主要是如水、空气、食物、睡眠、安全等生理需要。第二位的需要主要是如自尊心、地位、归属、情感、礼尚往来、成就和自信等。这些需要也因时、因人而异。另一方面，人的需要会受环境的影响，如闻到食物香味可以使人产生饥饿感；看到某商品的广告可激发人的购买欲望等。

激励的过程是需要决定动机，动机产生行为的过程。可是作为一个具体的激励来说，过程要复杂得多。当然，需要始终是激励过程的原动力。当需要未被满足时，会产生紧张，紧张进而激发个人的内在驱动力，驱动力又驱使人们去寻找能满足需要的行为，结果需要得以满足，紧张感消失。激励过程可用图6-1表示。

未满足的需要 → 紧张 → 动力 → 行为 → 满足 → 紧张解除

图6-1 激励的过程

在激励过程中，有些需要很容易得到满足，而有些需要满足起来很困难，所以激励的过程有时间长短之分。有些需要可能根本无法满足，尽管付出了巨大的努力也无法满足，这时可能出现三种结果：一种是产生更强烈的需要，付出更大的努力，直至实现需要，达到目的，这是积极的结果；一种是在需要无法满足时，该需要消失，可能产生其他需要，这是消极的结果；一种需要得到满足后，新的需要产生，新的激励过程又开始了，如此往复。

企业对员工的激励，要密切注视并研究激励的过程。有时员工的需要可能不是组织的需要，员工的目标也可能不符合组织的目标，其结果是员工的行为与组织需要的行为不一致。例如，员工需要工作轻松自在，因而不努力工作，所以努力的目标是少工作，这种努力对组织没有任何价值。所以组织必须积极引导员工的需要，尽量与组织的目标相一致，最终达到良好的激励效果。

6.1.3 激励理论简介

从1924年开始的霍桑试验，开创了行为研究的先河。行为研究的发展，也引起了以研究人的行为为主的激励理论的发展。从20世纪50年代以来，有代表性的激励理论不下10余种，这些理论从不同的侧面研究了人的行为动因，但每一种理论都具有其局限性，不可能用一种理论去解释所有行为的激励问题。各种理论可以相互补充，使激励理论得以完善。下面简要地介绍比较有影响的一些激励理论。

6.1.3.1 需要层次理论

在所有的激励理论中，最早的、也是最受人瞩目的理论，是由美国心理学家亚伯拉罕·马斯洛提出的需要层次论，人的需要按重要性程度分为五个层次，如图6-2所示。

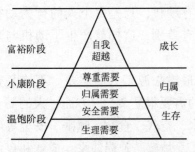

图6-2　马斯洛需要层次论的金字塔模型

(1) **生理需要**　包括食物、水、衣着、住所、睡眠及其他生理需要。

(2) **安全需要**　包括免受身体和情感伤害及保护职业、财产、食物和住所不受丧失威胁的需要。

(3) **归属需要**　包括友谊、爱情、归属和接纳方面的需要。

(4) **尊重需要**　包括自尊、自主和成就感等方面的需要，以及由此而产生的权力、地位、威望等方面的需要。

(5) **自我超越**　包括发挥自身潜能、实现心中理想的需要。追求个人能力之极限。

马斯洛认为，人的五个层次的需要是由低向高排列的。需要层次的排列一方面表明需要层次由低到高的递进性，即人们最先表现为生理需要，当生理需要得到满足以后，生理需要消失，表现出安全需要，依次递进，最终表现为自我超越的需要。另一方面，越是低层次的需要，越为大多数人所拥有。越是高层次的需要，拥有的人越少。如生理需要基本上每个人都经历过，但自我超越的需要可能只有极少数人经历过。所以低层次的需要容易得到满足，而高层次的需要满足起来比较困难。

如果要按马斯洛的观点去激励人，就必须掌握人所处的需要层次，尽量去满足他的需要。同时，又必须了解该需要的变化，前一层次需要满足后，必须了解他的下一层次的需要是什么，而用区别于前面所采用的激励手段，使之需要得以满足。应当指出的是，马斯洛的需要层次也会有例外现象，如需要层次的跳跃，也就是下一层次的需要没有满足而直接表现为上一层次的需要。如民族英雄，他可能在安全需要还没有满足时，而表现为自我超越的需要，以至于为了民族的利益而牺牲生命。

6.1.3.2　*X* 理论和 *Y* 理论

道格拉斯·麦格雷戈从人性的角度，提出了两种完全不同、甚至可以说是截然相反的理论，即 X 理论和 Y 理论。

(1) **X 理论**　习惯于称之为人性为恶理论。该理论对人性有如下假设：

① 一般人天性都好逸恶劳；

② 人都以自我为中心，对组织的需要采取消极的、甚至是抵制的态度；

③ 缺乏进取心，反对变革；

④ 不愿意承担责任；

⑤ 易于受骗和接受煽动。

如果按 X 理论对员工进行管理，必须对员工进行说服、奖赏、惩罚和严格控制，才能迫使员工实现组织的目标。所以在管理中强制性措施是第一位的。

(2) **Y 理论**　又称之为人性为善理论。Y 理论对人性有如下假设：

① 人们并不是天生就厌恶工作，他们把工作看成像休息和娱乐一样快乐、自然；

② 人们并非天生就对组织的要求采取消极或抵制的态度，而经常是采取合作的态度，接受组织的任务，并主动完成；

③ 人们在适当的情况下，不仅能够承担责任，而且会主动承担责任；

④ 大多数人都具有相当高的智力、想像力、创造力和正确做出决策的能力，但是没有充分发挥出来。

根据 Y 理论，要激励员工去完成组织的任务、实现组织的目标，只需要改善员工的工作环境和条件（包括良好的群体关系，干净、整洁的环境等），让员工参与决策，为员工提供富有挑战性和责任感的工作，员工就会有很高的工作积极性，会将自身的潜能充分发挥出来。

麦格雷戈认为，Y 理论比 X 理论更有效，因此他建议应更多地用 Y 理论而不是用 X 理论来管理员工。令人遗憾的是，在现实生活中很少有利用 Y 理论管理员工而取得成功的典型事例，确有利用 X 理论卓有成效的管理者。如丰田公司美国市场运营部副部长总裁鲍勃·麦格克雷就是 X 理论的追随者，他实施"鞭策"式的政策，激励员工拼命工作，使丰田公司的产品，在激烈的市场竞争中，市场占有份额大幅度提高。当然，找不到 Y 理论的典型范例并不表示 Y 理论的错误，这可能是由于 X 理论是属于人的较低层次需要支配的个人行为，而具有普遍性；Y 理论则是属于人的较高层次需要支配的个人行为，而具有特殊性。由于在企业中的大多数人可能处于较低需要层次，只有少部分人处于较高需要层次，所以使用 X 理论进行管理比使用 Y 理论进行管理更普遍。

6.1.3.3 激励因素、保健因素理论

激励因素、保健因素理论，又称双因素理论，是由美国心理学家弗雷德里克·赫茨伯格提出来的。赫茨伯格在马斯洛的需要层次论基础上进行了进一步研究。他们的研究是通过调查而展开的。他在调查中问了这样一个问题："你希望在工作中得到什么？"他要求人们在具体情境下详细描述他们认为工作中特别满意和特别不满意的方面。

通过对调查结果的分析，赫茨伯格发现，员工对各种因素满意与不满意的回答十分不同。他还发现与满意有关的因素都是与自身有关的因素，如成就、承认、责任等，与不满意有关的因素都是外部因素，如公司政策、管理和监督、人际关系、工作条件等。赫茨伯格进一步指出，满意的对立面并不是不满意，消除了工作中的不满意也并不一定能使工作令人满意。所以他认为，满意的对立面是没有满意，不满意的对立面是没有不满意。赫茨伯格认为，导致工作满意的因素与导致工作不满意的因素是有区别的。他把导致工作不满意的因素称之为保健因素，因为这些因素的缺少或不好，会引起员工的不满，而这些因素的大量存在和无比优越，只能减少员工的不满，不能增加员工的满意，所以这些因素不能起到激励作用。赫茨伯格把导致工作满意的因素设立为一般激励因素，工作的改善可以增加员工的满意程度，激发员工的进取心，所以只有这类因素才能真正激励员工。

6.1.3.4 期望理论

期望理论是由维克托·弗鲁姆提出的。弗鲁姆认为，当人们预期到某一行为能给个人带来既定结果，且这种结果对个体具有吸引力时，个人才会采取这一特定行为。它包括以下三项变量或三种联系：

（1）努力、绩效的联系 个体感觉到通过一定程度的努力而达到工作绩效的可能性。即必须付出多大的努力才能实现某一工作绩效水平？付出努力后能达到该绩效水平吗？

（2）绩效、奖赏的联系 个体对于达到一定工作绩效后即可获得理想的奖励结果的信任程度。即当达到该绩效水平后会得到什么奖赏？

（3）吸引力 个体所获得的奖赏对个体的重要程度。即该奖赏是否有期望得那么高？该奖赏能否有利于实现个人目标？

以上三种联系形成的期望理论的简化模式，如图6-3所示。

图6-3 简化的期望理论模式

弗鲁姆在分析了期望理论的简单模式后，进一步建立了激励模型。在模型中引入了3个参数：激励力、效价和期望率。弗鲁姆对3个参数的解释是：激励力是指一

个人受到激励的强度；效价是指这个人对某种成果的偏好程度；期望率则是个人通过特定的努力达到预期成果的可能性或概率。因此弗鲁姆建立的期望理论模型为：

$$激励力 = 效价 \times 期望率$$

弗鲁姆研究的是个体特征。尤其是他的理论是以个人的价值观为基础的，这种因人、因时、因地而异的价值观假设，比较符合现实生活，而且在逻辑上都是非常正确的。但是这种个体价值观的假设所形成的激励理论，在实际应用时有许多困难。

6.1.3.5 公平理论

公平理论是由斯达西·亚当斯提出的。亚当斯认为，员工在一个企业中很注重自己是不是受到公平对待，常常以此来决定自己的行为。员工对自己是否被公平对待的评价，是首先思虑自己所得的收入与付出的比率，然后将自己的收入/付出比与有关他人的收入/付出比进行比较。如果员工感觉到自己的比率与他人相等，则为公平状态。如果员工感到二者比率不相同，则会产生不公平感。

公平理论可以广泛应用于现实生活中，例如，一个大学刚毕业的人，进入一家公司，年薪4万元，他可能很满意，会很努力去工作。可是工作3个月后，又来一个与他同等条件的大学毕业生，他的年薪为4.5万元，这时他会感到不公平，降低他努力的程度。再如，当他发现一个工作能力明显不如他的人得到与他同样的报酬，或一个与他能力相当（或不如他）的人获得晋升，而他没有时，他都会感到不公平。人生活在社会中，人的天性就是相互攀比，所以公平对一个企业十分重要。

6.1.3.6 强化理论

强化理论是由美国哈佛大学的心理学家B.F.斯金纳提出的。斯金纳的强化理论主要研究人的行为同外部因素之间的关系。控制人的行为的因素称为强化物，强化物有正、负之分。正强化主要指奖励和认同等；负强化主要指处罚或不认同等。斯金纳认为，当人们因采取某种行为而受到奖励时，他们极有可能重复这种行为；当人们采取某种行为没有受到奖励或受到处罚时，他们重复这种行为的可能性极小。而且他认为，奖励或惩罚必须紧随行为之后才最具效果。

斯金纳所做的工作远不止对成绩好的行为进行奖励，对成绩差的行为进行惩罚。他分析员工的工作情况，以认清员工按他们的方式行动的原因，而后想办法改变这种情况，消除工作中的困难和障碍。于是，在员工的参与和帮助下设置具体的目标，对工作成果迅速进行反馈，对员工的行为改进给予奖励，甚至当成绩还没有达到目标时，就要设法给予帮助，并对其所做的可取的地方给予奖励。同时他还发现，让员工充分了解公司的情况，尤其是那些涉及他们的问题，其本身对员工具有相当大的激励性。

6.1.3.7 激励需要理论

激励需要理论是由大卫·麦克莱兰提出的。麦克莱兰认为，个体在工作环境中，主要表现为三种需要：

（1）**权力需要** 影响或控制他人且不受他人控制的欲望；

（2）**归属需要** 建立友好亲密的人际关系的愿望；

（3）**成就需要** 追求卓越，争取成功的愿望。

综合分析激励的三种需要后，麦克莱兰将之用于管理人员的分析中。麦克莱兰发现，企业家呈现出具有很高的成就需要和相当大的权力需要，归属需要十分低。主管人员一般表现出具有高度的成就需要和权力需要，归属需要比较低。比较企业家和主管人员，企业家的成就需要更强，二者对权力需要相当，而主管人员对归属需要更强。麦克莱兰还发现，小公司和大公司各类人员对需要有区别。

6.1.3.8 ERG 理论

ERG 理论是由奥德弗提出来的。他把人的需求分为三个等级，即生存需求、相互关系需求和成长需求。他对需求等级的分类与马斯洛的需要层次论非常接近。奥德弗认为，人们不满足于平稳状态，总是在高需求和低需求之间波动。

6.1.3.9 不成熟－成熟理论

不成熟-成熟理论是由阿吉里斯提出来的，又称个性和组织假设。阿吉里斯认为，企业中人的个性发展，如同婴儿成长为成人一样，也有一个从不成熟到成熟的连续发展过程，一个人在这个发展过程中所处的位置，就体现他自我实现的程度。

6.1.3.10 挫折理论

挫折是指当个人从事有确定目标的行为活动时，由于主客观方面的阻碍，致使目标无法实现，动机无法满足时的个人心境状态。挫折理论认为，不同个人在遭受挫折时，由挫折感所导致的心理上的焦虑、痛苦、沮丧、失望等，会导致种种挫折性行为。一般说，任何挫折都是不利的，不但影响员工的积极性，而且常常给员工带来心理伤害，甚至心理疾患。然而，人生种种挫折在所难免，所以，必须及时了解、分析员工的种种现实挫折。通过关心，从提高员工的挫折承受力和有效地帮助员工实现目标两方面去消除挫折感，引导员工在受挫折后不懈地积极进取。

6.1.4 激励实践

由上可知，激励理论多种多样，企业的实际情况又千变万化，所以无法用一个统一的方式去激励员工。下面简要介绍常用的激励方式。

（1）**目标激励** 目标激励是指给员工确定一定的目标，以目标为诱因驱使员工去努力工作，以实现自己的目标。任何企业的发展都需要有自己的经营目标，目标激励必须以企业的经营目标为基础。任何个人在自己需要的驱使下也会具有个人目标，目标激励要求把企业的经营目标与员工的个人目标结合起来，使企业目标和员工目标相一致。员工为追求目标的实现会不断努力，发挥自己最大的潜能。

（2）**参与激励** 参与激励是指让员工参与企业管理，使员工产生主人翁责任感，从而激励员工发挥自己的积极性。所以，参与激励就是要让员工经常参与企业重大问题的决策，让员工多提合理化建议，并对企业的各项活动进行监督和管理。这样，员工就会亲身感受到自己是企业的主人，企业的前途和命运就是自己的前途和命运，个人只有依附或归属于企业才能发展自我，从而激励员工把全身心投入到企业的事业中来。

(3) **领导者激励** 领导者激励主要指领导者的品行给企业员工带来的激励效果。企业领导者是企业众目之心，是员工的表率，是员工行为的指示器。如果领导者清正廉洁，对物质的诱惑不动心；吃苦在前，享乐在后；严于律己，要求员工做的，自己先行；虚怀若谷，谦虚、民主，不计前嫌。这样的领导者本身对员工就是莫大的鼓舞，激发员工的士气。如果领导者再具有较强的业务能力，能给企业带来较高的经济效益，有助于员工的需要满足和价值实现，那么，会对员工产生巨大的激励作用。

(4) **关心激励** 关心激励是指企业领导者通过对员工的关心而产生的对员工的激励作用。企业的员工，以企业为其主要的生存空间，把企业当做自己的归属。如果企业领导者时时关心员工疾苦，了解员工的具体困难，并帮助其解决，就会使员工产生很强的归属感，会对员工产生激励效果。

(5) **公平激励** 公平激励是指企业领导者在企业的各种待遇上，对每位员工公平对待所产生的激励作用。只要员工等量劳动成果给予等量待遇，多劳多得，少劳少得，企业就会形成一个公平合理的环境。

(6) **认同激励** 认同激励是指企业领导者对员工的劳动成果或工作成绩表示认同而对员工产生的激励作用。虽然有一些人愿意做无名英雄，但那毕竟是少数，绝大多数人都不愿意默默无闻地工作。当他取得了一定的成绩后，需要得到大家的承认，尤其是得到领导者的承认。

(7) **奖励激励** 奖励激励是指企业以奖励作为诱因，驱使员工采取最有效、最合理的行为的一种激励。奖励激励通常是从正面对员工进行引导。企业首先根据企业经营的需要，规定员工的行为如果符合一定的行为规范（如安全规程等），员工可以获得一定的奖励。员工对奖励追求的欲望，促使他的行为必须符合行为规范，同时给企业带来有益的劳动成果。

(8) **惩罚激励** 惩罚激励是指企业利用惩罚手段，诱导员工采取符合企业需要的行动的一种激励（它与奖励激励正好相反）。在惩罚激励中，企业要制定一系列的员工行为规范，并规定逾越了这一行为规范，根据不同的逾越程度，确定惩罚的不同标准。

6.2 激励与安全生产

6.2.1 安全管理工作的激励原则

"物质激励和精神激励并重"是我国企业安全生产管理中，用以调动职工在安全生产中积极性的基本激励原则。

　　物质激励主要指满足职工物质利益方面需要所采取的激励，例如，奖金、奖品、增加工资、提高福利标准等；精神激励主要指满足职工的精神需要所采取的激励，例如，表扬、评先进、委以重任、提升等。这两种激励手段，从内容和形式上有所区别，但两者之间存在一定的联系。以安全奖金为例，它属于物质激励的范畴，职工从金钱、物质上获得利益，具有经济上的刺激作用，这仅为其外显部分。但是，有限的奖金常常成为人们评估自我价值的存在和工作绩效的大小的一种心理上满足的尺度，人们总是将其在安全生产中的贡献值与奖金分配的实现值的相对比值与他人比较，因此，在安全奖金的分配中，蕴含着较大的精神激励成分。企业对职工在安全生产中贡献的肯定程度，可激发职工的成就感。以评选安全先进个人（集体）而论，它是一种精神激励的方式，通过评选活动不仅对职工在安全生产中的绩效或贡献，以社会承认的形式予以肯定，从而满足了人的尊重需要和自我实现的需要。作为先进工作者（或集体），由于获得先进称号而产生荣誉感，这种荣誉感会导致积极的心理不平衡，从而形成内在"压力"，激发人的积极性。虽然，精神激励的表现形式上可有物质利益的内容，但并非一定有着必然的联系（如能通报表扬并不一定发奖品）。

　　从人的需要来讲，物质需要是基础，而精神需要属较高层次的需要，物质激励反映了人对物质利益需要的满足，因此，它是企业基本的激励形式；精神激励反映了人对需要追求的升华，它是不能以物质激励所能代替的，尤其是随着社会的发展，物质生活条件逐渐丰富，人们对自尊、成就、理想的实现等精神上需要的满足欲望越来越强烈，对精神激励的要求必然显得更加突出；再者，物质奖励的作用遵循"边际效应"递减的原则，在短时期作用明显，但当达到一定程度时，激励作用就开始消退，其"边际效应"将趋向为零。而精神激励的作用一般比较持久，而且对人的激发更加深刻，但是精神激励在一定条件下也是有限的。

　　企业将物质激励与精神激励结合起来，适时地应用多种形式的奖励方法，以丰富激励的内容，满足职工的合理需要，以使职工处于最佳激励状态，从而达到充分调动职工的积极性、主动性和创造性的效果。

6.2.2　激励应注意的问题

　　在企业安全生产管理中，对职工进行激励是一种有目的的行为过程，其目的在于激发职工的安全动机，调动职工实现安全生产目标。如何最大限度地发挥激励行为的有效性，应该注重如下基本问题。

　　（1）激励时间的选择　指在安全生产过程中选择最佳激励时间，以求取得最佳激励效果，这就是激励的时效性。一般可将激励时间划分为超前激励（期前激励）、及时激励、延时激励（期末激励）。

　　超前激励是在开展某项工作之前，就明确将完成预定任务与激励的形式、标准挂钩，如设置百日无事故活动奖，开展争创双文明先进集体（个人）活动等。此种激励时机的选择，一般适于内容丰富且时间较长的安全生产活动。

　　及时激励是在工作周期内适时地进行激励，以求及时地取得"立竿见影"的效果，如企业生产班组对职工安全行为的口头表扬、安全月奖的兑现等。

延时激励是指在工作任务完成后，根据完成任务的情况给予奖励，仅对今后的工作任务起到一定的激励作用。

企业安全生产管理人员要善于把握激励时机，并将上述三种激励有效地结合起来，才会收到事半功倍的效果。

(2) 激励程度的确定 指对安全生产活动中取得成效的集体或个人进行奖励的标准。一般而论，要视职工完成安全生产任务的大小和艰巨程度而定。企业领导和职能管理部门应善于根据激励目标的大小和企业的具体情况，恰如其分地确定激励的最佳适度，以求取得预期的激励效果。

(3) 激励方式的更迭 指物质激励和精神激励的交替应用。由于这两种激励方式均具有"疲劳效应"的特点，并易于从激励因素转变为保健因素。因此，可采取两种办法交替使用来预防这种"疲劳效应"。

其一，将此两种激励方式巧妙地结合起来并进行更迭，在某一时期可以某种激励方式为主，并辅以另一种形式，也可根据激励目标的不同进行激励方式的更迭。

其二，采取符合职工心理要求的多样化的方式，在激励的内容和形式这两个维度上丰富激励的内容。不要千篇一律地按常规方式进行，有时可能在激励效果上更具有积极的意义。

6.2.3 群体、非正式群体与安全生产

6.2.3.1 群体的凝聚力与安全生产

由两人以上组成并以一定方式共同活动为基础结合起来的集合体，称为群体。亦即具有共同目标，心理上互相依附，行为上交互作用、互相影响，情感上具有集体意识和归属感的一群人。如家庭、学校、企业、单位等。这里指的是生产群体，如班组、工段、车间、厂矿等。群体的凝聚力是指群体对其成员的吸引力和群体成员之间的相互吸引力。凝聚力大的群体，成员的向心力也大，有较强的归属感，集体意识强，能密切合作，人际关系协调，愿意承担推动群体工作的责任，维护群体利益和荣誉，能发挥群体的功能。

影响群体凝聚力的因素很多，主要有五个方面。

(1) 成员的共同性 其中最主要的是共同的目标和利益。此外，还有年龄、文化水平、兴趣、价值观等。

(2) 群体的领导者与成员的关系 主要指领导者非权力性的影响力。此外，民主式领导可使群体成员之间的关系和谐，从而增强群体的凝聚力。

(3) 群体与外部的联系 当群体受到外来压力时，其凝聚力会增强。

(4) 成员对群体的依赖性 群体能满足成员的个人需要时，其凝聚力也会增强。在群体实现其目标时，凝聚力也会增强。

(5) 群体规模大小与凝聚力成反比 群体内信息沟通时凝聚力高，反之则较低。

群体的凝聚力与安全生产关系，取决于群体的目标和利益与企业是否协调一致以及群体的规范水平。一般来说，群体的目标和利益与企业整体的目标和利益总是

相一致的，因此，凝聚力大的群体安全生产的绩效也较好，当安全生产绩效卓越受到奖励时，又会进一步提高群体的凝聚力。心理学家沙赫特（S. Schachter）曾在严格的控制条件下，研究了群体凝聚力与生产效率的关系。实验中的自变量是凝聚力和诱导，因变量是生产效率。四个实验组分别给予四种不同的条件，即以高、低凝聚力和积极、消极诱导进行四种不同的组合；另设一对照组，观察对生产效率的影响。结论认为：

① 无论凝聚力高低，积极诱导都可提高生产效率，尤以高凝聚力的群体为佳。消极诱导则明显地降低生产效率，而且以高凝聚力的群体降低更为明显；

② 群体的规范水平极其重要。高凝聚力的群体，若其群体规范的水平很低时，则会降低生产效率。

沙赫特的实验给出两点启示。

① 如果车间、班组的安全生产目标与企业的整体目标一致时，其安全生产目标规范水平较高，当群体凝聚力越高时，安全生产活动的成效就越好，效率也越高。反之，当车间、班组的安全生产目标与企业整体目标不一致时，其安全生产目标规范水平偏低，在群体凝聚力越高时，其安全生产活动的效果亦不会良好。

② 企业安全生产的领导和管理人员不仅要重视企业各种群体的凝聚力，而且要重视提高企业各群体及其成员对安全生产的认识水平，积极诱导他们不断提高安全生产的规范水平，克服消极因素，使群体的凝聚力在保证实现企业安全生产目标中起到积极的作用。

6.2.3.2　非正式群体与安全生产

非正式群体一般指没有明文规定而自然形成的群体。非正式群体是以成员之间的感情和需要作为纽带自然形成的群体。例如，车间、班组中的同乡、同学形成的群体；自愿结合的临时技术革新小组等。企业中非正式群体的出现和存在，并非偶然，它是由于人们为了满足正式群体之外的某些心理上的需要而逐渐形成的。例如，社交的需要、爱好兴趣的需要、归属的需要等。

（1）非正式群体形成原因

根据非正式群体形成的原因，可分为下列几种类型：

① 情感型。以深厚的情感为基础而形成；

② 兴趣爱好型。以兴趣爱好相同作为基础；

③ 利益型。以某种共同的利害关系作为基础。

（2）非正式群体的类型

根据非正式群体的效应，可概括为三种类型：

① 积极型。例如，企业内自愿组合的技术攻关小组，企业的文体团体，这种非正式群体可促进企业的安全生产活动，是一种积极的因素；

② 消极型。例如，某些对企业安全生产目标或管理方式有抵触情绪的人自然形成的无形群体，这种非正式群体对于企业的正常安全生产活动具有一定的阻碍作用；

③ 破坏型。例如，具有反社会倾向的非正式群体，这种非正式群体对企业实现

安全生产目标具有危害作用。

由于非正式群体是人们为满足某些心理需要而自愿结合而成的，因此各成员的认识类同，情感共鸣，行动协调，凝聚力较强。此种群体在一定程度上能满足成员的心理需要，成员对此群体有归属感，群体成员会自然涌现出"头头"。群体成员的行为受群体中自然形成的"规范"调节和制约。此种群体内的信息沟通渠道畅通，传递迅速。

非正式群体的作用具有两重性。对企业的安全生产活动可表现为正向的（积极的）和负向的（消极的）影响。如果正确引导，非正式群体可弥补正式群体的不足，在实现企业安全生产目标中发挥重要的作用，反之，则会干扰企业安全生产目标的实现。

非正式群体的积极作用在于，可使其成员获得心理需要的满足，有助于企业建立安定团结的心理气氛；能加强企业群体内的意见沟通，在协助企业实现安全生产目标方面，可能起到推进作用；成员之间还可能通过潜移默化的方式，对成员在安全生产活动中的行为发生积极的影响。

非正式群体的消极作用在于，当成员对企业出现不满情绪时，易引起非正式群体的其他成员的同情，出现不正常的心理气氛，甚至产生对企业各级领导或管理人员的抵触情绪，如传播"小道消息"，不服从生产指挥，消极怠工等，从而导致不利于安全生产的行为。

（3）非正式群体的引导

必须充分重视和探讨非正式群体的内在规律，遏制其消极作用，发挥其积极作用，引导非正式群体为企业安全生产服务。

① 应重视非正式群体的价值。非正式群体是客观存在的，是不以企业管理人员的意志为转移的，对待非正式群体采取否认、放任或压制，均不利于企业的安全生产活动，利用承认它，善于协调，因势利导，才能使非正式群体有利于企业安全生产目标的实现。非正式群体虽有其自身的特点，但总是部分地体现正式群体的价值，也就是说，它对企业、群体会发挥其一定的效应。例如，"桥梁作用"，非正式群体的特点之一是，信息传递迅速，企业管理人员可通过它掌握职工中存在的思想动态，以求集思广益，及时改进安全生产管理工作。企业还可通过非正式群体成员之间相互关心的特点，开展思想交流工作，以稳定情绪、提高士气。例如，非正式群体成员在生产作业中的不安全行为，受到批评后，企业安全管理人员可利用非正式群体成员做思想工作，可能收效较大。

② 采取多种形式发挥非正式群体的正向效应。企业中可存在各种有形的和无形的非正式群体，应根据非正式群体的不同性质和特点，采取多种形式积极诱导。例如，在开展安全技术革新的活动中，可利用非正式群体钻研技术的积极性，自愿结合组成技术攻关小组，为实现企业亟待解决的安全生产技术问题而贡献力量。在组织职工文体活动中，可定期组织爱好体育活动或文艺活动的非正式群体成员和其他职工开展文娱体育活动，以活跃企业的业余生活，既可缓解生产任务紧张、单调所带来的不利影响，又可和谐企业的心理气氛、协调人际关系，对安全生产是有益的。

在企业安全生产管理制度上，可广泛征求各种类型的非正式群体的意见，以利于制度的群众性、科学性和可行性。这些非正式群体成员中可能有不同层次的科技人员、不同技术层次的工人、不同年龄的工人、不同性别的工人等。日本企业界非常重视非正式群体的作用，甚至将其作为职工参与企业管理的有效形式，开展自由结合、自愿参加、自我选定的生产小组，对于非正式群体的正向效应行为，普遍予以鼓励，甚至重奖有成效者。

③采取有效措施限制非正式群体的负面效应。采取积极疏导，使其改变消极的规范，进而改变其消极的行为。例如企业生产中某些作业需戴安全帽，有的无形群体的工人认为这是"胆小"的行为，这就是一种无形的群体"规范"，对安全生产可产生不利的影响，安全管理人员应多做这种无形群体中有影响人物的工作，改变这种不安全的规范，树立正确的安全态度，使之与企业的安全要求一致。有的非正式群体热衷于业余"不正当"的活动（例如，赌博之类），上班时无精打采，影响安全生产，企业管理人员应讲明危害，积极疏导，并予以禁止。

6.2.4　士气与安全生产

士气是指企业职工对企业的目标感到认同和需要获得满足，愿为达到组织的目标而奋斗的精神状态，是企业职工在安全生产活动中所形成的共同态度和情绪。

一般来说，具有高昂士气的群体具有高凝聚力，具有处理内部冲突和适应外部变化的能力，成员了解和支持群体的奋斗目标，成员之间有强烈的认同感。

拿破仑曾指出："一支军队的实力，四分之三是由士气因素决定的"。因此，企业内士气的激励问题，已成为现代企业安全生产管理的一个重要问题。如何才能提高企业内群体在安全生产活动中的士气呢？主要有下述几种途径。

(1) 领导者"身先士卒"　这对鼓舞士气具有重大的影响，如果领导者能深入生产第一线与职工同甘共苦，倾听群众意见，又能秉公办事，坚持以身作则，认真遵守安全技术规程，就会增强群体成员对群体的认同感，群体的凝聚力自然更强，从而易于激发群体成员在安全生产活动中的士气。

(2) 为群体创造一个良好的心理环境　首先应为群体创造一个安全的工作环境，使职工获得安全感，以满足职工的基本的心理需要，这对提高士气是极为重要的。如果工作条件很差，发生工伤事故和职业病的可能性较大，无疑是难以调动群体及其成员的积极因素的。在此基础上，尽力做好群体成员间的心理协调，增大心理相容性，必要的信息沟通，有利于互相信赖，增强归属感，从而使群体成员在工作中有一个良好的心理气氛，这对群体的士气高涨是极其重要的。

(3) 运用各种激励方式进行激励　有组织地开展各种竞赛活动，满足职工的荣誉感。例如，开展安全知识竞赛、安全技能示范比赛以及其他有益的文娱、体育比赛活动等。这是一种激励士气的有效方式。企业还可通过精神激励和物质激励相结合的方式，对在安全生产中绩效突出的群体进行奖励，这不仅在一定程度上满足了群体成员自我超越的需要，增进成员的归属感，而且可培养集体主义精神，进一步加强鼓舞士气的内在力量。

此外，由于群体的士气反映了职工个人需要的满足，因此，在企业安全生产活动中，应切实关心每个职工的疾苦，也有助于提高群体士气。

6.2.5 人际关系与安全生产

6.2.5.1 人际关系的概念

人际关系是指在社会实践过程中，个体所形成的对其他个体的一种心理倾向及其相应的行为，也就是说，它是人们在相互交往和联系中的一种心理关系。个人与个人之间、个人与群体之间、群体与群体之间的联系，经常受到各自心理特征以及所处的社会文化、社会意识的制约，反映着其心理上的距离，并伴随着一定的心理体验和反应。例如，喜欢或厌恶，亲近或疏远，满意或不满意等。

人际关系是以人的情感为联系纽带的。人际的亲疏关系，可使人们获得愉快或不愉快的体验，而人际关系的吸引或排斥，反映着彼此满足对方需要的程度。如果交往双方的心理需要都能获得满足，就会维持一种协调的人际关系。因此，需要的满足是人际关系的基础。例如，企业的工作环境恶劣，事故隐患多，而企业领导却一味追求生产进度，忽视工人对改善劳动条件的基本需要，工人与领导之间便会产生心理上的差距，感情不融洽，行动上不协调，工人的安全需要就成为领导与工人间人际关系紧张的根源。

心理学家舒兹（W. C. Schutz）认为，每个人都有人际关系的需要，但由于各人有不同的动机、知觉内容以及思想、态度等，人与人交往中，每个人对他人的要求和方式都不尽相同。因此，各人就逐渐形成特有的对人际关系的倾向（也称人际反应特质）。人们的人际关系需求虽较复杂，但可根据容纳、控制和情感的需求划分为三种类型，并可进一步将其各自区分为主动性和被动性两个方面，从而形成各种不同的人际关系的基本倾向。任何两人的交互反应作用若互相适应、兼容，这就会使人际关系和谐，如不能适应、兼容，则会使交往发生障碍。

6.2.5.2 人际关系的分类

人际关系可按不同方法进行分类。

（1）按人际关系的范围分类
① 两人之间的关系。如夫妻关系、朋友关系、师生关系等。
② 个人与团体的关系。如个人与家庭、学生与班集体、工人与班组的关系等。
③ 个人与组织的关系。如个人与学校、个人与企业、个人与社会的关系等。

（2）按人际关系的测度分类
① 纵向关系。如父子关系、师徒关系、领导与群众的关系、上下级关系等。
② 横向关系。如兄弟关系、姐妹关系、同学关系、同事关系、邻里关系等。

（3）按人际关系的好坏程度分类
① 良好的人际关系。其特征是友好、和睦、相互理解、体谅、融洽、亲密、相互吸引等。

② 不良的人际关系。其特征是相互敌视、对立、嫉妒、猜疑、攻击、漠视、冷淡、幸灾乐祸、投石下井、嘲弄讥讽、相互排斥等。

（4）按人际关系维持的时间长短分类

① 长期关系。如家庭中的人际关系，正式群体中的人际关系等。

② 短期关系。如同在一起看电影互不相识的观众之间的关系、顾客与卖主之间的关系等。

（5）按形成或维系人际关系的主导因素分类

① 工作型人际关系。即由于从事相同或类似的工作任务而形成的人与人之间的关系。

② 情感型人际关系。即由于相互之间的情感联系而形成的人际关系。

6.2.5.3 人际关系对安全的影响

人际关系对人的行为可起到积极的作用，也会起到消极的作用，它对企业安全生产活动有以下影响。

（1）影响群体的凝聚力 人际关系协调能促进企业群体凝聚力增强，表现为群体成员团结一致。如果人际关系紧张，矛盾重重，势必影响群体的凝聚力。

（2）影响群体的绩效 人际关系协调有助于群体成员工作积极性的发挥，从而提高群体及其成员在安全生产中的绩效，反之，其效果迥异。

（3）影响安全 人际关系与企业职工在生产活动中的安全行为直接有关。如果群体成员之间人际关系失调，会使人们产生紧张，注意力分散，易于导致操作失误，甚至导致事故的发生。

（4）影响企业职工的心理健康 人际关系严重不协调时，由于紧张可使人的心理发生障碍，甚至引起身心疾病。

因此，企业内的人际关系对安全的影响问题，已成为安全心理学的一个重要研究课题。

6.2.5.4 改善人际关系的途径与方法

既然人际关系的好坏对安全生产有影响，那么怎样才能搞好人际关系呢？为此，就要分析、认识影响人际关系密切程度的因素，了解了影响人际关系的主要因素，也就找到了调整、改善人际关系的突破口。

（1）影响人际关系密切程度的因素

① 距离的远近。人与人之间空间位置越接近，越容易形成彼此之间的密切关系。例如，在同一车床上操作的工人，在同一控制室工作的人，在同一单元居住的邻居等，比较容易形成亲密的关系。但距离远近只是影响人际关系的因素之一，甚至不是主要因素。只是其他条件相同的情况下，这一因素才显示出其作用。并且，在这一因素促成的人际关系中，既有可能形成相互吸引的良好人际关系，也有可能形成相互排斥的不良人际关系。在实际生活中可以看到，有时恰恰是在空间位置上相近，反而更易产生直接的矛盾冲突，酿成难以解决的争端，如邻里不和、同事间的勾心

斗角等。

② 人际交往的频率与内容。一般来说，人们彼此之间交往的次数越多，越容易形成较密切的关系。因为交往次数越多，越容易形成共同的经验、感受，增加共同语言。交往的频率在形成人际关系的初期具有重要作用。和交往频率相比，交往的内容对于形成密切的人际关系更为重要。彼此递支烟、请吃饭比单纯的聊天更能密切相互之间的关系。而对工作、学习、思想、理想、人生等进行几次推心置腹的深谈，会比天天见面仅仅是打招呼，说些无关紧要的应酬话更能加深相互之间的了解，增进友谊和交情。

③ 态度的相似与志趣的相投。人与人之间若对某种事物有相同或相似的态度，有共同的语言，共同的兴趣，共同的志向、理想、信念、价值观念，就容易产生共鸣，彼此之间形成密切的关系。俗话说：物以类聚，人以群分。这里"群分"的原因之一就在于彼此有相同的态度或共同的志趣。因此，建立良好的沟通，以形成对事物的共同态度，培养共同的志趣和爱好，是建立和维持良好人际关系的重要条件。

④ 需求的互补性。在物质上、精神上、心理上有相互需求，容易形成稳定的、密切的人际关系。在现实生活中，不仅在物质上、精神上的相互需求可以加强人际关系的密切程度，而且在心理上的互补性需要也能密切相互关系。例如，一个脾气暴躁的人和脾气随和的人会友好相处，独断专行的人和优柔寡断的人会成为好朋友，活泼健谈的人和沉默寡言的人会结成亲密的伙伴。所以这种表面上看似不可能的事，是因为双方在性格、气质上各有优缺点，彼此之间可以取长补短，互相满足对方的需要。

(2) 改善不良的人际关系的途径

① 增加交往，沟通情感。通过加强交往，增进相互了解，创造融洽气氛，体现相互友好，反映相互关心，产生更多的共同语言。

② 珍视友谊，增强信任。友谊是人类独有的高级情感，是人际关系的结晶和体现，也是强化良好人际关系的纽带。对相互之间已经形成的友谊，应当共同珍惜、培植，即使有时因某种原因产生误解，也应当本着与人为善的态度及时化解。

③ 共同学习，交换意见。人和人之间对某些事物的看法和态度不可能总是一致的，但通过共同学习，及时交换意见，可以使对方了解自己的看法、态度以及形成的原因，以便消除隔阂，化解矛盾。

④ 互相关心，互相帮助。在每一个人的工作、生活、学习中，难免会遇到挫折和困难，此时，如果能给以安慰、体贴、关心，帮助他解决困难，更容易使人体会到同志间的温情，即使是原来人际关系不怎么好，也会得到谅解和改善。这是改善人际关系的好时机。

⑤ 严于律己，宽以待人。维持、发展良好的人际关系，首先应从自我做起，对自己严格要求，以身作则，言行一致，表里如一。要想得到别人的尊重，首先应该学会尊重别人。要想得到别人的关心、帮助，首先应该去关心、帮助别人。千万不能只要求别人如何，总觉得别人对不起自己，"宁让天下人负我，不让我负天下人"，不从自己着眼，不愿意克服自己的毛病和缺点，不可能形成良好的人际关系。须知，所

谓 "人际" 关系是相互的，而不是单方面的。

⑥ 改变不良行为，陶冶性情。在群体中与人相处，要注意改变自己的不良性格和行为。说话时声色俱厉，咄咄逼人，态度傲慢，神气十足。听到不同意见时，一蹦三尺，火冒三丈。有利益时，只顾自己，不顾别人。遇到危险时，畏缩不前，逃之夭夭。工作有成绩，归于自己。工作有差错，推给别人。浮夸虚张，不干实事。文过饰非，溜须拍马等，都有损于人际关系。

应该特别强调的是，人际关系是人与人之间的事，因此，人际关系的改善也必须是双方（或多方）共同努力、共同维护才能成功。只有这样，才能真正造成一个有利于安全生产的融洽、和谐的群体气氛。

6.3 安全目标管理的激励

由洛克（J. Locke）提出的目标设置理论是一种过程型激励理论，此理论的基本要点是，目标是一种强有力的激励，是完成工作的最直接的动机，也是提高激励水平的重要过程。

心理学家将目标作为诱因，它是激发动机的外在条件。通过科学研究和工作实践发现，外在的刺激因素如奖励、工作反馈、监督和压力等，均是通过目标来影响人的动机的。因此，重视目标的作用，设置合理的目标和努力争取实现目标，是激发动机的重要过程。

在一个良性的心理循环中，目标的作用可概括为：标导致人们努力去创造绩效，绩效增强人们的自信心、自尊心和责任感，从而产生更高目标的需求，如此循环反复，促使人们不断努力前进。

美国学者杜拉克（P. Drucker）曾指出："一个领域没有特定的目标，这个领域必然会被忽视"。这提示设置目标在企业管理中的重要性。20 世纪 50 年代中期，杜拉克明确地提出目标管理的概念，把目标作为企业内一切管理活动的出发点和归宿。目标管理作为一种先进的管理激励方法，经三十余年的研究、实践，在理论和应用上不断完善，已成为一种科学的管理体系，并在企业管理和安全工作领域广泛应用。我国近十余年的实践证明，它在企业安全生产管理中也是一种行之有效的管理激励方法。

目标管理引入安全工作领域，形成了安全目标管理。安全目标管理是将企业的安全目标渗透到企业的总目标中，应用目标管理的原理和方法，开展一系列的安全管理活动。安全目标管理的本质特点是：强调以企业安全生产活动中的安全目标为中心，重视人和绩效的系统整体管理，即把企业的安全工作任务转化为安全目标体系，使每个职工明确自己在安全生产活动中的有关安全的目标，并以目标激发安全动机以指导行动，使企业各层次、各部门的职工在企业安全工作中处于 "自我控制" 状态，注重最终的安全目标的实现。

所谓企业安全生产的"自我控制"，是指企业各部门、基层和职工在安全产活动中能充分了解自己应该做的工作和要求，充分了解自己做的工作现状，当出现差错时，有自我调节的能力。企业各级部门通过目标展开过程，明确安全工作的共同目标及其主次分工，并将目标分解落实到人，分工负责，从而达到自我控制的目的。

安全目标管理是以目标设置理论为依据，广泛吸取了科学管理的系统论观点和现代组织理论，重视系统的整体性原则和目标的作用，并将其作为企业组织行为高效运转的关键。

6.3.1 安全目标管理的意义

(1) 指引作用 企业一旦确定了安全目标，并层层落实时，就促使企业各层次管理部门和职工明确各自的责任，规定着人们的行动方向，围绕着各自的目标，统一意志，努力去创造绩效。

(2) 激励作用 在安全目标合适时，可激发职工安全动机，驱使人们的积极行动。职工对安全目标的效价越大，期望值越高，激励作用越大。

(3) 调节作用 在安全目标管理过程中，整个企业的安全工作和活动，围绕着预定的目标有效地运转。对于实现目标要求的工作，则加以鼓励和积极强化。对不符合目标要求的，则加以控制，从而起到积极的调节作用。

(4) 监督作用 企业安全目标为有效的安全监察提供了可靠的量化数据，因此，安全目标管理有利于企业的有效监督和控制。

由于安全目标管理重视职工及其绩效的管理，并围绕确定安全目标和实现此目标开展一系列的管理活动，因此，整个过程均涉及人的行为。

6.3.2 安全目标管理中应注意的心理因素

(1) 目标确定阶段 安全目标的确定和设置是安全目标管理的中心内容，也是极其重要的阶段。在此阶段应充分沟通信息、掌握信息，并在提高对企业安全问题的认知水平的基础上，进行企业总的安全目标的拟定，再逐步确定各个分目标和个人目标，还应注意下列问题。

① 目标越具体，就越能给职工为完成目标而进行充分的心理准备，就越能激励职工的积极性。在制定安全目标时，应尽量做到量化，并确定明确的目标值，例如，工伤事故频率和严重率的数值水平、百日无事故等。目标抽象化对职工的激励作用则不大。

② 所制定安全目标要合理适当，目标值太高，会使人感到"高不可攀"，目标值太低，则会使人感到"轻而易举"，激励作用均不会太大。因此，应建立适宜的目标值，不仅可加大职工对完成安全目标的期望值，而且可对职工产生一定的心理压力，具有挑战性，又具可接受性，从而易于最大限度调动职工的积极性。

③ 要发动职工参与安全目标的设置，企业安全目标不应单纯由企业领导制定，更不应任意强加于职工，必须让广大职工参与，以增强职工对目标的理解和愿意接受的程度。

（2）安全目标实施过程阶段　此阶段应进一步制定为完成目标值的管理方法和要求，并采用各种有效的管理措施（如管理制度、安全技术措施等）和激励手段激励职工的意愿。在实施过程中应注意以下几点。

① 由于设置目标的效果，将会因时间的推移而逐渐减弱，因此，定期反馈目标执行情况的信息，肯定已取得的成绩，可增加职工的信心，进一步激发职工的安全动机，还可迅速发现问题，把矛盾和冲突解决在萌芽状态。

② 在目标实施过程中，应重视企业各部门、各班组有关责、权、效、利相统一的原则，以目标定岗、以岗定责、以责定人，以加强自我控制，从而可促使人们在实现目标中的协调性和主动性。

③ 在目标实施过程中，要尽力满足职工的合理需要，并与企业的总目标协调一致。

④ 在执行安全目标时，要启发和诱导职工为实现目标开展安全竞赛活动，并对职工的绩效及时肯定，给予积极强化。

（3）成果评定阶段　这是安全目标管理的最后一个环节。在目标实施期限结束时，要按安全目标值对企业和下属各部门及职工执行情况和取得的成果进行评定。在评定时，要注重职工的各种心理需要，例如，尊重的需要、自我超越的需要和公平合理的心理状态等。因此，对企业、各部门或职工执行目标的评定，应尽量采取定量的方法进行考核评定，并充分考虑完成目标的难易程度、目标责任者的努力程度和绩效，对难以定量的指标，应慎重对待，以免挫伤职工的积极性和创造性。

 思考题

1. 阐述激励的概念与基本特征。
2. 阐述激励的发展过程。
3. 简述常用的一些激励理论。
4. 分析激励期望理论的原理模型。
5. 阐述激励与安全生产的关系与作用。
6. 阐述群体与非正式群体的理念与关系。
7. 分析非正式群体与安全的关系。
8. 阐述人际关系的建立与发展。
9. 阐述安全目标管理的意义，分析其在激励中的作用。

7 安全心理学实验简介

心理学实验是对心理现象进行定量分析的重要手段，是安全心理学的重要组成部分。本章将对安全心理学实验作简要介绍。

7.1 心理实验概述

7.1.1 心理实验概念

心理实验是指在严密控制的条件下，有组织地逐次变化条件，根据观察，记录、测定与此相伴随的心理现象的变化，确定条件与心理现象之间关系的过程。

心理实验的基本过程是在所研究的心理现象的多种条件中，保持其他条件不变，只是有组织地操纵一个条件（有时也要操纵多个条件）使其变化，观察、记录、测定与其相随的心理现象的变化。在其他条件一定时，虽然某个条件变化了，但看不到心理现象的变化，那么这个条件就不是所研究心理现象的重要因素。一次变化一个条件，逐次重复上述的操作，直至把那个现象产生的条件搞清楚；进而再有组织地变化多个条件，搞清楚各个条件所伴随的心理现象的变化，条件与心理现象的函数关系就明确了，这就是心理实验的基本过程。

例如，摆在某操作者面前一台未知的仪器，既没有说明书可查阅，又不能打开仪器，仪器的面板上，除了一些显示指标、开关之外，没有任何关于这台仪器功能的信息。在这种情况下，想了解仪器的性能和机构，操作者就要根据自己的已有知识，提出一些假设，系统地一个一个地去按按钮，在有插头的地方一个个接通电源，调查仪器的反应。这个最初的检验顺序是来自操作者的假设和过去经验的类推，但这并不保证当前这台仪器就符合这种情况，于是他的假设就要不断地修正。操作者就是这样研究输入和输出的联系，找出这台仪器输入和输出关系的模式，再据此去预测与将来的输入相应的输出是什么。这个例子形象地表明了实验的特质，对心理学、物理学、生物学、化学的实验都具有普遍性。

现代心理学为弄清所要研究行为的刺激条件，弄清刺激条件和行为的函数关系而采取的实验方法，不外乎是自然科学普遍使用的实验法或条件分析法。

实验与观察的区别不在于是否使用仪器进行测定，实验是充分地控制条件，有计划地操纵各个条件，使其发生变化，并观察、测定这种现象的变化。与此相反，对自然状态的现象进行观察、记录和测定，则不是实验而是观察。从这个意义上，可以说实验是能动的实践性的观察，是在严格控制条件下的观察，而观察是被动的自然的观察。

由此可见，实验必然具有主观性，在人为控制的条件下，实验所操纵的行为和日常的自然的行为是一回事吗？在心理学实验中行为被操纵的时候，参与的条件是被限定的，这时排除了难以控制的条件，从这个意义上讲，实验是以"抽象的"条件下的行为为对象。实际上，实验所控制的行为与日常"具体的"行为的差别，是由规定行为条件的多少决定的，即规定行为的条件越多，越接近日常的活动，其行为就越接近"日常的"行为。这也是心理实验在研究行为上的局限性，这个局限性可以由系统地逐步变更实验条件，并把实验研究和用其他方法进行的研究相互对照补充加以克服。

心理学研究采用实验的方法具有显著的优点。在严密控制的条件下，能够探明条件和现象间的因果关系及功能性关系，对某行为为什么产生，或某心理现象为什么会出现的问题，能给予科学的解释。

武德沃斯与施洛斯贝格在《实验心理学》一书中指出，心理实验可以做到：

a. 实验者可以在他愿意时使事件产生，所以他可以充分地做精确观察的准备；

b. 为了验证，在同样条件下重复的观察，可以把所使用的条件描述出来，使别的实验者重复它们，对于他的结果做独立检验；

c. 可以系统地变更条件，观察结果中的差异，研究与系统变更的条件相伴随的心理现象的变化。

在上述三点中，b 验证的可能性特别重要。若只是特定的人的经验，那就不能成为科学的结论，只有按照同样的条件，能被重复验证的事实，才能构成科学的结论。科学的结论是客观存在的，是建立在别人以同样的手法或条件能够验证的基础上。

实验无论如何正确而精密地重复，其结果也很有限，只是特定的经验，而不是所有事件、所有场合的普遍性经验。科学不是关于特定经验的东西，而应该建立在普遍性经验的事实上。心理学实验如何从有限次数实验的特定经验中寻找出来一般规律，如何避免各种片面性？不仅要从哲学理论上寻求帮助解释，还要进一步数量化，这就要依靠数学、统计学的知识，从特殊到一般，即从样本推论总体。除了对实验结果的解释需要统计学以外，在实验设计上也离不开统计学的指导，因为实验只是科学研究中搜集资料的一种手段，其设计必须有统计学的指导才能使之成为有效的手段，可见心理实验与心理统计学关系是十分密切的。

7.1.2 心理实验的类型与研究程序

7.1.2.1 心理实验的两种类型

心理学作为一门科学，不但要研究和解释各种心理现象，还要概括地揭露它们的本质，即确定一定的规律性。在这些规律性的基础上，阐明心理现象和过程的原因，预见未来发展趋势。但是心理学研究的问题不是行为的单个现象，而是行为的本质。例如"笑"这个行为，即使详细地研究肌肉和腺体反应，或脑电、皮电反射，也不能把这叫做心理学的研究。心理学的研究是要弄清楚"为什么笑"，"为什么在那时笑"。因此，心理学的课题是"某个行为为什么产生"。要探明"为什么产生"，就是需要实验的方法。对"为什么"的科学答案的寻求，通常分为两个阶段。

第一阶段是探明行为产生的条件是什么，第二阶段是探明这些条件和行为的函数关系。与这两个阶段相对应，可以把实验分为两种类型：第一种类型是因素型实验（factorial type experiment），它主要探索所研究的行为（心理现象）产生的条件是什么的"什么型"实验，即探明所研究的行为产生的主要因素的实验；第二种类型的实验是函数型实验（functional experiment），是研究各种条件"怎样"地影响行为（心理现象）的"怎样型"实验，即研究条件和行为之间的函数关系。在因素型实验中，逐个地除去、破坏或变化被看作是与行为有关的几个条件，检查有无相应的行为变化，据此探明它是否是产生行为的主要因素。这时被操作的条件以外的条件都应该进行严格的控制。在明了产生所要研究行为的条件以后，系统地、分阶段地变化这个条件，进行确定条件和行为的函数关系的函数型实验，找出行为的规律来。在这个意义上，因素型实验是函数型实验的第一阶段，具有函数型实验预备实验的性质。在研究实验中，很多是将因素型实验同函数型实验作为一个实验而进行的。在所研究的行为原因已经探明的时候，多半是直接进行函数型实验。从因素型实验进到函数型实验，是实验的基本进程，二者同样都是重要的。

7.1.2.2 心理实验研究的程序

(1) 研究问题的提出和假设的确立 进行一项心理实验研究，首先是从解答"为什么"这样的问题开始，为了解答"为什么"，就要通过实验寻求科学的答案。这些研究问题怎样提出来呢？一般只有通过对人类或动物日常具体行为仔细、认真的观察，才能提出各种研究的问题，确定科学研究的起点。另外，研究的课题也可能是实际生活、教育、生产等方面提出的问题。如学习外文的方法哪种最好？填鸭式的教学方法，以分数为标准选人、教育人，是否是培养人才的途径等。一个善于观察而又勤于思考的人，必定能够从实际生活所提出的各种各样的问题中发现自己的研究课题。因而观察和实际需要是提出研究问题的关键。

研究的问题提出来了，并不等于就可以进行实验设计了。还必须明确"什么行为的哪个条件"，"怎样地构成这些问题"才行，即问题要以假设的形式提出来，才变得最明确。假设是关于条件和行为关系的陈述，它的真假要用实验来加以验证。只有这时，实验设计才能够进行。因此说，没有假设就不能进行实验设计。假设具有两个特性：

a. 以科学实验为基础的假设性；

b. 具有推测的性质。

必须指出，实验中观察、记录以及在实验后处理实验结果的时候，都不能带有任何假设。这是两个不容混淆的问题。

根据日常的观察，和基于从已有的研究结果中归纳出来的假设，或由联想和直观的推测所构成的假设等，来计划实验、确定实验的方法。当这个假设或由假设推导出的命题，被实验所证实，则作为科学的命题被采用，如果实验结果违背了假设，便要修正这个假设，或者放弃它，从而提出新的假设，反复实验直到被证实。

（2）**被试的选定**　根据实验目的、研究的问题来选定被试。选定什么样的被试样本，要依研究的问题和据此而推论的全体大小而定。如果研究 7 岁儿童的道德判断，那就要从城市、农村，各种家庭出身，各个民族不同性别中抽选被试，组成被试样本。要推论全世界的 7 岁儿童这一总体，那还要包括不同区域，不同社会制度下的 7 岁儿童。如果研究问题的总体是非正常人的，或非人类的，那就要从这些非正常人和非人类物种中取样，总之，所选定被试的代表性关系到推论的可靠性问题。

选定被试的多少，依研究的问题总体、人力物力条件、实验对象所供选择的可能、处理结果时使用何种统计方法、实验设计的类型、推论的可靠性程度来确定。

最理想的是能够对所研究问题的全体被试逐一进行实验，但这是不可能的，另外，有些心理现象的总体很多都是无限的，因此，实验只能通过选取的样本进行。在人力、物力及实验对象可供选择并允许的情况下，被试的数目多以大样本（即个体数目大于 30）为好。如人力、物力不允许或可供选择的被试很少，被试可用 30 以下的小样本。如视觉的个别实验，选标准观察者，所用的被试只有少数的几个人。但这里有个假设，标准观察者的结果相当于很多人的平均结果。一般情况下用随机取样的方法，个别情况下，可不用随机取样。例如选标准被试那样，就不是完全随机化选取被试。

如果实验是属于因素型实验，采用相关设计的方法，那么样本数目大于 40 才好。如果这时样本小于 40，在分析结果时，使用 χ^2 检验就要受到影响，而用正确概率的计算方法则比较麻烦。上述诸条件中，当以研究问题的需要、推论的可靠性为主。

（3）**实验的控制**　实验的控制只包括实验过程中刺激变量、部分被试变量的控制，以及反应变量的观察、记录和测定等。

1）刺激变量的控制　心理实验是要弄清所操作变化的条件和某现象之间的函数关系。在所研究现象的许多条件中，只是有组织地操作、变化特定的条件，这个特定的条件就是自变量，心理实验中称为刺激变量。实验中对刺激变量的操作、变化称为对刺激变量的控制。对刺激变量控制的好坏，直接影响实验的成功与失败。

① 控制或规定自变量时应注意的问题

a. 在整个研究构思中，所规定的自变量是否是真正的自变量。

b. 自变量的选择是否存在单一性偏差，即自变量的取样代表性。自变量取样代表性是影响实验效度的重要方面。

c. 自变量的层次，有些自变量的层次可能对因变量产生影响，有些可能没影响。因此在研究构想中，要考虑不同自变量的层次对不同因变量层次的实验效应，切莫将间断性的层次（例如两种光源）与不同层次的连续自变量（不同亮度水平）效果，误认为是简单的线性关系而进行推论，导致构想上的错误。假设白炽灯不同亮度水平对颜色辨别有影响，就简单推论日光灯不同亮度水平对颜色辨别也有影响。

② 刺激变量的具体控制方法

a. 对于自变量必须给以清楚的操作定义。

b. 检查点的确定。自变量中，有的是属于连续变量，如时间和强度；也有的是质的不同，属于离散变量，如不同的感觉道，不同的学习方法等。对于连续的自变量，实验时要选几个不同的自变量值——称作检查点，才能进行，所选检查点的数目要足以找出自变量和因变量的函数关系，一般为3～5个。

c. 自变量的范围，对于连续的自变量来说，选择检查点的范围是一个重要的问题，关于这个范围的选择，有时可参考相关的研究。

d. 自变量的间距。当选好自变量的范围以后，还要确定各检查点之间的距离，间距的大小可依具体情况而定，原则是，两个不同的检查点，能引起被试不同的反应，即间距不能小于差别阈限。这个间距一般是等距变化的。如果自变量与因变量接近于对数函数、指数函数时，间距若能按对数单位变化，则实验结果的精度会变得更高。

e. 对呈现仪器的控制。在心理实验中，连续的自变量经常使用机械的或电子的仪器来呈现。对使用的仪器提出要求：ⓐ要准确精密不失真；ⓑ具有恒定性，即仪器的性能要稳定；ⓒ操作方便，反应灵敏；ⓓ仪器的显示范围要满足自变量变化的要求；ⓔ仪器不应干扰、阻碍、改变所要研究的行为，即具备控制一定的无关变量的机器；ⓕ同一型号的仪器同置信度要高，如果不能前后用同一台仪器呈现刺激，则应该用同一型号且误差较小的两台或多台仪器呈现，对仪器的要求是实现自变量控制的重要环节，而恰恰在这一点上，经常易被忽视；ⓖ刺激呈现的方式、呈现的次序、空间位置，呈现的久暂等都应该根据要求加以控制。

2）反应的控制　反应的控制，是指对实验对象即被试如何反应所进行的控制。包括实验者的言行、表情态度等所产生的对被试反应的影响，即实验者效应，以及被试本身主观上的因素所产生的影响，被试效应的部分控制问题。可以设想，对同一个刺激，被试个体所进行的全能形成的反应种类是无限的。如何把无限的被试个体的反应控制在主试所意想的方向上，这就是所说的反应的控制问题，这个问题包括指导语、被试态度（由指导语以外的因素所引起的被试对反应的态度）以及被试个体差异问题。

① 指导语。是向被试说明实验，交代实验中被试要干什么，完成什么任务等，主试向被试所说的这一系列话，称作指导语。指导语不同，被试的反应就不同。

实验若以人为被试，则其往往按指导语反应，指导语的一个微小的变化，都能影响实验结果。因而对指导语的控制成为了对反应控制的一个主要部分。因此，指导语的编制要标准化，不能含糊不清，要严密，要使任何被试都能作出同样的反应方式，这就是说，要保证被试都能听懂，不能模棱两可，不能因被试的水平不同而产生理解上的差异，同时指导语也不能带有任何对反应的暗示成分。

② 实验中主试对被试的态度，也是影响被试反应的一个重要方面。因为心理实验的主要对象是人，在实验中要经常与人打交道，这就要求遵循与人交往的基本道德规范，同时这也是控制被试反应的一个重要方面。

③ 对要求特征的控制。在一个实验中，实验者往往对自己的意图保密，这就促使被试极力想从实验者所能提供的任何微小的线索中，确定实验的目的是什么，这样，实验对于被试来说，就成了解决问题的一个游戏。在整个实验过程中，被试始终在猜测实验在测他什么，对他有利无利等，我们把在实验情境中被试对反应过于敏感的特征叫做要求特征，这个要求特征有些是由实验者的效应引起的，有些则是其他实验情境——典型的是心理实验要求"盲"被试的情境引起的。在实验中这个要求特征不可能完全避免。只能要求做到较好地控制。

3）反应的观察、测定与记录

① 关于反应的观察、记录与测定问题，在心理学的不同实验的文献中，制定了很多方法，并为此设计了许多仪器。对记录、测定反应仪器的要求基本是仪器要能够真实地、灵敏地记录和测定实验中所要求的反应。

② 反应指标及度量问题，某一个刺激施于被试之后，作为被试的反应，如何来度量呢？尤其是心理活动往往都是一些数量上含义不清楚的现象，如反应快慢，好或不好等。为能够具体地度量它，就要按一定的标准，将反应情况加以数量化，使之达到操作的程度，这就是说要给反应规定一个操作定义。否则，反应就不能测量。如反应快慢以时间作标准，反应的好坏用作业分数或速度（或频率）来作为标准等，这个标准又称为指标。作为反应的指标有：正确率、错误率、反应的速度、频率、强度等。选择什么样的指标来度量反应，要依具体的实验而定。指标选择得好坏，直接影响实验的成功与失败。怎样选择一个好的反应指标，归纳起来大致有以下几个方面。

a. 指标要具有有效性，即特异性或相关性。能够真实地反映反应的情况，能够度量刺激所引起的反应。

b. 要具有客观性。指标是客观存在的，可用客观的方法和仪器加以测量并记录下来。如愉快、忧虑等情绪状态可以通过测定机体内部发生的一系列变化，如皮电、心率、呼吸、脉搏、血压、脑电等来反映。情绪是一个复杂的心理过程，当然不能只用单一的生理指标度量，应该用多项指标综合度量，才能有效地反映情绪状态。

c. 指标要能够数量化。

d. 指标要能够精确地度量反应的变化。即指标本身要具有灵敏性和分辨性，既要精确，又要准确。很多时候对一个反应的测定，要考虑用两个或两个以上的指标来度量，究竟选多少指标合适，要依具体的反应而定。

（4）实验结果的分析与综合　实验的最后阶段是实验结果的分析和综合。首先要用统计或数学的方法，分析、综合实验所得到的资料，验证实验的假设。如果实验的结果能证明假设，就要进一步推论，寻求下面的假设，并推进实验。如果不能证明假设，并不意味必然否定原来的假设，要细心、全面地分析实验设计，反省执行实验过程中对影响因素的控制。如果发现问题，就总结教训，再进行实验。如果得出了与假设相反的结果，反省实验设计和实验执行又没有什么问题，那就要修正原来的假设，反复实验，或放弃它，建立新的假设。不能验证假设的实验，并不一定就是失败的实验，而控制不好的实验一定是不成功的实验。其次，充分地考虑实验结果，与以往的研究结果和理论进行比较检查，写成实验报告。

关于实验报告的写法归纳起来有如下几点。

① 题目。言简意赅，并能提供较多的信息，说明所研究的问题，一般多以描述条件与行为的关系为基本形式。

② 作者姓名、单位。

③ 摘要。简要叙述研究设计、方法及研究结论，约 300 字，最后列出 3~5 个关键词。

④ 引言（或称实验目的或问题的提出等）。主要叙说假设是如何提出来的，此项研究的理论及实际意义，当前国内外文献中关于这个问题的研究现状和有关问题。行文不能太长，以简略为要旨。

⑤ 方法。说明进行研究的实验设计，包括被试的情况、实验所用仪器与材料、自变量的有关规定、实验的一些具体情境设计、要求程序等，简单扼要，以能使人明确实验设计的基本内容，并照此可重复这一实验为原则。

⑥ 结果。实验结果要直观明了，一般多用统计表和统计图的形式表示。并附以统计处理后的简单结论（多以显著性水平表示差异的情况），统计分析过程一般不要列入。对所列出的结果，要用恰当的文字加以说明。

⑦ 讨论。主要分析本实验的成功与失败之处，发表自己的见解，哪些结果验证了假设，与哪些理论相符，哪些结果没能验证假设，怎样来认识。结果与讨论可以分别叙述，也可以边叙述结果边分析讨论。

⑧ 结论。要简明、扼要地列出几条，说明本实验证实了什么或否定了什么，不可夸大也不可缩小，要根据本实验结果实事求是反映实验的成就。

⑨ 参考文献。本研究参考了哪些文献。具体著录格式参照国家标准。

7.2 心理实验方法简介

7.2.1 传统的心理物理学方法

传统的心理物理学方法，主要是用于对感觉阈值的测定。这些方法对科学心理学的发展起到重要的作用。长期以来，人们对感觉是否能进行测量的问题，进行了激烈的争论。但现实生活和工程技术领域中常常遇到这样一些问题，这个炒菜要比那个炒菜咸些或淡些、这个飞机发动机的噪声要比那个飞机响些等，这些感觉上的差别是客观存在的。与这些感觉的差别相对应的物理刺激是盐的浓度、声波振幅的大小等也都有一定物理量上的差别。能否找到引起某一感觉的最小的刺激量，是很有实际意义的事情。可见，心理物理学方法是研究和揭露主观如何反映客观存在的一种手段。

（1）**极限法**　是一种测定阈限的直接方法，又叫最小变化法、最小可感觉刺激（或差别）法、系列探索法等。它在程序上的特点是刺激按"渐增"和"渐减"两个系列交替变化组成，每一个系列的刺激强度包括足够大的范围，能够确定从一类反应到另一类反应的瞬间转换点或阈限的位置。

一般说来，各系列刺激是由小到大（渐增）、由大到小（渐减）按阶梯式顺序变化的。刺激的范围在阈限以上和以下一段强度距离，实验时一般确定 15 ~ 20 个检查点，每一个相邻检查点的间距，根据实验仪器的可能以及所欲测定的感觉道的性质决定。如对长度的分辨，尽管仪器可提供毫米以下的刺激变化，但这没有什么必要，一般以毫米为单位的间距，就足够很好地测定其差别阈限了。一般，检查点的距离小些，测定的结果就更精确些。至于反应变量指标、结果处理及具体方法步骤（包括各种误差的平衡）随测定的内容而定。

极限法是一个适应范围很大的方法，它可以利用不同的刺激达到不同的研究目的。它具有一个很大的优点，就是能够清楚地表现出"阈限"这个概念。它曾经用来测定声音、气味、味道、颜色、温度、痛觉、触觉等的阈限。

（2）**平均差误法**　又称均等法或调整法。其最典型的形式是，让被试去调整一个比较刺激，直到他感觉到与所给予的标准刺激相等，如此反复实验。

平均差误法的主要特点如下：

① 要求被试判断在什么时候比较刺激与标准刺激相等，直接给出主观相等点，且这个主观相等点落在不肯定间距之内，被试的反应不是口头报告，而是调整的等值；

② 被试积极参与，实验过程中由被试本人调整刺激的变化，通过渐增与渐减两个系列求出刚刚不能引起和刚刚能够引起感觉的刺激值，然后取其平均值作为感觉的绝对阈限；

③ 刺激量是连续变化的，在极限法时，刺激一般是按梯级变化；

④ 在接近阈限时，被试可以反复调整刺激，以减少刺激的起始点对结果的影响，直到自己满意时为止。

平均差误法实验对被试来说比较自然，可引起他的兴趣，不易厌烦。可直接测量被试的反应，实验结果可以采用正常的统计处理。其缺点是由于被试调整仪器，动作技巧在判断中也常产生影响。因为被试调整的动作，有时对他的判断起着干扰作用，因此，有时他调整的位置，并不是他当时认为的相等点，这影响到差别阈限的测定。

（3）**恒定刺激法**　又称次数法、常定刺激差别法以及不经常使用的正误示例法等。在测定感觉阈限时，对一些不能轻易连续调整的刺激，平均差误法不能应用，而极限法又会带来习惯误差和期望误差。但在常定刺激法中，由于刺激按随机的顺序出现，故可避免上述两种误差。同时，常定刺激法可以利用被试的全部反应，它虽然要求大量的试验次数，但每一次试验只用很短的时间，这比极限法只应用每一个递增和渐减系列中一两个转折点，优越得多。相对地讲，这种方法测定的阈限更为准确，应用也最广。它不仅可以测定绝对阈限和差别阈限，也可以测定等值及其他心理值。

恒定刺激法的特点是，只用经常被感觉到和经常不被感觉到这一感觉过渡地带的 5～7 个刺激，而且这几个刺激在整个测定阈限的过程中是固定不变的，恒定刺激法因此而得名。如果一个刺激经常处在被感觉到和永远不被感觉到之间的过渡地带，就是说，它只会在有些时间而不是全部时间被感觉到，它能被感觉到的次数只是一定尝试次数的百分数。如果它的强度越强，能被感觉到的百分数就越大，当百分数恰为 50% 时，这个刺激强度就在阈限的位置，就把这个刺激定义为阈限。

恒定刺激法的要求是，在实验以前，需要选定刺激，并随机确定各刺激的呈现顺序。所选刺激最大的强度，应为每次呈现几乎都能为被试感觉到的强度。它被感觉的可能性不低于 95%。所选刺激的最小强度，应为每次呈现几乎都不能为被试所感觉，即它被感觉到的可能性不高于 5%。选定好刺激范围以后，再在这个范围内选出 5～7 个距离相等的刺激。每种刺激强度呈现的次数不能少于 20 次，各刺激呈现的次数要相等，呈现的顺序要随机排列，防止任何系统性顺序出现，因而对实验要精心的安排。实验中，主试安排好随机顺序，反复呈现这些刺激，要被试报告他是否感觉到了刺激，因而叫它为正误示例法，当主试每次将结果登记在一个表格中时，就会发现每一个刺激被报告的次数，从这里又产生了常用的名称次数法。

7.2.2 适应性方法

随着心理实验中计算机的应用，以及心理实验的发展，一些新的心理物理方法应运而生，心理物理学理论与方法也随之发展。20 世纪 60 年代以后，计算机作为心理物理实验中的一种控制仪器、记录反应的设备逐渐普及，给心理实验带来了很多方便，使呈现刺激的仪器及记录反应、数据处理等都能做到自动化，使原来手工操作不可能的或难于进行的一些实验成为可能。由于计算机的广泛应用，要求实验者提供一些新的实验方法以适应计算机的要求，一些适应性方法便产生了，这些适应性方法主要为适应心理实验中一些问题而产生。这些问题是，在应用传统的心理学方法测定感受性时，实验者要选择一定刺激值才能据此设计实验，这些刺激到底选多大才合适？在许多情况下对于这类问题知道的很少。另外，一般情况下，研究者都想快速而又准确地了解所研究的问题，但传统的心理物理学方法所应用的刺激值范围较大，刺激点较多，费时较长。例如极限法，每一刺激系列所选的刺激点值在 20 个左右，有些刺激值对于测定阈限没有什么用处，但由于该方法的要求，刺激点值必须保持在较多数量情况下才符合要求，这样，势必浪费时间。而在有些感觉领域里，应用这些方法又会引进新的参变量，影响实验结果。为弥补上述传统的心理物理学方法的不足，便产生了适应性方法。适应性方法既适应测定感受性的要求，即选择较少的刺激点值便能较准确地测定阈限值，又适应计算机的要求。虽然这种方法是在极限法的基础上进一步发展变化而来，但其方法发展至今，无论从计算方法上看，还是对阈限的解释来看，都已与极限法明显不同。

（1）**阶梯法** 阶梯法（staircase method）又称上下法（up-down method）或极限法的变式。是 20 世纪 40 年代发展出来的一种测定感受性的方法。贝克赛（Von. Bekesy）最早应用这种方法于听力测量上，故又称此法为贝克赛听力测量法（Bekesy audiometric method）。阶梯法又分简单阶梯法和变形阶梯法。

阶梯法的主要特点如下。

① 刺激强度的增加或减少要根据被试的反应，依一定的规则来确定。

② 刺激强度的增加或减少要连续进行。例如，若开始呈现的刺激被试报告感觉不到，主试就按规定的阶梯增加刺激强度，如果还感觉不到此刺激时，就再增加一个梯级，直至被试报告感觉到刺激。这时主试不停止试验，而是按先前规定的梯级减少刺激强度，直至减少到被试再报告感觉不到时，又按一定的梯度增加刺激强度。实验就按这样的程序连续下去，直至达到一个先定的标准，或规定的实验次数时为止。可见这种方法的每一次实验所应用的刺激值，均由前一次实验的刺激值和被试的反应来决定，从而表现出实验进程对于被试的适应性。这种方法实际上是一种追踪，这种追踪是沿被试选择的阈限水平上下移动的。

③ 刺激变化的幅度，即梯度大小前后相同，无论增加刺激还是减小刺激，变化的梯度都要相同。

④ 对于阈限的估计，不同的阶梯法有不同的估计方法，也就是对阈限的操作定义是不一样的。其中一种简单的阶梯法确定阈限，是当实验达到最后水平时，求出各转折点，即两种不同反应（ + · - ）中点值的平均数或最后水平两个刺激值的平均数（对于实验的最后水平，不同的方法有不同的规定）。这种方法所确定的阈限，是对于正反应概率为50%的刺激值。它所评定的心理计量函数（即正反应的函数）为50%点。而其他的阶梯法，则对应于正反应概率为70.7%或29.3%，79.4%或20.6%等不同的正反应概率。

（2）**系列试验的参数评定法** 这是泰勒（Taylor）和克瑞尔曼（Greelman，1967）提出来的一种适应性方法。因其英文为 parameter estimation by sequential testing，故又称作 PEST 法。

参数评定法的主要特点是：在应用这种方法的试验里，刺激值的变化受试验进程所决定，而且某一刺激值的试验次数不固定，其多少也由试验进程决定；参数评定法的刺激梯级大小可以变化，这点与阶梯法明显不同，根据前一次试验的刺激值及被试的反应，决定下一个刺激值是增大还是减小一个梯级，以及其梯级的大小。变形的上下法都采用同样的刺激梯级，只是在某些特殊的情况下才改变梯级的大小，而参数评定法却不是这样。试验从始至终都可以增大或减小刺激梯级。

参数评定法要求事先规定本实验所追踪的正反应的概率（又称靶概率），以及一定刺激所引起的正反应数目变化范围，和系列实验的偏离值。一般规定正反应的概率为 0.75 或 0.5，当然也可规定其他的概率值。正反应次数的范围，按泰勒及克瑞尔曼提出的计算公式计算。

7.2.3 信号检测论方法

信号检测论（signal detection theory）原是信息论的一个分支，研究的对象是信息传输系统中信号的接收部分。这个理论自 1954 年由坦纳（W. P. Tanner）与斯维茨（J. A. Swets）引进到心理学实验中以来，在对感受性的测量上获得了成功。至今已形成了一些基本方法，如有无法、评价法及迫选法等。它不仅在感受性的测量上得到了应用，而且在记忆等研究中也起到了作用。信号检测论方法应用于心理物理实验是对传统的心理物理学方法的重大突破，对心理科学的发展起到了一定的推动作用。

（1）有无法

① 基本程序。当主试呈现刺激之后，让被试判定所呈现的刺激中有无信号，并予以口头报告，被试的反应是很简单的。

② 对主试者的规定

a. 确定各轮实验中信号和噪声呈现的先验概率是多少，以及对被试判定结果的奖惩办法。

b. 实验前主试者要把实验中规定的信号和噪声呈现的先验概率，对被试判定结果的奖惩办法及对被试的要求等，以指导语的形式明白而通俗地向被试说清楚，借以影响被试判断标准的变化。

在这种实验中，每种先定概率的情况下，信号和噪声出现的总次数要在 100～200 以上，才能取得比较稳定的结果。在一轮实验中信号和噪声各自呈现的次数由先定概率规定，并要随机呈现。

（2）评价法 又称多重决策法，或评级量表法。这一方法呈现刺激的方式同"有无法"一样，对信号和噪声的先验概率，对反应结果的奖惩办法，都可随实验要求由主试者确定。不一定要求先验概率和奖惩办法等都均等，这一点同"有无法"也一样。不同点是，对于被试的反应不是简单的"有信号"或"无信号"方式，而是将被试从"有信号"到"无信号"这一感觉的连续体，规定出不同的感觉评价等级，然后让被试根据对所呈现刺激的自信度情况，报告有信号（或无信号）的评价等级。把量表的等级看成多重判断标准，这就成为多重决策，其判断标准的数目（C_j）等于评价等级的数目（$K = 1, 2, \cdots, j$）减去 1，即 $C_j = K - 1$。对于不同判断标准下报准和虚报条件概率的计算，是将某标准以上各等级的概率累积。关于感觉连续体可以分为多少评价等级，很多人的实验证明，至少可以分为 6 个，不是每一个实验都分为 6 个，可多于 6 个，也可少于 6 个。有了各标准的报准与虚报条件概率，便可计算出相关参数，并画出等感受性曲线。

（3）迫选法 迫选法（forced choice method）与有无法、评价法不同的地方在于让被试进行判断之前，信号与噪声要连续呈现数次，然后让被试判断在哪个时间间隔上是信号，哪个是噪声，而不是刺激一呈现就让被试判断是信号还是噪声。刺激连续呈现两次即一次信号一次噪声，称为二项迫选法（2AFC）。如果连续呈现三次（二次噪声一次信号），称为三项迫选法（3AFC），如果连续呈现四次（三次噪声一次信号），称为四项迫选法（4AFC）。在连续呈现的刺激中哪次是信号哪次是噪声都是随机排列。在迫选法实验中，何时呈现刺激，一般是由主试通过一定的方法告诉被试，通常的做法是，在视觉实验中由瞬间的声响作为提示刺激出现的标志。因为刺激是在不同的时间间隔中呈现，因而有时称迫选法为时间迫选法。时间间隔可有 m 个，即连续呈现的刺激有 m 个，一般称为 m 择一迫选法。另外，触觉实验可以应用不同的空间呈现的抉择方法。可见迫选法是按刺激的呈现方法不同而进行分类的一种方法。当刺激连续呈现 m 次后，让被试报告在哪一个时间间隔顺序上，最可能含有信号，而且一定要报告连续呈现的刺激中哪一个是信号，把握不准可以去猜。如二择一迫选法信号是按 AB 还是 BA 的顺序呈现的。

7.2.4 心理物理量表法——阈上感知觉的测量

对阈上感知觉进行度量，就是依据一定的规则，将感知觉以及某些心理特质，用一定的数字符号来表示。对心理特质的度量，同对物理特质的度量十分相似。关于物理量尺，经过人类长期实践至今已相当完善。而心理量尺随着人类对自身认识的深化不断完善。

对阈限以上每一种感觉的全部范围如何来度量，即反应倾向如何建立，这就是量表（或称量尺）的问题。有了量表，就能够说这个声音比另一个声音响两倍，这个房间的亮度是另外一个房间亮度的一半，或这个灰色距离黑色和白色一样远等。作为物理刺激，已有很好的物理量表（测量工具）来进行度量，并且这些物理量表经过人类的长期努力，已日臻完善，有些已经有了国际化的标准测量单位。但是它不能度量人们的感觉和知觉，后者只能用心理量表才能解决。如一个收音机设计者想把这个收音机的响度设计为另一牌号的两倍，如果设计者只是把物理输出量增加两倍，他只感觉到比原来响一倍多一点，究竟要输出多少物理量，才能使人们感觉到比另一牌号的收音机响一倍或两倍呢？这就要编制心理物理量表，看一看物理量的增加或减少，与心理量的增加或减少究竟是一种什么关系。可见，心理物理量表要处理两个对象，一为物理向度，一为心理向度。研究者操纵物理量的变化，借以观察感觉量的变化，包括感觉距离、感觉比率、刺激顺序、刺激的等级评定等反应倾向方面的问题。

对心理量进行度量并制成量表，探讨心理量与物理量之间的关系，在理论上和实践上都具有非常重要的意义。

（1）常用的几种心理量表

① 直接量表和间接量表。直接量表就是可以直接测量所要测量事物的特性，如用尺去量物体的长度，尺的长度就代表所要测量的物体的长度。间接量表是借助于测量另一事物来推知所要测量事物的情况，因为它测量的是这一事物对另一事物的影响。例如，用温度计测量气温，就是一种间接的度量。温度计所测量的不是热量，而是受温度影响的水银柱的变化，通过水银柱的变化而测量温度的变化。

② 等级量表、等距量表和比例量表。这是以量尺有无相等单位和有无绝对零点来划分的量表类型。等级量表，又称顺序量表。这种量表既没有相等单位又没有绝对零点，只是把事物按某种标志排成一个顺序。例如，运动会竞赛时不用计时器，将先到终点的列为第一名，次到的列为第二名……，这样，人们只知道第一名比第二名快，第二名比第三名快，但究竟快多少就不知道了。由于等级量表只按某种特质排列事物的顺序，它没有相等单位。这是一种最粗糙的量表，但也能对事物的特质进行一定程度的度量。只要符合 $a > b$，$b > c$，并且有证据说 $a > c$，那么等级测量的条件就得到满足。运用的统计方法有：中位数法、百分位数法、等级相关法、肯德尔和谐系数法及符号检验法、等级变异数分析法等。

③ 等距量表。这是有相等单位的量表。它比等级量表进了一步。根据等距量表，不仅可以知道两事物之间在某种特质上有差别，而且可以知道相差多少。这个相等的单位就是刻度表上的刻度数，但这种量表没有绝对零点。心理测量方面的等距量表，通常在对一些测量做些假设和转换成正态之后，才能成为等距量表。等距量表适用的统计方法大体有平均数法、标准差法、积差相关法、T 检验法和 F 检验（变异数分析）法等。

④ 比例量表。又称等比量表、比率量表。它既有相等单位，又有绝对零点，所谓绝对零点是指某事物并不具备被测量的属性或特征。比例量表比等距量表又前进了一步，是比较理想的一种量表，这种量表所获得的数字，可以运用算术的基本运算方法进行计算，用比例量表进行的测量，不仅可以知道两事物之间相差多少，而且还可以知道两事物之间的比例是多少。心理学上的比例量表是很少的。此种量表所适用的统计方法除了上面等距量表所选用的方法外，还有几何平均数可以利用。

(2) 心理量表的评价 依据一定的规则，将某心理特质用数字符号来表示，而且使心理特质的变化符合数字符号的变化规律，这就是测量。符号本无意义，只是一种抽象的东西，它们不是事物的本质，仅仅是代表事物的特性而已，而且只有赋予它意义时才具有意义。一个好的心理量表应满足以下几点要求。

1) 符合三种基本假设

① 不是 $a = b$，就是 $a \neq b$，二者不能兼而有之。

② 如果 $a = b$，且 $b = c$。那么 $a = c$。有了这个假设才能比较事物的同一特征，才有可能对某些不能测量的特质通过第三者进行度量，间接的量表才有可能。

③ 如果 $a > b$，$b > c$，那么 $a > c$，这是一个很重要的假设，大多数的心理测量都依赖于这个假设，虽然这一条似乎是很简单的假设，在心理量的度量上并不能很容易做到。

2) 有系统的测量理论 测量理论就是如何把事物的特征系统与数字关系系统联结起来。即当赋予事物特征系统中每一个分子一个数值时，这些数值之间的关系应能反映事物本来的特征关系（数字系统基本的代数法则，也应能适用于这些数字所代表的事物特征之间的关系法则）。建立测量理论，必须要能很好地解决存在性、意义性和如何测量等问题，对于误差问题，应能给予很好的客观估计及消除。

(3) 用直接量表法进行核对 现在已有很多用间接方法制成的心理量表，而且这方面的技术发展得比较快。但如果两种方法对相同的感觉所制成的量表发生矛盾时，则接受直接量表作为正确的量表，并用直接量表进行核对。

制作量表的方法主要有：

① 感觉比例法与数量估计法；

② 感觉等距法与差别阈限法；

③ 对偶比较法与等级排列法。

7.2.5 反应时法

反应时间又称反应时，是一个专有名词，指刺激作用于有机体后到明显的反应开始时所需要的时间，即刺激与反应之间的时间间隔。

刺激进入有机体时并不会立即有反应，而有一个发动的过程，这个过程在有机体内潜伏着，直至到达运动反应器，才看到一个明显的反应。这个过程包括刺激作用于感官、引起感官的兴奋，并将兴奋传到大脑，大脑对这些兴奋进行加工，再通过传出通路传到运动器官，运动反应器接受神经冲动，产生一定的反应，这个过程可用时间作为标志来测量，这就是反应时间，有时又叫反应的潜伏期。

反应时间是一种反应变量，它可以作为成就的指标及内部过程复杂程度的指标。对一件工作越熟悉，反应时间就越快；内部过程越复杂，反应时间就越长。反应时间随多种原因而变化，因此它可以作为一个很方便的反应变量来运用。因此，反应时的研究在实验心理学的研究中占有很重要的地位。

心理实验中常用速度作为反应变量，速度包括两方面的内容，即做一定的工作所需要的时间和在一定的时间之内所完成的工作。这两种情况都是测量工作速度。速度之所以能够成为一个有用的量数，是因为每个动作都需要时间，而时间是可以测量的。速度可以作为成就的指标，对一件工作完全精通，就会做得很快。速度也可以作为内部过程复杂程度的指标，内部过程越复杂，所需要的时间就越多。而反应时，就是测量反应的时间中最简单的例子。

7.2.6 听觉实验

听觉是人类获得外界信息的一个重要渠道。心理学中关于听觉的研究已积累了很多资料。听觉实验是心理学实验的重要方面。

听觉是由于物体的振动所产生的声波，作用于人（或动物）的听觉器官后产生的一种心理现象。不是所有频率和强度的振动都能引起听觉，引起听觉的振动频率称为声波，它是听觉的适宜刺激。在听觉的心理实验中，常把听觉的刺激作为自变量，把听觉的心理现象作为因变量来研究。随着物理学及电子仪器的发展，关于声波的产生、控制和测量愈来愈复杂。因此，如何获得听觉刺激，如何对其进行控制和测量，就是听觉实验所要解决的问题。

7.2.7 视觉和颜色视觉实验

视觉是人类获得外界信息的又一个重要的渠道。据估计，信息总量的70%~80%是通过视觉获得的，可见视觉在人类认识客观世界中的重要性。因此，关于视觉的研究受到了各个学科的重视，先是物理学，继而是生物学、化学、心理学，都对视觉产生很大兴趣。长期以来，由于多学科学者的努力，关于视觉的研究已取得很多重要成果。有的问题已被无数学者进行了重复研究，但仍存在一些争论。视觉实验是心理学实验的重要组成部分。

自然世界，五彩缤纷，给人以美的享受。人类能看到各种颜色，是视觉器官工作的结果。颜色视觉的研究对安全具有很大的实践意义。日常工作和生活中都需要颜色视觉，如在染织、印刷工业中，人们必须进行色度的选择；交通运输业中，用各种颜色信号指挥车船的行驶；炼钢工人依靠钢水的颜色辨别冶炼的程度。大自然中的五光十色给人以美的享受，而配合协调的颜色还给人以愉快和振奋的感觉。颜色视觉实验就是研究颜色视觉与心理现象的关系。

7.2.8 形状知觉（图形识别）实验

知觉是对事物的各种属性、各个部分及其相互关系的综合的、整体的反映，它与感觉只是对外界事物的个别属性的反映有很大区别。这就决定了知觉的发生必须依赖于过去的知识和经验，受人的各种特点的制约，是多种分析器联合活动及人脑的复杂分析综合活动的产物。

知觉的性质决定了引起知觉的当前事物（刺激物）必然是复合刺激，对这一复合刺激的反映不是单一的而是多维的，即不是一种反应器活动，也不是只引起当前一种简单的神经兴奋，而是多种反应器联合活动，并与以前一系列暂时神经联系共同活动，经过大脑的复杂分析、综合，对当前的事物做出关于其各个部分和属性的整体、复杂的反应。这也就决定了知觉研究中各种变量的复杂性，很难用单独的物理量表示刺激，也很难用一些简单的反应指标表示其反应，因此在知觉研究中，对其各种知觉现象的解释就显得更重要了。

知觉按不同的分类标志，可分为不同类型的知觉。例如，按知觉所反映事物的特性，可分为：时间知觉，空间知觉和运动知觉。按知觉起主导作用的分析器来划分，可分为：视知觉、听知觉和触知觉等。

视知觉问题，即关于视野中物体的空间特征：如形状、大小、距离和方向，这些特征通常和亮度、颜色一样，能直接被人看到，但是它们与网膜所接受的刺激整体之间并没有直接联系，人们也很难分辨出产生这种认知经验的视觉神经结构。长期以来，心理学家大多应用发生简单的感觉之后的某种精细加工来解释对形状的认识，因此一般不说形状感觉而说成形状知觉。

7.2.9 深度与运动知觉实验

人眼睛的网膜本是一个二维空间的表面，但却能看出一个三维的视空间。这就是说，眼睛在只有高和宽的二维视像的基础上，能看出深度。空间视觉是视觉的基本机能之一，而这种视觉机能比其他视觉机能更加复杂。

人在空间视觉中，依靠很多客观条件和机体内部条件来判断物体的空间位置。

这些条件都称为深度线索。如单眼和双眼的视觉生理机制，一些外界的物理因素，以及个体的经验因素，在空间知觉中都起重要作用。这些深度线索，在视觉性深度知觉的实验室研究中大多作为自变量来加以控制和操纵，因为影响深度知觉的线索很多，除所欲研究的某个线索之外，其余的线索一般都作为无关变量加以控制，这种控制都需要一定的实验技巧和特制的仪器。作为控制变量，除上述之外，还有一些其他变量，如过去的经验效果，学习的长期效果及"心理定势"的短暂效果。另外，被试视觉功能是否正常，双眼视觉是否正常等，都是深度知觉实验必须考虑的变量因素。

反应变量主要有口头报告或实验中特别规定的反应。如让被试估计与刺激客体的距离，或调整一个距离，使之与刺激客体的距离相等（平均差误法），或他必须判断两个客体中哪一个离他较远、较近或相等（极限法和恒定刺激法）。幼儿实验有"视崖实验"（玻璃板下呈现出深度梯级），看小孩是否敢爬。动物实验中可利用一些运动反应，如对一定宽度的沟裂的跳跃等。

视运动知觉。当物体改变空间位置，而人们又能够觉察到这种变化时，就产生了关于该物体运动的知觉。但产生运动知觉的情况却不仅仅如此。有时，在某种情况下，虽然没有同一物体实际的空间位移，也能产生物体的运动知觉。为了区分这两种性质不同的运动知觉，称前者为真动知觉，后者为似动知觉。

真动知觉。当一个物体在空间改变位置，为了使视像清晰，人的双眼必须追随物体而运动（称为追踪眼动），如不这样，视像就必然要模糊不清，而实际上人的眼睛常随着运动的物体进行流利的扫动。当眼睛静止而影像在网膜上移动时，人也会知觉到运动。同样，当眼睛和网膜像不动，而身体其他部位运动，以及背景与物体的相对运动等都能引起真正运动的知觉。

似动知觉。又称似真运动，是指在一定条件下，刺激物本身没有活动，而我们却知觉它在运动的这种现象。如电影屏幕上各种形象实际并不活动，似真活动而实际上不是真运动。这种现象是1833年由普拉托（Plateau）制造动景器后才被认识到的，因此，似动知觉又叫动景运动。动景器的进一步改进，最后发展成为电影。

7.2.10　学习与记忆实验

学习和记忆实验的领域非常广泛，它包括人类学习和动物学习，也包括语言学习和动作学习。学习和记忆的实验研究在理论上对于探讨认识过程及其活动的规律性，特别对探讨记忆和思维的机制方面有重要意义。在实践上，对于教育、训练以及被认为是再教育的心理治疗（行为矫正）及电子计算机模拟技术方面，更具重大意义。由于学习与记忆研究的重要性，并有大量的实验课题可供研究，因此，学习和记忆的实验研究就成为心理实验中最活跃而又最富成效的领域之一。

学习有广义与狭义之分。广义的学习泛指人们日常生活、工作中的各种学习活动。狭义的学习是指潜在的新行为模式在机体和外部条件相互作用中的形成过程。换句话来说，学习是由于练习条件而造成的行为上相对持久的变化，这一变化有内隐的，也有外显的。学习过程不能直接观察，是在机体内部进行的。在一定的条件下，只能从行为的变化，解决问题等形式上的表现去推论，或与其他个体的相互比较中发现。这里所说的"相对持久变化"是区别于行为上的瞬间变化和自发复原的变化。"练习条件"是为区别于其他条件，如年龄，疾病等身体条件和情绪条件，而引起的行为上的变化，以及由于个体的成熟过程或药物后效引起的行为模式的变化。

用实验的方法研究学习问题，要首推艾宾浩斯（Ebbinghaus）。他于1885年发表了《论记忆》，打破了当时哲学和心理学界普遍认为对学习、记忆、思维等不能用实验方法进行研究的观点，令人信服地完成了所谓"不可能"的工作。

学习实验有条件性学习实验、认知性学习实验、文字学习实验等。

7.3　虚拟现实的心理学研究实验概述

7.3.1　虚拟现实技术

虚拟现实（virtual reality，VR）是一种可以创建和体验虚拟世界的计算机仿真系统，它利用计算机生成一种模拟环境，是一种多源信息融合的、交互式的三维动态视景和实体行为的系统仿真，使用户沉浸到该环境中。虚拟现实技术（virtual reality technology）主要包括模拟环境、感知、自然技能和传感设备等方面。

虚拟现实技术理念最早由美国著名计算机学家伊凡·苏泽兰（Ivan Sutherland）于20世纪70年代提出，其发展史大体上可以分为四个阶段，有声形动态的模拟是蕴涵虚拟现实思想的第一阶段（1963年以前）；虚拟现实萌芽为第二阶段（1963—1972）；虚拟现实概念的产生和理论初步形成为第三阶段（1973—1989）；虚拟现实理论进一步的完善和应用为第四阶段（1990—2004）。

随着计算机、信息等相关领域关键技术的突破，虚拟现实技术日益成熟，已被广泛地应用于军事、教育、培训、建筑等各种领域。近年来国外研究人员纷纷利用虚拟现实技术研究心理学，突破了物理环境的限制，使心理学研究的条件控制计算机化、自动化，取得了丰硕的研究成果。在心理学研究中，利用虚拟现实技术创建的虚拟环境（virtual environment）不仅是对现实世界的复制、模拟和表征外部世界的革命性变化，而且这也是一种崭新的研究工具和研究范式。

虚拟环境是与现实环境相对应的一个概念。虚拟环境是指采用电子技术的手段，利用多种感觉通道输入使人体验到一个或者一系列并非真实存在的场所。许多学者认为虚拟环境代表着未来的、完全沉浸的交互界面。使用者感觉自己真实地存在于计算机生成的世界里，无论是看到的、听到的、还是感受到的都与其在真实世界里的体验并无差别，使用者可以以自然的方式与虚拟环境发生交互作用。总之，虚拟环境是由现代的电子计算机等技术手段创立非真实存在的场所，这种环境的一个关键特征是使用者能够比较自然地与虚拟环境中的物体发生交互体验。

沉浸度是衡量虚拟环境的一个重要的指标。沉浸感是指使用者感觉自己融合到虚拟环境中，相信自己正处于某个真实的环境中。计算机大数据及其相关技术的发展，已经涌现出越来越多现实的人工产品，逐渐消除了虚拟世界和现实世界表现手法的界限。随着技术的不断进步，虚拟环境沉浸度在不断提高，所构造的环境与真实世界的差异也越来越小，给心理学研究实验带来极大的便利与可能性。

7.3.2 虚拟现实技术研究心理学的优缺点

(1) 虚拟现实技术研究心理学的优点

实验控制是科学研究的必要条件。由于人类的高度心理复杂性，心理学实验控制往往显得尤为严格。不断地追求实验条件的精确控制由此也带来一些副作用，如实验的生态效度差，实验结果难做进一步的普遍化等。实验控制和生态效度权衡问题一直困扰着心理学研究人员，因而不得不在两者之间做出取舍。

传统的心理学实验大多数都是在精心设计的、可控制的条件下进行实验的，为了达到对实验条件的精确控制，不惜牺牲一些原本对结果产生影响的条件。如早期关于视觉感知的研究，最常用的设备是视速仪，它成功地实现了对图片呈现时间的精确控制。但是，它付出的生态成本是很高的，因为它并不符合人们日常的视觉感知特点，人们日常感知最多的是三维的空间。如果在完全真实的自然环境中进行视觉感知方面的实验，则意味着对实验的控制很难进行，包括对实验条件恒定、记录等。

而利用虚拟现实技术可以较好地改善这对冲突问题，它既能保证实验在良好的控制条件下进行，又能使实验的生态效度达到最大化。因为通过计算机构造虚拟环境，可对实验环境中的任何变量进行具体的量化和记录，同时又能实现对真实环境的模拟和代替，所以，实验结果具有较高的生态效度。

使用虚拟现实技术可以让研究者操纵现实中很难操纵甚至无法操纵的变量。在自然环境中很多变量之间是相互联系、密不可分的。因此，利用传统的方法很难分开这两种变量并单独地操纵它。如即将碰撞时间估计的研究（Tau效应），物体自我中心的距离和其视角大小是耦合的，这两者都可以作为即将碰撞时间估计的线索，但是人利用哪种线索或这两种线索利用的比重是多少，在现实中很难研究，也很难拆开这对耦合因素。而使用虚拟现实技术完全可以做到这一点。在自然的状态下，人的多种感官大多数情况下也是耦合的，利用虚拟现实技术既可以拆开耦合因素，也可以考察各感官的相对权重。

虚拟现实技术可以让研究者构造出实验所要求的任意环境，甚至自然界不存在的实验场景。一般来说，做场景再认和其他空间知觉实验需要变化场景，虚拟现实技术创建的环境能够实现快速地在各种实验场景之间变换。比如，在空间知觉研究领域，虚拟现实技术的应用有助于创建逼真的和众多的场景。尽管我们的确可以在实验室中建造出实验研究所需要的环境，但是这样既费时又费资金。与此相对应，采用虚拟呈现系统，通过软件可以创造出实验研究所需的任意场景。

浸入式虚拟现实技术还可以提供大量的实时的实验数据和实验结果分析，并且可以实现整个实验过程的自动化。

虚拟环境是由计算机构造的，所构造的虚拟环境中的一切物体或对象在计算机里都可以记录，实时自动记录数据和分析数据也只是编程的事情。

(2) 虚拟现实技术研究心理学的局限性

虚拟现实技术为解决实验控制和生态效度的矛盾提供了可能性，但是把现实的实验室移植到虚拟世界中，必然有某些因素或细节丧失，这本身也是生态效度的降低。

虚拟现实技术本身并不能完全解决实验控制与生态效度的矛盾，实验生态效度的提高还有赖于虚拟现实硬件技术的提高和软件的精心编制。三维图形的实时显示需要大量精确的计算，在实际运行时可能会导致时滞问题，时滞的存在将会影响操作，因为观察者不能有效利用先前动作的反馈来矫正其当前的动作。

利用虚拟现实技术研究心理学另一个不利之处，是建立高质量的虚拟实验室有很大的困难，主要在于是技术代价比较昂贵。

7.3.3 虚拟现实技术在心理学研究中的应用

(1) 视空间认知领域

空间认知是虚拟技术应用最广泛的领域之一。通过计算机产生三维的虚拟环境几乎与真实环境一样逼真，因此可以用来研究人的空间认知。起初主要利用桌面式虚拟现实技术研究人的空间认知，尽管桌面式虚拟现实技术所构建的虚拟环境有很多的局限性，如交互性不强、视野感觉区域不广等，但是它为被试提供了三维的立体视觉，所以仍不失为研究空间表征的好工具。浸入式虚拟现实技术是在桌面式虚拟现实技术基础上发展起来的，它进一步解决了被试沉浸感不高的问题，增强了被试与环境的交互性。浸入式虚拟现实技术可以实现准确的空间定位和实时交互，正是基于这些优点利用，HMD 或 CAVE 系统构建的浸入式虚拟环境使得心理学研究人员可以在实验室内研究距离知觉、大小知觉、场景再认、方位知觉、导航等。

(2) 知觉-运动研究

虚拟现实技术为视觉-运动研究领域提供了极好的工具。人在穿越马路时，需要视觉与行动不断地校准。但是过去由于技术限制和从安全角度考虑，研究者只得采取一些替代的方法研究人穿越马路。如录像法、计算机动画模拟，很少让被试在实验情境中实际穿越马路，只能让被试估计，所得到的结果并不能反映人真实地穿越马路的行为。尽管 Lee 等采用自然观察方法研究，但是自然观察法缺乏实验控制。也有人利用真实的环境和真实的车辆研究人的穿越行为，但是总的说来都是不成功的。采用浸入式虚拟现实系统可以克服上述方法学和操作上的问题，在虚拟环境中对车流、车辆的速度、车辆与被试的距离操纵变得异常容易，并可以实现记录的自动化。Plumert (2004) 等利用浸入式虚拟现实技术研究了在近乎真实的条件下儿童骑车穿越十字路口的行为。Simpon (2003) 等同样利用浸入式虚拟现实技术研究了儿童与成人行走穿越马路的行为。

(3) 心理治疗研究中的应用

已有的研究表明，利用虚拟现实技术创建虚拟环境逐渐地增加暴露程度，可以缓解被试的焦虑症、恐惧症以及其他一些精神疾病。VR 技术出现之初，研究人员就开始将其用于各类恐惧症的治疗，比如飞行恐惧症、恐高症等。从本质上来说，虚拟现实暴露疗法是行为主义治疗方法的一种特殊形式。它主要为患者提供生动的暴露形式。因为虚拟现实技术整合了计算机图形技术、身体运动追踪、视觉呈现系统和其他感官输入系统。它可以让患者完全沉浸在虚拟的环境中，渐次暴露患者所恐惧的事物，逐渐提高患者对恐惧的阈限，从而改善患者的症状。

（4）社会心理研究中的应用

浸入式虚拟现实技术为社会心理学家提供了一个极具生态效度的和近乎完美的实验控制研究工具。在以前的社会心理学研究中一般采用观察法和现场研究法，但是这些方法几乎没有或很少有实验控制。在社会心理学研究领域中，有三个方法学的问题围绕着当前的研究：实验控制与结果应用的普遍性权衡问题、可重复性问题和样本代表性问题。浸入式虚拟现实的出现，虽然不能完全解决这三大难题，但是可以改善这些状况，完全可以作为社会心理学研究的工具。浸入式虚拟现实技术可以让研究者对实验环境进行较为严格地控制。可以控制虚拟人的外貌、行为、虚拟人的活动环境。保证了较好的生态效度，而又不失实验控制。

Jeremy（2003）等利用虚拟现实技术研究了人际距离。在研究中，他们创建了虚拟人，操纵了被试的性别、虚拟人的性别、虚拟人的注视行为等。研究结果发现，与被试面对着现实中的人相比，当被试面对着虚拟人时会保持更大的距离。此外，当虚拟人侵入到被试的个人空间时，被试会移动得更远。

（5）其他应用领域

虚拟现实技术除了应用于上述几个领域以外，还广泛应用于心理测量学、人类记忆等领域。比如视觉空间能力是人智力的一个基本组成部分，传统的测量方式是纸笔测试任务，但是这种测量方式并不能真正测量出人的空间能力，只是测量出人的空间能力的替代品或中介因素，所以测量的结果不能够预测人在真实环境下的视觉空间能力。利用 VR 技术测量出的视觉空间能力具有更高的可信度。

7.3.4 基于虚拟现实技术的心理学实验

华中师范大学心理学院崔芷君等人依托国家级心理与行为虚拟仿真实验教学中心开发了虚拟认知心理实验、虚拟学习与教育心理实验、虚拟发展心理实验、虚拟心理咨询与治疗实验、虚拟人格与社会实验等心理学实验，为虚拟现实技术在心理学实验中应用做了有益的尝试。

7.3.4.1 虚拟认知心理实验

（1）空间位置学习中的边界优势效应

实验采用掩蔽实验范式来研究地标线索和边界线索在位置学习中的作用。Doeller（2008）等的研究表明，人类在空间导航中，对地标线索和边界线索的加工方式是不同的：地标线索（指分离的小物体）的加工符合行为主义的联结学习原则，加工机制在背侧纹状体；边界线索（指延展的垂直平面）的加工方式符合偶然学习的原则，加工机制在海马体，并且边界线索会掩蔽地标线索。本实验是对 Doeller 等人研究的重复，目的是探究个体如何运用空间线索进行空间定位。图 7-1 为"空间位置学习中的边界优势效应"实验项目中被试看到的虚拟现实场景，图中包含了地标线索和边界线索。

图 7-1 "空间位置学习中的边界优势效应"实验中
被试看到的虚拟现实场景图示

(2) 几何线索和路径整合在人类空间导航中的作用

主要研究个体如何利用多种线索来实现空间导航。在自然界中，空间位置的识别对一切动物（包括人类）都有着非常重要的生存适应意义。在陌生环境中迷失方向后，为了确定自己的位置，观察者可能需要若干种线索信息，包括环境中的信息或者自身内部感觉，即路标、几何线索和路径整合。本实验的目的是研究空间重定位中，个体如何对环境线索和路径整合信息加以整合和利用。图 7-2 为"几何线索和路径整合在人类空间导航中的作用"实验项目中被试看到的虚拟现实场景，图示中包含了路标线索和几何线索。

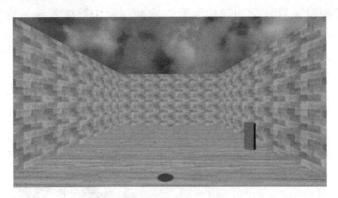

图 7-2 "几何线索和路径整合在人类空间导航中的作用"实验
中被试看到的虚拟现实场景图示

7.3.4.2 虚拟学习与教育心理实验

(1) "刻板印象威胁"调节女生数学学习动机与成绩

人们对于某些团体的某种社会属性存有负面刻板印象，当该团体个体存在于可能应验此负面刻板印象的情境中时，因担心应验他人对其所属团体的负面刻板印象，以及别人会用所属团体的负面刻板印象来论断、评价自己，从而产生额外的威胁感或压力感，这种威胁和压力感就是刻板印象威胁。学科性别刻板印象会对女生产生不利影响，会影响女生对理科的认同程度、学习动机和学习成绩。而教师的学科刻板印象会影响其对女生的态度。本实验利用虚拟现实技术，研究教师传递的隐性刻板印象信息如何调节不同成就水平的女生的数学学习动机和成绩。图7-3为"刻板印象威胁调节女生数学学习动机与成绩"实验项目中，被试看到的虚拟现实场景图示。

图7-3 "刻板印象威胁调节女生数学学习动机与成绩"实验中
被试看到的虚拟现实场景图示

（2）利用虚拟现实技术探讨课堂教学的影响因素

对班级规模的元分析结果表明，班级规模增加时，学业成绩下降，当班级规模减小时，学生的学习兴趣增加，学习投入度更高。本实验的目的是依托虚拟现实技术，研究班级人数与教师期望行为对学生即时学习的影响。教师期望是指教师在对学生的知觉感受的基础上产生的对学生的行为结果的某种预测性认知。图7-4为"利用虚拟现实技术探讨课堂教学的影响因素"实验项目中被试看到的虚拟现实场景。

图7-4 "利用虚拟现实技术探讨课堂教学的影响因素"实验中
被试看到的虚拟现实场景图示

7.3.4.3 虚拟发展心理实验

实验展示了虚拟场景下儿童心理理论的研究范式，旨在探究4岁左右儿童能否理解错误信念。心理理论是儿童对信念和愿望等基本心理成分的理解，是儿童对他人心理状态及其与他人行为关系的推理或认知。心理理论主要的任务范式包括意外转移任务、意外内容任务和故事陈述任务。本实验的目的是探讨儿童心理理论的发展阶段并考察其在不同任务中的表现，在此基础上探讨儿童心理理论训练的有效性。图7-5是"儿童心理理论的发展"实验项目中被试看到的虚拟现实场景，此场景为意外转移任务初始画面。

图7-5 "儿童心理理论的发展"实验中被试看到的虚拟现实场景图示

7.3.4.4 虚拟心理咨询与治疗实验

(1) 虚拟现实在社交焦虑干预中的应用

主要研究如何将虚拟现实技术运用于社交焦虑的治疗过程中。社交焦虑是指个体对人际处境有强烈的忧虑、紧张不安或恐惧的情绪反应和回避行为。近些年，国外有不少研究者运用虚拟现实技术研究社交恐惧症，目前的技术可以设置很多种不同的社交情境，如面试情境、派对情境、约会情境、会议室情境、礼堂情境等。本实验的目的是探究不同变量对被试焦虑等级的影响。图7-6为"虚拟现实在社交焦虑干预中的应用"实验项目中被试看到的虚拟现实场景，实验组被试需要与该虚拟人物对话。

图7-6 "虚拟现实在社交焦虑干预中的应用"实验中
被试看到的虚拟现实场景图示

(2) 虚拟现实公开演讲训练在降低个体社交焦虑中的作用

主要探究虚拟现实场景能否提高个体社交技能，进而降低个体在社交过程中的焦虑水平。社会技能训练是社交焦虑的干预方法之一，其理论依据是个体之所以会对某种或多种人际处境有强烈的忧虑或恐惧的情绪反应和回避行为，是因为他们缺乏必备的社会技能，如果个体熟练掌握基本的社会技能，便可使个体的社交焦虑水平有所降低。本研究的目的是考察公开演讲的 3 个因素对焦虑的影响：观众人数、"观众-演讲者"性别一致性、观众与演讲者的距离。图 7-7 为"虚拟现实公开演讲训练在降低个体社交焦虑中的作用"实验项目中被试看到的虚拟现实场景，此场景中有 12 个观众，观众与演讲者最近距离 1.5m。

图 7-7　"虚拟现实公开演讲训练在降低个体社交焦虑中的作用"
实验中被试看到的虚拟现实场景图示

（3）利用虚拟现实技术对车祸后 PTSD 进行治疗并探究该技术的治疗效果

跟随创伤性事件而发生的情绪障碍被称为创伤后应激障碍（post-traumatic stress disorer，PTSD）。暴露疗法让患者重新暴露于使他痛苦的情境当中，并且通过暴露使患者的认知发生重构，但是患者对暴露疗法有着一定的抵触情绪。虚拟现实技术可以克服以上的难题，患者可以身临其境，促进回忆，操纵装备，使患者逐步暴露在创伤环境中，降低抵触情绪与滑脱率。本教学实验的目的是利用虚拟现实技术，对车祸后 PTSD 进行治疗，并探究该技术的治疗效果。图 7-8 为"利用虚拟现实技术对车祸后 PTSD 进行治疗并探究该技术的治疗效果"实验项目中被试看到的虚拟现实场景。

图 7-8　"利用虚拟现实技术对车祸后 PTSD 进行治疗
并探究该技术的治疗效果"
实验中被试看到的虚拟现实场景图示

7.3.4.5 虚拟人格与社会实验

(1) 利他行为的迁移机制

研究网络利他行为与线下利他行为之间的关系。随着虚拟现实技术在游戏业的普及，已有研究表明玩家所操控的角色能影响玩家的自我概念、认知和感觉，同时，亲社会游戏能增加玩家亲社会性行为。利他行为是一种最高层次的亲社会行为，是个体出于自愿且不期望得到回报的助人行为。本实验的目的是探讨基于虚拟现实技术的网络利他行为在线下环境中的迁移机制。图7-9为"利他行为的迁移机制"实验项目中被试看到的城市场景图示，由于城市被笼罩在迷雾中，被试仅能看到远方建筑物的轮廓。

图7-9 "利他行为的迁移机制"实验中被试看到的城市场景图示

(2) 注意偏向的训练及效应

研究虚拟现实技术在注意偏向训练上的应用。注意偏向是指相对于中性刺激，个体对相应威胁或相关刺激表现出不同的注意分配。前人研究发现焦虑障碍、情感障碍、摄食障碍、物质成瘾、暴力攻击、慢性疼痛都会对相应威胁或相关刺激出现注意偏向，而注意偏向训练对缓解焦虑、提升自尊等方面有效果。本实验的目的是探究不同自尊水平个体在注意偏向训练上的效应。图7-10为"注意偏向的训练及效应"实验项目中被试看到的虚拟现实场景图示，此图为笑脸任务。

图7-10 "注意偏向的训练及效应"实验中被试看到的虚拟现实场景图示

思考题

1. 如何理解心理学实验？
2. 简述心理学实验的类型。
3. 简述心理学实验的程序。
4. 常用的心理学实验方法有哪些？
5. 如何理解传统心理物理学方法？
6. 虚拟现实技术对心理学实验的意义。
7. 分析虚拟现实技术研究心理学的优势。
8. 目前虚拟现实技术在心理学研究中有哪些应用领域？
9. 简述几个基于虚拟现实技术的心理学实验。

参 考 文 献

[1] 陈士俊. 安全心理学. 天津：天津大学出版社，1999.

[2] 符文琛等. 劳动安全与心理. 北京：中国标准出版社，1995.

[3] 郭伏等. 人因工程学. 沈阳：东北大学出版社，2001.

[4] 谢庆森等. 安全人机工程. 天津：天津大学出版社，1999.

[5] 吴英. 安全卫生. 天津：天津大学出版社，1999.

[6] 张厚粲. 大学心理学. 北京：北京师范大学出版社，2001.

[7] 朱祖祥. 工程心理学. 上海：华东师范大学出版社，1990.

[8] 丁玉兰. 人机工程学. 北京：北京理工大学出版社，1992.

[9] 刘金秋等. 人类工效学. 北京：高等教育出版社，1994.

[10] 陆庆武. 安全技术. 北京：中国科学技术出版社，1988.

[11] 陈宝智. 安全原理. 北京：冶金工业出版社，1995.

[12] 高永新. 劳动安全管理. 北京：气象出版社，2000.

[13] 吴照云等. 管理学. 北京：经济管理出版社，2000.

[14] 孟庆茂等. 实验心理学. 北京：北京师范大学出版社，1999.

[15] 陶维东，孙弘进，陶晓丽等. 浸入式虚拟现实技术在心理学研究中的应用 [J]. 现代生物医学进展，2006，6（3）：58-62.

[16] 崔芷君，谢冬婵，匡谨等. 基于虚拟现实技术的心理学实验教学资源建设 [J]. 实验技术与管理，2017，34（3）：194-198.